図説 現代の特殊部隊百科

リー・ネヴィル　坂崎竜 訳
Leigh Neville　Ryu Sakasaki

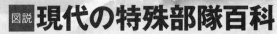
SPECIAL FORCES
IN THE WAR ON TERROR

原書房

図説 現代の特殊部隊百科

リー・ネヴィル 坂崎竜 訳
Leigh Neville　Ryu Sakasaki

SPECIAL FORCES
IN THE WAR ON TERROR

前ページ：
UH-60ブラックホークで潜入し、眼下のウルズガン州の監視を行なうアメリカ陸軍グリーンベレー隊員。スペクターDRサイト装着のM4A1カービンを携行している。プレートキャリアには、2個のM67破片手榴弾が見える。(ジェームズ・ギンター3等兵曹撮影、アメリカ海軍提供)

図説
現代の特殊部隊百科
★
目次

第1章 **はじめに** 2
9・11以前の世界

第2章 **「不朽の自由」作戦** 14
アフガニスタン、2001-2002年

戦争の国 16　**基地**（ベース） 16　**潜入第一陣** 21　**「不朽の自由」作戦** 24
タスクフォース 25
　ダガー 25　Kバー 25　ソード 27　山岳地 30　ボウイ 31
潜入 33　**ライノー** 35　**21世紀の騎兵** 38　**デイジーカッター** 42
マザリシャリフ 44　**リトルバード** 45　**カンダハル** 47
トラボラ 49
逃亡 52
「アナコンダ」作戦 53
　計画 56　Hアワー（攻撃開始時刻） 59　タクル・ガル 63
「アナコンダ」作戦のその後 73
イギリスの特殊部隊 76
　「トレント」作戦 76　カライ・ジャンギの収容所暴動 80
多国籍軍の特殊作戦部隊 85
　オーストラリア 85　カナダ 86　デンマーク 87
　フランス 87　ドイツ 89　ニュージーランド 89
　ノルウェー 91
「アナコンダ」作戦後の特殊作戦 91

［コラム］
　ブラック・アンド・ホワイト 18　CIA特殊活動部（SAD） 22
　アメリカ陸軍特殊部隊 26　アメリカ海軍SEALs 29
　デルタフォース 36　戦闘序列 54　SEALチーム6 63
　レンジャー連隊 68　第22特殊空挺連隊 75
　ビル・「ウィリー」・アピアタ伍長 ヴィクトリア十字章受賞者 89

［地図］
　アフガニスタン 17

「不朽の自由」作戦——2001年10月-12月、アフガニスタンにおけるタスクフォースの潜入作戦　34

「不朽の自由」作戦——潜入ルートと担当エリア、2001年、アフガニスタン　41

「アナコンダ」作戦　57

「アフガニスタン不朽の自由」作戦——主要作戦　2001年および2002年　88

できごと

タクル・ガル：山頂におけるレンジャーの戦闘——2002年3月4日　66

第3章 「イラクの自由」作戦　94

イラク、2003年

戦争への序章　96

西部合同統合特殊作戦任務部隊　99

北部合同統合特殊作戦任務部隊　100

タスクフォース20　104　　海軍特殊作戦タスクグループ　108

ブラックスウォーム　108　　**アグリー・ベビー**　109

「ヴァイキング・ハンマー」作戦　110　　**モスル**　114

デベッカ峠の戦闘　115　　**イラク北部の陥落**　120　　**「スプリント」**　122

H-3　125　　**ルトバ**　127　　**カルバラ**　129　　**バスラとナジャフ**　131

ナーシリーヤ　134　　**タスクフォース7および64**　135

SBSの待ち伏せ　138　　**ウムカスル**　142　　**ウルヴァリン**　145

ジェシカ上等兵の救出作戦　148　　**大量破壊兵器（WMD）の探索**　151

コラム

多国籍軍特殊作戦部隊（SOF）　101

第160特殊作戦航空連隊（空挺）　106　　特殊舟艇隊（SBS）　137

地図

イラク　102

「イラクの自由」作戦——合同統合特殊作戦任務部隊の活動地域および潜入ルート　2003年4月　111

できごと

デベッカ峠の戦闘——2003年4月6日　118

第4章 **対反乱作戦** 154

アフガニスタン、2002-2009年　イラク、2003-2011年
フィリピン、2002年-

国際治安支援部隊（ISAF）のパートナーたち　158
チェコ　159　　フランス　160　　ドイツ　160　　イタリア　161
リトアニア　162　　オランダ　162　　ノルウェー　163
ルーマニア　163　　ポーランド　165　　イギリスの特殊部隊　165
草刈り　166
CIAの待ち伏せ　169　　「レッド・ウィング」作戦　173
集落安定化作戦　175　　イラクの復興　190
「ファントム・フューリー」作戦　195　　イラクのSEALs　205
部隊の状況　210　　「不朽の自由」作戦――フィリピン　211

コラム
MARSOC（海兵隊特殊作戦コマンド）　187
特殊作戦部隊（SOF）の兵器　200

地図
「アフガニスタン不朽の自由」作戦――特殊作戦任務部隊の担当エリア、
2010-2014年　162
外国人戦士の潜入ルート（抜け道 / ラットライン）、イラク、2005年　197

できごと
地方の高価値目標への急襲――アフガニスタン某所　170

第5章 **産業対テロ** 216

イラクにおけるアルカイダ捕獲作戦、2003-2012年

ウダイとクサイ　222　　「赤い夜明け / レッド・ドーン」作戦　228　　ザルカウィ　230
目標地点メドフォード　232　　急襲　237
ユーフラテス川西部の抜け道 / ラットライン　241　　「マルボロー」作戦　245
バスラ　245　　バグダード・ベルト　248　　ヨルダン人ターゲット　252
産業対テロ　254　　感知攻撃　256　　長期戦　259　　対イラン　262

コラム
情報支援活動部隊　229　　ISR　234　　強襲戦術　258

> 地図

「イラクの自由」作戦——統合特殊作戦コマンド任務部隊の担当地域、2006-2007年　235
デルタフォースの急襲——スカリヤ、シリア、2008年10月　266

> できごと

ウサイおよびクサイ・フセインの殺害——2003年7月22日　224
市街地における高価値目標の急襲——イラク某所　242

第6章 捕獲または殺害　268
アフガニスタン、2006-2014年

タスクフォース　272　　「ヴィジラント・ハーベスト」作戦　273
イギリスの特殊部隊　282
オーストラリアのSOF　287
ヴィクトリア十字勲章　294
シャワリコット東部の攻撃作戦　298　　人質救出　310
アボタバード　316　　エクストーション17　322
ハッカーニ　324

> コラム

SASR　290　　SOFの狙撃手　308

> 地図

リンダ・ノーグローブの救出作戦、2010年10月　313
「ジュビリー」作戦、2012年5月　315
「ネプチューン・スピア」作戦、2011年5月　320

第7章 新たな戦場　330
ソマリア、リビア、イエメン、マリ、シリア

ジブチ　332
「セレスティアル・バランス（天の配剤）」作戦　334
「オクターブ・フュージョン」作戦　342
リビア　349　　イエメン　355　　マリ　360　　シリア　361

> 地図

アフリカにおけるアメリカ軍特殊作戦部隊　2013-2014年　335

ソマリアにおける作戦、2009-2013年　344

「サーバル」作戦、マリ、2013年　357

第8章 **長期戦** 364

用語解説　376

参考文献　384

索引　389

第1章
はじめに
9・11 以前の世界

新たな形のテロによって、2001年9月11日という日はくずれ去った。自爆による、これまでだれも予想だにしなかった規模の大量殺戮が行なわれた。過激な聖職者にあおられた狂信的な若者が、敵国(グレート・サタン)であるアメリカに対する攻撃を実行したのだ。アフガニスタン、フィリピン、チェチェン共和国、パキスタンのテロリスト訓練施設で教育を受けたテロリストの新世代は、それ以前のハイジャックの手法を踏襲しなかった。イスラエルやエジプトにとらわれた政治犯の釈放を交渉材料にするのではなく、航空機自体を武器として、おそろしい非対称戦争を仕掛けたのだった。

　アメリカのブッシュ政権は、「テロとの戦争」という言葉を掲げてこれに対応した。この言葉自体にはたいした意味はなく嘲笑の対象とされることもあるが、これは、アルカイダ（AQ）やその関連組織と戦う、アメリカおよびその同盟国による多国籍軍の作戦をさすものだ。「アルカイダとの戦争」といったほうがより正確だろう。アメリカのいちばんの同盟国であるイギリ

オーストラリア軍第2コマンドー連隊偵察チームの前線斥候。2011年、アフガニスタン某所。この隊員が身に着けているのは、クレイ社のマルチカム迷彩の戦闘服とA-TACSエイリッド／アーバン迷彩のアサルトパック。どちらの迷彩パターンも山岳地帯では非常に有効だ。（オーストラリア軍特殊作戦コマンド提供）

第1章 はじめに

1990年代アメリカ海軍SEALsの貴重な写真。ウッドランド迷彩のバトル・ドレス・ユニフォーム (BDU) はいまも、アフガニスタンの一部に駐屯するSEALsや海兵隊特殊作戦コマンド (MARSOC)、陸軍特殊部隊が好んで着ている。また目を引くのがかなり「陳腐」な武器だ。先頭のSEALs隊員がもつのはM203グレネードランチャーを搭載したM4だが、今日では標準のレーザーや照明、光学機器は見えない。(ムッシPH1撮影、アメリカ特殊作戦軍提供)

ス、カナダ、オーストラリア、それに西ヨーロッパの大半がふくまれる「有志」国がこの新しい戦争にくわわった。ロシアは、チェチェン共和国やウズベキスタンのイスラム系テロリスト分派との紛争の歴史を有するものの、ほぼ傍観者的な態度にとどまり、チェチェン共和国における人権侵害に対して欧米諸国に目をつぶらせる見返りとして、基地使用や領空の通行を許可した。

テロとの戦争ではさまざまなことが行なわれ多様な戦術が使われたが、正しくいえば「テロとの全面戦争」については、この先何十年も、その意義や正否を問われることになるだろう。テロリストを軍の収容所に拘束したのは

正しかったのか。通常の犯罪者と同等の扱いをすべきではなかったか。厳しい尋問が拷問に変わったのはどの時点か。拷問は合法なのか。こうした人道上の疑問をともないながらも、テロとの戦争によって、対テロと法執行のためのテクノロジーとテクニックが大きく進歩し、多くの命を救ったことは疑いのない事実だ。なかでも急速な成長と大きな進化をとげたのが、軍の特殊作戦部隊（SOF）によるものだ。

特殊作戦部隊は当初から、テロとの戦争における急先鋒だった。アメリカの特殊作戦部隊はCIAのチームと協力し、ツイン・タワー崩壊の数週間後にはアフガニスタンの地をまっさきに踏んでいた。アブ・サヤフとジェマー・イスラミアを追うフィリピン軍支援のため、第一陣としてフィリピンに展開したのも特殊作戦部隊だった。さらにCIAとともに、イラク北部にも、イラク侵攻に先立つ1年前に配置されていた。SOFの訓練チームは数十か国において、各地域や国の対テロおよび対反乱能力を向上させるべく、その地の特殊部隊と行動をともにした。そして統合特殊作戦コマンド（JSOC）のSOFは「隠密裏（ブラック）」に、テロリストの指導者や財政や物資の支援者の捕獲または殺害任務を遂行したのである。

JSOCは、対イラン、「イーグル・クロー」作戦失敗後の1980年12月に創設された。当初の任務は限定的で、人質救出任務と、その後核拡散への対応がくわわった程度だった。ハイジャックされた航空機からの救出訓練を徹

イラク西部の砂漠地帯においた隠れ家のデルタフォース隊員。1991年、「砂漠の嵐」作戦中の非常に貴重な1枚。車両は、デルタの任務の必要性に応じて改良された、めずらしい6輪駆動のピンツガウアー特殊作戦車両。（撮影者不明）

アメリカ海軍空母の甲板から出動する第160特殊作戦航空連隊（SOAR）のAH-6リトルバード。1980年代後半の「プライムチャンス」作戦時、ペルシア湾にて。後方にはMH-60ブラックホークが見える。第160SOARおよびアメリカ海軍SEALsが着手したこうしたタイプの任務は、のちの9・11後に行なわれた、いわゆる「海上基地」からの作戦につながる。（アメリカ特殊作戦軍提供）

第1章 はじめに

デルタフォースのA中隊。1991年、イラク西部における「砂漠の嵐」作戦にて。隊員たちが携行するコルトのカービンはおもしろい組みあわせだ。エイムポイント社の初期の照準器やコルト社のスコープ、一部はサプレッサー付き、またはM203グレネードランチャーを装着した銃も見える。戦闘服はまだ砂漠用の「チョコレートチップ」迷彩であり、ボディアーマーをつけていないのがはっきりわかる。(撮影者不明)

底的に行ないつつ、JSOCはならず者国家の核兵器捕獲任務も行なうようになったのだ(JSOCの部隊は、聖戦(ジハード)に身を投じたイスラム教徒による占拠にそなえ、パキスタンの核施設を確保する訓練を受けているともっぱらのうわさだ)。しかし、JSOCは実際の作戦展開がまれなため、「ガレージに入れっぱなしのフェラーリ」ともいわれる。SOF以外ではその能力はほとんど知られていないが、金だけは非常にかかっているため、正規部隊からは「伊達男(カウボーイ)」と揶揄されることも多い。

特殊作戦軍(SOCOM)は数年のちの1987年に創設され、陸海空軍のSOFを統合指揮し、JSOCもこの指揮下にある。SOCOMはグレナダ侵攻時のような状況の再発防止を目的としている。1980年代に、SOFは部隊のもつスキルに不つりあいな作戦に配置されるというミスマッチに苦しんだ。1983年のグレナダ侵攻時にデルタフォースやSEALチーム6が実行した作戦の大半は、不必要かつ計画がずさんであり、レンジャーや、あるいは海兵隊や陸軍の正規部隊でも行なえるようなものだった。ペンタゴン内には、SOFは血を流して当然だという考えがあり、このためSOF向けにそうした任務をひねり出し、それもSOFとの行動に慣れていない正規部隊の司令部がそれを作成することも多かったのだ。

SOCOMがSOFに指令を出すようになってようやく、部隊の配置内容に特殊作戦部隊の声が反映されることになった。これが最初に功を奏したのが、1980年代後半にペルシア湾でアメリカ海軍SEALsと第160特殊作戦航空連隊が遂行した作戦であり、イランによる攻撃から民間船を守ることに成功した。この任務で成功した策はテロとの戦争で多数用いられることにもなる。海軍艦艇を海上の前進基地として、そこからSEALsと陸軍SOFのヘリコプターを飛ばし、敵船舶のVBSS(海上船舶臨検)任務を行なったのもそのひとつだ。

SOFは1990年代に、世界各地の紛

7

「プライムチャンス」作戦時、SEALsの支援に配置された第160特殊作戦航空連隊のMH-60ヘリコプター。通常、ナイトストーカーズの航空機は黒にちかい暗いオリーブ色（オリーブドラブ）だが、湾岸地域での作戦向けには明るいグレーの塗装だった（同僚機のリトルバードはオリーブドラブのままだった）。（アメリカ特殊作戦軍提供）

アメリカ陸軍特殊部隊グループ、アルファ作戦分遣隊525。有名な特殊偵察任務に出発する直前の写真。この任務は、イラクの砂漠地帯に設置した部隊の隠れ家を、偶然イラク人の子どもが発見したことで失敗してしまう。分遣隊のチームはあっというまにイラク陸軍の部隊に包囲され、接触を断つには、精密射撃と危険な近接空爆を行なう以外になく、ナイトストーカーズの2機のMH-60ヘリコプターがチームを回収することになった。チームはM16A2ライフル、アンダーバレル式M203グレネードランチャーおよび、サプレッサー付き、初期のレーザー照準器装着のMP5SD3短機関銃を携行している。(撮影者不明)

争地において多様な任務を行なった。バルカン半島では長期にわたる作戦が展開され、イギリスの特殊空挺部隊(SAS)はNATOの空爆を先導し、SEALチーム6による犯罪者の追跡・捕獲の成功へとつながった。デルタフォースとレンジャーは、いまでは伝説となったモガディシオの人質救出作戦に投入され、マンハンターとしての名声を確立することになった。イギリスは、2000年にシエラレオネで人質救出作戦を行ない、麻薬密売民兵組織から多数のイギリス人を救出して大きな成功をおさめた。グリーンベレーはコロンビア軍と協力し、麻薬密売組織とつながるコロンビア革命軍(FARC)と戦った。オーストラリア軍のSOFは、東ティモール問題への介入で初の戦闘配置を行ない長年にわたって活動し、その後1991年の湾岸戦争にも投入された。

「砂漠の嵐」作戦では、イラク西部の砂漠におけるスカッド・ミサイルの移動発射台探索や長距離偵察から、同盟国の他国の軍との訓練にいたるまで、グリーンベレーがさまざまな任務を遂

海軍の船舶から測距を行なうアメリカ海軍SEALs。1980年代後半の「プライムチャンス」作戦時。スナイパーライフルは初期のマクミラン50口径と、海兵隊の7.62ミリM40A1のようだ。25年以上のち、同様のスキルが、ソマリアの海賊からリチャード・フィリップス船長を救出する作戦にも使用された。(アメリカ特殊作戦軍提供)

第1章 はじめに

長距離偵察用の帽子をかぶったレンジャー隊員たち。この特徴のある姿はおなじみのものだ。1983年、グレナダのポイント・サリネスでの「抑えきれぬ怒り」作戦時の写真。レンジャーは空軍基地確保に成功した。グレナダ侵攻を支援する特殊作戦計画の大半は、頓挫するか大きな失敗に終わり、これがアメリカ特殊作戦軍（SOCOM）の創設につながった。レンジャーははじめて敵の空軍基地を占領したが、これはレンジャーが常日頃から訓練してきた役割であり、アフガニスタンとイラクに対する攻撃当初に、とくにこの任務ですばらしい働きを見せることになる。（アメリカ国防総省提供）

行した。SASもスカッド・ミサイルの探索を行ない、のちにデルタフォースもこれにくわわったことはよく知られている。砂漠用偵察車両のデューンバギーでクウェート・シティ奪還に投入された一番手がSEALsであり、海兵隊武装偵察部隊（フォースリーコン）は、有名なカフジの戦闘に投入された。「砂漠の嵐」作戦ではまた、イギリス軍特殊部隊とポーランドの緊急対応作戦グループ（GROM）がアメリカの特殊部隊とともに、はじめて本格的な合同特殊作戦を行なった。

9・11のテロ勃発後のSOFは、こうした初期の活動で得た経験や教訓をもとに展開を行なった。アメリカの特殊作戦軍（SOCOM）と統合特殊作戦コマンド（JSOC）は1990年代に、戦場に入って展開するというみずからの役割を適法としており、幅広い任務が遂行可能な法的基盤を整えた。イギリスのSOFには、自国の外交政策において重要なツールとみなされてきた長い歴史があるため、こうした法律上の苦労は要しなかった。それでも、SOCOM創設と同年にイギリスでも特殊部隊局を設立し、陸軍、空軍、海軍および海兵隊のSOFをひとつの統合された指揮系統のもとにおいた。

9・11以降、アフガニスタンで北部同盟の指導、訓練を行ない、助言をあたえるために派遣するにはうってつけの部隊が、グリーンベレーだった。バルカン半島で、完璧なターゲット選定スキルと装備を使いこなしたグリーンベレーは、まさにこの任務のための訓練を長期にわたって積んでいたといえる。実際、過酷なアメリカ陸軍特殊部隊資格課程のなかでも有名なロビンセイジ演習は、同様のシナリオをもとにしており、陸軍特殊部隊が架空の敵国（「パインランド」とよぶ）に潜入し、地方のゲリラ軍と接触して、訓練、指導を行なうという内容だ。

SEALsは、その当初の活動範囲である海上および沿岸以外での陸上作戦を行なうために、苦労しつつ長期にわたるロビー活動を展開した。アフガニスタンでは活動の機会もあたえられ、陸軍SOF内に否定論者をかかえ、いくどか大きな犠牲をはらいながらも、周囲の批判者たちの理解も得はじめた。特殊作戦部隊（SOF）がこの戦争の先鋒とすれば、統合特殊作戦コマンド（JSOC）の部隊はその背後で敵を音もなく殺害する短剣だ。デルタフォースとSEALチーム6は、主要人物の殺害や戦闘員の捕獲を担うまでになった。アメリカ軍SOFとその主要同盟国のSOFは、十分な働きをする部隊へと成長したのだ。テロとの戦争は、戦車による大規模戦や戦略的爆撃といった、正規軍の行なう戦争ではなかった。これは特殊作戦による戦争なのである。

第2章
「不朽の自由」作戦

アフガニスタン、2001-2002年

戦争の国

アフガニスタンは平和な時代をほとんど経験していない国だ。19世紀、イギリスにとって痛ましい流血の惨劇となった、第1次、第2次アングロ・アフガン戦争がくりひろげられたグレート・ゲームの時代から、現在のタリバンによる反乱にいたるまで、アフガニスタンは敵国の政府や政党、軍閥と何百年ものあいだ戦いつづけてきた。さらに紀元前330年のアレクサンドロス大王にはじまる、他国による侵攻や占領とも戦ってきた。アフガンは、自国内での出来事に他国が介入することを好意的にはとらえない国だ。

2001年9月11日に起きたテロの種をまき、テロとの全面戦争の発端ともなったのは、1979年のソ連によるアフガニスタン侵攻である点は疑いのない事実だ。首都カブールに傀儡政権をおいたソ連は、反共産主義のムジャヒディーン（聖なる戦士）の抵抗など数か月あればたたきつぶすと豪語した。しかし10年後、ソ連は軍を撤退させた。死傷者は3万5000とも5万ともいわれ、赤軍は完全に戦意喪失し、心理的に機能しなくなった。

反ソ連のムジャヒディーンとともに戦ったのは、のちにアラブ・アフガンといわれるようになる人々で、イスラム世界の各地から集結した3万強もの義勇兵だ。この兵士たちは仲間のムスリムを守るために、聖戦という宗教上の義務にのっとって動いていた（今日、シリアやイラクで外国出身の義勇兵たちが戦う図式と大きくは違わない）。こうした外国出身の戦士たちはパキスタンに向かい、ここでパキスタン統合情報局（ISI）にひそかに支援を受け、国境を越えてアフガニスタンに入り、いくつものセーフハウス（隠れ家）をへて前線に到着するのだ。

皮肉にも、こうしたアラブ人義勇兵たちは、アフガンのムジャヒディーンから好意をもって迎えられたわけでも、信頼を得ていたわけでもなく、通貨や必需品である医薬品を携行することが多かったために、受け入れられていた。ムジャヒディーンは多くの場合こうした外国人兵士を、その狂信的姿勢ゆえに戦場のもっとも危険な陣地に配置し、アラブ人兵士はこれを文句もなく受け入れた。当然のことだが、宗教的熱意がソ連の銃弾や爆弾から身を隠してくれはしないと気づいたときには、多くの兵士が命を落としていた。

基地（ベース）

アラブ・アフガンのなかに、その後、悪名をとどろかせることになる人物がいた。ウサマ・ビン・ラディンである。サウジアラビアの建設王の息子である

第2章 「不朽の自由」作戦

アフガニスタン

　ビン・ラディンは、アラブ・アフガンを支援するために、アフガニスタンにイスラム教慈善団体を設立した。この団体は、ペシャワールにおいた戦う外国人戦士のためのゲストハウスを中核にし、アルカイダ、または基地（ベース）といわれていた。ビン・ラディンは対ソ連の抵抗運動で名をあげたが、父親の財産からくる資金と、それを進んで差し出す姿勢が少なからずそれに寄与していた。

　結局、ムジャヒディーンの粘り強さと、アメリカ、中国、イギリスおよびパキスタンがひそかに行なった大規模支援によって、ソ連はアフガニスタンから撤退し、ソ連軍は多数の死傷者を出し大きな打撃を受けた。ソ連が去ったあとの空白地域で、ムジャヒディーンの各派は共産主義の中央政権と戦い、カブールの政権は1992年に崩壊した。そして戦争で血を流し、湾岸諸国の支援者たちからの寄付に支えられていたアラブ・アフガンたちは、チェチェン

ブラック・アンド・ホワイト

「ブラック・アンド・ホワイト」とは、特殊作戦部隊（SOF）でおもに隠密（ブラック）および公然の（ホワイト）作戦を行なう部隊をいう言葉だ。テレビゲームがどうであろうと、「ブラック・オペレーション」専門の部隊はないが、デルタフォースや情報支援活動部隊（ISA）のように、隊員の身元が明かされず、軍が公式には認めていない任務を遂行する「ブラック」な部隊は存在する。こうした部隊が行なう作戦について言及する場合には、部隊の正体を明かさないように、「ほかの同盟国の部隊」といった婉曲な表現が使われる。

さらに混乱をまねくのが、アメリカ軍SOFをランクづけする階層（ティア）システムの考えだ。このランクづけは、会話の相手にもよるが、派遣の準備態勢や能力、またはある部隊が受ける資金の多さにもとづいている。メディアにも通用してはいるが、これもまたテレビゲーム発のものだ。ゲームでは、デルタやSAS、あるいはDEVGRUの隊員に、「ティア・ワン・オペレーター」という表現がよく使われている。統合特殊作戦コマンド（JSOC）といった組織内に階層システムの存在は確認できないが、レンジャーやDEVGRUなどの隊員が非公式に使っていることは、現実にもなんらかのシステムがあることの証左だろう。

「オペレーター」という言葉にも議論の余地はある。特殊部隊の隊員をいうときに、すでにごくふつうに使われるようになってはいるが、「オペレーター」は、以前にはデルタフォースにかぎって使われていた。創設者であるチャーリー・ベックウィズ大佐が、この新たに創設した部隊をほかと区別するためにこの言葉をあてたのだ。CIAは「オペレーティブ」、FBIは「エージェント」という言葉を使っていたので、ベックウィズは「オペレーター」を選び、デルタの6か月におよぶ「戦闘員訓練課程（オペレーター・トレーニング・コース）」もこうして命名された。

共和国からフィリピン、カシミール地方にいたる、イスラム教徒による多数の反乱で戦いつづけた。

アフガニスタンでは、新たな中央政権誕生への期待もすぐに消え、ムジャヒディーンの主要な7派が国の支配をめぐって熾烈な内戦をはじめた。この内戦中に登場したのが、タリバンだった。誕生時には、パシュトゥーン人（アフガニスタンでは有力な宗教グループ）の宗教学校で学ぶ少人数の学生グループという地味な存在であり、アフガニスタン南部ではターリブとよばれていた。だが片目の聖職者ムラー・ム

第2章 「不朽の自由」作戦

ハンマド・オマルに導かれると、このグループは民衆運動へと発展して、軍閥の蛮行を攻撃した。またタリバンはアフガニスタンのアヘン栽培に反対し、山賊行為や汚職にも厳しい態度でのぞんだ。皮肉にも、宗教心にもとづきアヘン栽培にとった姿勢は、9・11後の武装行為に資金が必要であるという現実によって、やわらぐことになる。パキスタンの情報局（ISI）に支援を受け（ISIがタリバンを創ったという意見もある）、タリバンは、従来からの拠点であるカンダハルから急速に勢力を伸ばしていった。

パキスタン統合情報局（ISI）はタリバンを、隣国アフガニスタンの混沌とした状況を抑えるための戦略的緩衝物とみなしていた。ISIは情報将校をタリバン内においていたと思われる証言もあるが、これは1980年代には、ムジャヒディーンに対してもごくふつうに行なわれていたことだ（また近年の反乱では、パキスタン人将校が、アフガニスタンが支援するタリバンの下部組織で発見されたともいわれており、ひとりは、うかつにもイギリスの特殊部隊に殺害されたという）。ISIが、アフガンのタリバンに参加させるため積極的に徴募を行ない、何千人ものパキスタン人志願者を訓練したことはまちがいない。

ビン・ラディンは、この泥沼の状況に戻ってきた。彼は湾岸戦争後にサウジの市民権を失っており、しばらくはスーダンに滞在していたが、アメリカの圧力が増して強制退去させられていた。そしてビン・ラディンはムラー・オマルに友情の手を差し伸べた。

山岳地のアメリカ陸軍特殊部隊、アルファ作戦分遣隊（ODA）。2001年10月、アフガニスタンでともに戦う北部同盟の兵士たちと馬に乗る姿。特殊部隊隊員で乗馬にすぐれた者は少なく、またかなり小型のアフガンの馬と伝統的な木製の鞍にも手こずった。記憶に残る体験だ。（アメリカ特殊作戦軍提供）

1996年にアフガニスタンに戻ったとき、ビン・ラディンはアルカイダ戦士の幹部をともなっており、まもなく、ソ連・アフガン戦争中にビン・ラディンが支援していたアラブ・アフガンの元兵士たちの多くがここに集まった。

ムラー・オマルへの贈り物として、ビン・ラディンは車両を寄付し、道路建設を行ない、そして現代の大規模な聖戦軍といえる、アルカイダの055旅団（第55アラブ旅団）を結成した。ビン・ラディンはこの旅団を、対抗勢力であるシューラ・エ・ナザール（北部同盟）と戦うタリバンとともに配置した。055旅団はすぐに、民間人を残忍に殺害するというレッテルをはられた。また捕虜を斬首する行為は、のちの聖戦士たちの非道行為を予見するものでもあった。

内戦は続き、北部同盟はアフガンのほぼ3分の1を掌握してもちこたえていた。だがニューヨーク、バージニア、ペンシルヴァニアの各州で2973人もの人々を殺害したテロ攻撃の2日前、北部同盟の指導者であるアハマド・シャー・マスードが、ふたりのアルカイダの自爆テロによって暗殺された。テロリストは、マスードがパンジシール渓谷においた山中の本部に、ジャーナリストをよそおって訪れた。アルカイダは、アフガニスタンにおける、西側諸国ともっとも親密な同盟者を抜け目なく排除したのだった。

9・11の攻撃後、世界はアメリカに歩調を合わせ、カナダ、フランス、そしてアメリカのもっとも緊密な同盟国であるイギリスをはじめ、多数の国々が軍事的支援の提供を約束した。実際、9月12日には、NATOの歴史上はじめて、加盟国への攻撃に対する集団防衛を提供するNATO憲章5条を発動し、アフガニスタンへの介入とその後の国際治安支援部隊（ISAF）派遣への道を開いたのである。

ムラー・オマルとタリバンは、ビン・ラディンと、ハリド・シェイク・モハメドといった側近を降伏させる機会をあたえられたものの、これを拒否したため、「クレセント・ウインド」作戦が発動された。アメリカ軍の部隊がアフガニスタンの地に到着したのは、9・11のテロ攻撃のわずか15日後のことだった。こうした部隊が特殊作戦部隊（SOF）の隊員ではなかったことに、驚くむきもあるだろう。じつはSOFはひそかに、ウズベキスタンにある旧ソ連のカルシ・ハナバード空軍基地（もっと言いやすく「K2」とよばれるのが一般的）からアフガンに到着ずみだった。この基地で、アフガニスタンにおける作戦拡大に向けて、アメリカ軍の大規模な配置が進みつつあったのだ。

潜入第一陣

2001年9月26日未明、中央情報局（CIA）のパイロットが操縦するロシア製Mi-17ヘリコプターで、CIAのメンバー8名が、アフガニスタンのパンジシール渓谷に降り立った。ジョーブレーカーというコードネームをもつ

AN/PEQ-1特殊作戦部隊用レーザーマーカー（SOFLAM）を使用して、北部同盟を支援するアメリカ軍の空爆ターゲットに「ペイント」するアメリカ陸軍グリーンベレー隊員。2001年後半。この隊員の欧米のものとアフガンの衣類が混ざった服装は、ODA隊員を現地に溶けこませるための対策として（あるいはすくなくとも欧米の兵士であることが目立たないように）当時は一般的なものだった。マップとコンパス（右手首に装着しているスント製リスト・コンパス）を使用する活動は、特殊部隊隊員にはよくみられるものだ。（アメリカ特殊作戦軍提供）

CIA 特殊活動部（SAD）

　CIAは、ベトナム戦争後に人材と準軍事能力の多くを失った。どちらも、多大なスキャンダルによって大きく低下したのだ。その再建がはじまったのは1990年代になってからのことで、ソ連の崩壊後、新たな脅威が興ったからだった。9・11のテロ後は急速に活動を拡大せざるをえなくなり、CIAはアフガニスタン、フィリピン、のちにはイラクにおける隠密作戦でリーダー的役割を果たした。

　特殊活動部は「班（ブランチ）」とよばれるいくつかの異なる部隊に分かれている。なかでも中心にあるのが、SAD地上班だ。地上班はCIAの射手や調査オペレーターが籍をおき、テロ容疑者の特例拘置引き渡し［尋問、拷問が可能な第三国への移送］や、移送されたこれら容疑者が収容された海外の秘密軍事施設の警護を行なった。アフガニスタンとイラク北部に最初に入ったのがこのメンバーだ。イラクに入ったのは、陸軍特殊作戦部隊（SOF）に先立つ1年も前のことだった。

　オペレーターの多くはSOF出身で、とくにデルタ、特殊部隊、SEALs出身者は多い。独自の訓練施設を有してはいるが、スペシャリスト養成学校に送られて、高速運転やピッキング、調査といった特殊スキルや、パラシュートのHALO（高高度降下低高度開傘）を学んだり、学びなおしたりする。オペレーターは地元住民同様の服装や武器で配置される場合が多い。2001年11月25日に、マザリシャリフでタリバンの囚人による悲惨な暴動が起きたが、その場にいた2名のSADエージェントは、アフガニスタンの伝統的民族衣装であるシャルワル・カミーズと中国風の衣服を身に着け、AK-47を携帯していた。

　地上班にくわえ、SADには航空班があり、パイロットと航空機（無印の民間機リトルバードもある）を所有している。ダッシュ8といった、通信傍受任務向け

このチームは、CIAの準軍事組織である特殊活動部（SAD）と対テロセンター（CTC）からの志願者で編成されていた。協力して行動することになる特殊部隊の隊員たちのちに、このチームをOGA、つまりは「その他政府機関」とそっけなくよぶことになる。

　元特殊部隊オペレーターや通信員、言語の専門家で構成されるジョーブレーカーのチームは、CIAおよび本部ラングレーのスタッフと、中央軍（CENTCOM。「クレセント・ウインド」作戦と、こののち「不朽の自由」作戦とよばれる作戦の実行を担う）に、情報を瞬時に報告できる衛星通信機器を携行していた。さらにジョーブレーカーは連番ではないアメリカ100ドル紙幣を3百万ドル分携行し、これはア

第2章 「不朽の自由」作戦

に改修された航空班の航空機は、アフガニスタン上空によく配置されている。

SADの海洋班は、水上からの潜入や回収技術を地上班に提供し、オペレーターの多くが、海軍特殊舟艇チーム出身だ。

CIAが所有・運用する旧ソ連のMi-17輸送ヘリコプター。2001年後半のアフガニスタン。ヘリコプターの周囲にいるのはCIAのSADメンバー。このMi-8（ロシア国内の名称）はジョーブレーカー・チームをアフガニスタン各地に運び、また「アナコンダ」作戦に先立ちシャヒコト渓谷上空の空中偵察を行なうのに使用された。（CIA提供）

フガンの支援に使用されることになる（アフガンの古いことわざに、アフガン人は借りてこられても、買え［買収でき］はしない、というものがある）。

ジョーブレーカーの要員は、北部同盟の指揮官たちをともなうアメリカ陸軍特殊部隊のチームの潜入が円滑に進むよう支援した。「クレセント・ウインド」作戦向けに空爆のターゲットを選定し、最悪の事態や、多国籍軍の航空機がアフガニスタンで墜落した場合にそなえて戦闘捜索救難（CSAR）能力を準備し、また空爆作戦に向けて爆撃損害評価（BDA）を行なったのである。

アフガニスタンにはじめてCIAジョーブレーカーのチームが到着したときの宿泊設備「スパルタン」。民間人向け市販のバックパックとハイキング用品、それにソ連製AKMアサルトライフルが見える。ジョーブレーカーのチームは民間人の扮装をし、見られても無害なAKMと、製造番号を削りCIAとの関連を消した9ミリの拳銃、ブローニング・ハイパワーを携帯していた。(CIA提供)

「不朽の自由」作戦

「アフガニスタン不朽の自由」作戦(OEF-A)は、公式には2001年10月6日の夕方、多国籍軍の空爆作戦である「クレセント・ウインド」作戦とともにはじまり、タリバンが長年使用する司令部と統制および防空施設をターゲットとしたものだった。タリバンが所有する、旧式のソ連製SA-2、SA-3地対空ミサイル(SAM)発射台と、そのレーダーおよび指令装置の大半と、タリバンが保有する少数のMiG-21およびスホーイSu-22戦闘機は、作戦初日の夜に破壊された。

高高度SAMの脅威を排除し制空権を確立したことで、タリバンのインフラと指導者の中枢および部隊の集結地、それに判明しているアルカイダの訓練キャンプをターゲットとした空爆を行なえるようになり、こうした施設を、アメリカ空軍(USAF)、アメリカ海軍(USN)、イギリス空軍(RAF)の航空機が攻撃した。この任務を担ったのは、K2や、パキスタンにおかれた秘密前進基地を発った、B-52HやB-1B長距離爆撃機、AC-130スペクター固定翼ガンシップなどだった。「アフガニスタン不朽の自由」作戦と、テロとの全面戦争がはじまったのだ。

多国籍軍司令官、アメリカ陸軍大将トミー・フランクス(アメリカ中央軍、CENTCOM)の全権のもと、「不朽の自由」作戦(OEF)を支援すべく、合同統合特殊作戦任務部隊(CJSOTF)、山岳地合同統合任務部隊(CJTF-Mountain)、対テロ官庁合同統合任務部隊(JIATF-CT)、合同統合官民作戦任務部隊(CJCMOTF)の4つの任務部隊(タスクフォース)が立ち上げられた。

CJSOTFの特殊作戦部隊(SOF)は、

第2章 「不朽の自由」作戦

3つのタスクフォースで編成される隠密および公然(ブラック・アンド・ホワイト)の任務を行なう部隊であり、各タスクフォースは刃物の名でよばれた。北部統合特殊作戦任務部隊(JSOTF-North)はタスクフォース・ダガー、南部統合特殊作戦任務部隊(JSOTF-South)はタスクフォース・Kバー、そして秘密組織のタスクフォース・ソード(のちにタスクフォース11と改名)だ。

タスクフォース

ダガー

2001年10月10日に創設されたタスクフォース・ダガーは陸軍グリーンベレーのジョン・マルホランド大佐が指揮し、大佐指揮下の第5特殊部隊グループを中心に、第160特殊作戦航空連隊(160SOAR)のナイトストーカーズによるヘリコプターの支援を受けていた。ダガーはアフガニスタン北部に配置されて、特殊部隊アルファ作戦分遣隊(ODA)のチームを潜入させ、北部同盟の将軍たちへの助言と支援を行なう任務を担った。こうしたグリーンベレーのODAは一般に特殊部隊ODAのAチーム(アルファ)(一般に、グリーンベレー12名のODAをさす。以降の本文解説参照)からなり、空軍特殊戦術チームの支援を受け、またすでにアフガンに入っていたCIAのジョーブレーカーのチームとも緊密に協力することになる。

Kバー

タスクフォース・Kバーも、2001年10月10日に創設されたタスクフォースで、アフガニスタン南部を担当した。Kバー(海兵隊の戦闘ナイフにちなんだ名)は海軍SEALsのロバート・ハワード大尉が指揮し、海軍特殊戦グループのSEALチーム2、3、8と、陸軍第3特殊部隊グループ第1大隊のグリーンベレーを中心とする編成だった。このタスクフォースはおもに特殊偵察(SR)と要配慮個所探索(SSE)任務を担い、旧敵地での情報収集を行なっ

アフガニスタンにおける紛争初期を象徴する1枚。アフガンの馬に乗る、アメリカ陸軍特殊部隊ODA595所属、空軍戦闘統制官バート・デッカー2等軍曹。(アメリカ特殊作戦軍提供)

アメリカ陸軍特殊部隊

1960年代と1970年代にアメリカ軍でもっとも有名な特殊作戦部隊(SOF)といえば、アメリカ陸軍特殊部隊のグリーンベレーだった。この特殊部隊の戦いの歴史は、第2次世界大戦中に戦略諜報局がおいた「ジェドバラ」チームにまでさかのぼる。このチームの任務は、ドイツ前線の背後奥深くにパラシュート降下して、ゲリラ作戦を行なうことだった。

特殊部隊の隊員なら、「グリーンベレーとは兵士ではなく帽子のことであって、ジョン・ウェインが主演したベトナム戦争時代の映画『グリーンベレー』以降に定着した言葉でしかない」と言うだろう。そのモットー「抑圧からの解放」からは、陸軍特殊部隊の重要なスキルのひとつがうかがえる。つまり外国国内防衛(FID)だ。FID任務では、グリーンベレーは友軍に対ゲリラ、対反乱戦術の訓練、指導を行なう。逆に、グリーンベレーが国内にゲリラ部隊を立ち上げ、訓練し、助言をあたえることもあり、これはアフガニスタンで役に立ったスキルだ。

FID任務を実行するにあたって、グリーンベレーは、民事および軍事の専門知識とともに、すぐれた言語能力や文化的スキルを必要とする。あるときは地方に診療所を建て、またあるときは監視をおくための立地のよいポイント(一般的な射撃と運動の戦術)を指導することもある。アルファ作戦分遣隊、またはODAとして知られるこの12人編成のチームは、各オペレーターが爆破、通信、医療または工学など異なる専門スキルを有し、すくなくともふたつの異なる分野で訓練を受けている。

外国国内防衛は日常的にこなす任務ではあるが、陸軍特殊部隊は不正規戦(つまりは敵前線背後についた伝説のコマンドーが行なったような、待ち伏せ、破壊工作、転覆工作や、そのための外国部隊の訓練)や、長距離偵察(ベトナム戦争にはじまるが、今日では特殊偵察といわれている)、(ドアを蹴破るといった)直接行動を専門とする。イギリスおよびオーストラリアSASのように、各ODAは潜入手法において高い専門スキルをもつ

たが、第3特殊部隊グループODAの一部は外国国内防衛および不正規戦の役割を担い、タリバンと戦う民兵に助言を行なった。

ダガーがアメリカ軍の作戦のみに配置された一方で、Kバーは多数の多国籍軍SOFの部隊とともに任務にあたった。これら多国籍軍のSOFには、ドイツのコマンドー特殊部隊(KSK)、カナダの第2統合任務部隊(JTF2)、ニュージーランドの第1特殊空挺中隊(NZ SAS)などがあった。こうした部隊の多くはアメリカ軍の特殊部隊とうまく協調して活動したが、一部は自

第2章 「不朽の自由」作戦

チームを有する。軍のSCUBAなどの潜水装備を訓練した潜水チームや、フリーフォール降下のスペシャリストをもつODAもある。

各ODAは特殊部隊グループ、大隊、中隊、チームを意味する4桁の数字で表す。つまりODA5225は、第5特殊部隊グループの第2大隊、ブラヴォー中隊の第5ODAということだ（各特殊部隊グループに大隊がくわわったため、4桁にして大隊を意味する数字を入れたのは最近のことだ。アフガニスタンとイラクでの紛争初期には、3桁の数字を使っていた）。

ODAは隠密行動をとる場合もあれば（たとえば、「不朽の自由」作戦の初期には、戦闘服に地元の民間人の扮装をとりこんでいた）、戦闘服で活動することもある。活動地域の文化に敬意をはらってヒゲをたくわえていることもよく知られている。もっとも、ヒゲを剃ったアメリカ人など、アフガンの長老たちはまともに相手にはしてくれないだろう。その結果、ヒゲ面の、オークリー社の戦闘服を着たオペレーターは、すっかり特殊部隊のイメージとして定着している。

対空用三脚にのせたソ連製12.7ミリDShK重機関銃を点検するグリーンベレー隊員。（JZW提供）

前の車両をもちこんでいなかったため、割りふられる任務に制約があったり、アメリカ軍の車両を借りて任務を行なったりした。

ソード

タスクフォース・ソードは、2001年10月初旬に創設されたSOFの特殊任務部隊だ。統合特殊作戦コマンド（JSOC）の直接の指揮下にある隠密に動く部隊である。このタスクフォースは、アルカイダおよびタリバン内の高価値目標（HVT）である幹部指導者たちの捕獲または殺害を主要な

2002年2月、眼下の渓谷で行なった要配慮個所探索任務で押収した銃弾を調べるSEALs隊員。隊員の右手下方にはドイツKSKのオペレーターが見える。(ティム・ターナー1等兵曹撮影、アメリカ海軍提供)

任務とする、いわばハンター・キラー部隊だ。ソードは、本来はデルタと海軍特殊戦開発群(DEVGRU)の2個中隊を中心とした編成であり、これを、レンジャーの部隊防護(フォース・プロテクション)チームと情報支援活動部隊(ISA)の通信傍受および監視オペレーターが支援する。

これらの各要員はさらに色分けされていた。この色分けは現在も使われ、JSOCの部隊の略称とされている。デルタはタスクフォース・グリーン、DEVGRUはタスクフォース・ブルー、レンジャーはタスクフォース・レッド、ISAはタスクフォース・オレンジ、そして第160SOARはタスクフォース・ブラウンといった具合だ。

多国籍軍の多数のSOFが、ときにはソードについて特定の作戦を支援したが、イギリスの特殊部隊、とくに特殊舟艇隊(SBS)だけは、直接ソード内に組みこまれていた。「はじめは、タスクフォース11にはアメリカ、イギリスのメンバーしかいなかった。ほかの多国籍軍の部隊はもっぱら特殊偵察(SR)と要配慮個所探索(SSE)の一部任務を受けもっていた」。アメリカ軍の特殊部隊オペレーターのひとりはこう解説する。さらに、こう言う

アメリカ海軍 SEALs

SEALs（SEALは、海、空、陸と、異なる潜入方法を表す）はアメリカ海軍の特殊戦部隊だ。創設は、第2次世界大戦中に沿岸の偵察や戦闘潜水を行なった水中爆破チームにまでさかのぼる。SEALsはベトナム戦争中にその役割を拡大させ、メコン・デルタなど河川流域の偵察や、基地周辺にいるベトコンの待ち伏せといった直接行動のスキルを磨いた。

今日のSEALsも沿岸や海上での作戦をおもに行ない、公式には海軍の特殊作戦を担っている。だがその役割は拡大して地上戦においても活動し、これに対し陸軍SOFが懐疑の念や、ときには敵意までいだいている。現代のSEALsは、伝統的な偵察と水上・水中でのスキルを訓練しているが、不正規戦（UW）と外国国内防衛（FID）任務を行なうことも増加している。『ネイビー・シールズ』（2012年、アメリカ）などの映画でもSEALsのさまざまな任務が描かれている。

陸軍特殊部隊と同様、SEALs隊員はそれぞれに、医療、通信、調査、侵入工作といった個々の専門分野を訓練し、また別の部隊での訓練も行なっている。だがグリーンベレーとは違い、SEALsの小隊はチームとしての専門性をもつわけではなく、すべてのSEALs隊員がSCUBA、HALO（高高度降下低高度開傘）のスキルをもち、機動性があり舟艇の操縦技術を有する。また各SEALチームは陸軍の特殊部隊と同様、活動する地域が割りふられている。

SEALsは通常、16人の小隊で構成され、小隊6つで番号のついたSEALチームとなる。アメリカ西海岸にはSEALチーム1、3、5および7、東海岸はSEALチーム2、4、8および10が配置されている。有名なチーム6は、『ゼロ・ダーク・サーティ』（2012年、アメリカ）といった映画にも登場するが、実際には海軍特殊戦開発群（DEVGRU）といわれ、SEALsの組織図には入っていない。

2002年、砂漠で任務を行なうアメリカ海軍のSEALs隊員。砂漠用ゴーグルを装着し、NVGマウントにはテープを巻いている。M4A1カービンのトップレール前方に装着したAN/PEQ-4赤外線イルミネーターにもテープが巻かれている。戦闘作戦中にはアクセサリーははずれやすく、テープや装備用帯でしっかりと装着することが多い。（アーロン・D・アーモンⅡ世軍曹撮影、アメリカ空軍提供）

図説現代の特殊部隊百科

アフガン大統領ハーミド・カルザイと特殊部隊ODA574。2001年12月5日。この写真撮影の直後、友軍の戦線に2000ポンドの爆弾による誤爆が起きた。特殊部隊の兵士3名が死亡し、多数が重傷を負った。(アメリカ特殊作戦軍提供)

者もいた。「そのころは、『戦争があるなら行くぜ！』っていうやつが大勢いる状況で…。つまり、こいつらを仕切って極悪人をしとめ、華々しく書きたてられるのは、おれたち（アメリカ軍）だけってわけだ」。イギリスご自慢のSASが、任務はアメリカ軍の部隊ばかりにいって自分たちのところにはまわってこない、と思ったのは確かだろう。

山岳地

SOFのタスクフォースのほかにも、正規部隊による大規模な山岳地合同統合任務部隊（CJTF-Mountain）があった。この合同統合任務部隊にも、当初は3つのコマンドがおかれていた。そのうちひとつだけが特殊作戦部隊によるタスクフォース64で、オーストラリア特殊空挺連隊（SASR）のセイバー中隊を中心とした特殊部隊タスクフォースだった。

タスクフォース58はアメリカ海兵隊によるもので、第15海兵隊遠征部隊（MEU）が構成員だ。のちにはいまでは伝説となった、第101空挺師団第10山岳師団の隊員およびカナダ陸軍軽歩兵で構成されるタスクフォース・ラッカサンがこれに代わった。そしてこの任務部隊内のもうひとつのタスクフォースがジャカナだ。これは、イギリス海兵隊第45コマンドーの兵士約1700名の隊員からなる戦闘グループで、2001年11月当時、アフガニスタンに展開する有志連合のなかで最大のタスクフォースだった。

タスクフォース64のオーストラリア兵は、山岳地合同統合任務部隊と、のちにはタスクフォース・ソードのために偵察任務と、直接行動も一部行なった。タスクフォース58は、前進作戦基地（FOB）の確保や、その後に行なう大規模作戦に参加した正規部隊だ。ジャカナは、「アナコンダ」作戦

第2章 「不朽の自由」作戦

後、アルカイダの残党排除のために編成されたタスクフォースだ。ジャカナは武装勢力がひそむ多数の洞窟や遮蔽壕を探索、破壊し、2002年7月にイギリスに帰国した。

ボウイ

情報の収集、処理、評価を行なったのは、対テロ官庁合同統合任務部隊（JIATF-CT）、別名タスクフォース・ボウイだ。ボウイは「アフガニスタン不朽の自由」作戦の全参加部隊の、情報統合および融合活動にかかわる要員で構成され、アメリカ軍およびその他の同盟国軍に、多数の民間の識者および法執行官もくわわった。

元デルタ将校であり経験豊富な特殊部隊オペレーターでもあるゲイリー・ハレル准将が指揮し（ハレルはモガディシオの「ゴシック・サーペント」作戦でデルタのC中隊を率いた）、ボウイは多国籍軍の尋問施設をバグラムに設営し、特殊作戦任務部隊に情報を提供した。最大時でボウイにはアメリカ軍の兵士36名、連邦捜査局（FBI）、国家安全保障局（NSA）、中央情報局（CIA）などのエージェント57名にくわえ、多数の多国籍軍SOFの連絡将校が在籍した。

編成上、ボウイには先行部隊作戦（AFO）班が所属した。AFO班は45名からなる偵察部隊でデルタの偵察のスペシャリストからなり、DEVGRUから選抜されたメンバーで補強し、情報支援活動部隊（ISA）の技術者の支援を受けていた。AFO班は常時活動する部隊ではなくソードの支援目的に立ち上げられた部隊であり、戦場の事

アメリカ空軍の戦闘統制官とODAのメンバー、2001年後半。北部同盟の戦士（後方、ZU-23対空砲と思われる武器のそばに立っている）と行動をともにしている。SOFLAMレーザー照準器使用の準備もできている。（アメリカ特殊作戦軍提供）

負傷した北部同盟戦士の医療搬送を行なう、CIA所有のMi-8 Hip。ヘリコプターの後尾そばにODAのメンバーがおり、CIA SAD地上班のオペレーターが負傷者をハンヴィーに運ぶ手助けをしている。(アメリカ特殊作戦軍提供)

前情報収集を担い、CIAと緊密に連携して活動していた。AFO班のオペレーターは北部AFOと南部AFOに分かれ、本部はバグラムにあるタスクフォース・ボウイの格納庫内におかれていたが、情報は直接タスクフォース・ソードに上げられた。

AFO班は、少人数の2から3名のチームをパキスタンとの国境沿い、アルカイダの本拠地背後に送りこみ、秘密裡に偵察を行なった。AFO班のオペレーターは、多くは山中の高地にある「隠れ家」といわれる監視所に配置され、反乱軍の動きや人数を監視、報告するのだ。また環境偵察として知られる任務も遂行した。特定の地域を調査して、その地域の地理と、チームの潜入が実行可能であるかどうかを確認したのだ。この活動の多くは、実際に歩くか、暗視ゴーグルを装着しての運転が可能な、赤外線ヘッドライトをそなえた特別仕様の全地形対応車で行なった。

「アフガニスタン不朽の自由」作戦を支援したタスクフォースはこのほか、合同統合官民作戦任務部隊(CJCMOTF)がある。カブールに本部をおいたが、その下に、地理上ふたつのコマンドを設けた。北部官民作戦センターと南部官民作戦センターだ。ふたつは民事と人道的問題を扱った。こうした活動が発展して2002年には地方復興チーム(PRT)が生まれ、30以上のチームがアフガニスタン全土に配置された。

「クレセント・ウインド」空爆作戦が縮小されはじめたころ、タスクフォース・ダガーはチームの第一陣をウズベキスタンのK2基地から潜入させようと計画していた。第160特殊作戦航空連隊(SOAR)の第2大隊はMH-47EチヌークとMH-60Lブラックホーク・ヘリコプターの出動準備を整え、険しいことで知られるヒンズークシ山脈にヘリコプターを安全に飛ばせるよう、悪天候がおさまるのを待った。

第2章 「不朽の自由」作戦

2機のMH-47E輸送ヘリコプター。バグラム空軍基地で第160特殊戦航空連隊が運用。どちらの機も、運用距離を伸ばすために鼻先に給油プローブを装着している。(アメリカ特殊作戦軍提供)

潜入

2週間におよぶ準備空爆を行ない(空軍はあっというまにターゲット不足になった)、陸軍部隊の第一陣が2001年10月18日夕方から19日未明にかけて、アフガニスタンに潜入した。先頭チームは12名からなるODA555(トリプル・ニッケル)で、すぐに、パンジシールのヘリコプター着陸地帯(HLZ)でジョーブレーカーと合流した。グリーンベレーはセーフハウス(秘密基地)へつれていかれ、北部同盟の軍事指導者マスードの後継者で、将軍たちの代表であるファヒム・カーンと会談した。翌日早朝、特殊部隊の隊員たちはカーン将軍の民兵たちと作戦を開始した。

第160SOARは飛行許可をあたえられていたものの、その夜の天候は危険で、護衛機である2機のMH-60L直接行動侵攻機(DAP)を基地に戻さざるをえなかった。DAPが護衛していたMH-47Eチヌークは、グリーンベレーの第二陣、ODA595を乗せており、単独で夜間飛行を続けた。ローターに氷が張るという大きな危険があるなか、高度4800メートルのヒンズークシ山脈の山頂を越え、ヘリコプターはアフガニスタンへの途上で砂嵐に

「不朽の自由」作戦
2001年10月-12月、アフガニスタンにおけるタスクフォースの潜入作戦

「不朽の自由」作戦── 2001年10月-12月、アフガニスタン タスクフォースの潜入作戦
1 北部合同統合特殊作戦任務部隊（タスクフォース・ダガー）
2 南部合同統合特殊作戦任務部隊（タスクフォース・Kバー）
3 タスクフォース58（USMC）およびタスクフォース64（SASR）

も遭遇した。こうした劣悪な状況にも負けず、ナイトストーカーズの乗員は果敢に任務を完遂し、現地時間0200時にその地方の首都であるマザリシャリフの南にある、ダルヤー・スフ渓谷に着陸した。この第二陣のチームは、HLZで、ウズベク人民兵組織の将軍で北部同盟最大派閥の指揮官であるアブドゥル・ラシド・ドスタムに迎えられた。

ドスタムはマザリシャリフ周辺に強固な勢力基盤を維持しており、政治家としても名をなしていた。以前にはソ連、カブールの前傀儡政権、そしてタリバンとの同盟をとりきめた経験もあった。こうした忠誠心の変化は、アフガニスタンではとりたててめずらしいことではない。地方のタリバンの指揮官が自分のいとこで、その地方の警察署長がおじだということもありうるの

だ。アフガン人にとって民族的忠誠心は、名ばかりの政府や武装勢力のグループの違いよりもはるかに重要なのだ。

ライノー

グリーンベレーの第一陣のチームがアフガニスタン北部に潜入しようとしているのと同じころ（2001年10月19日の夜間）、ほかにもふたつの特殊作戦が、どちらもアフガニスタン南部で開始されようとしていた。第75レンジャー連隊第3大隊の約200名の陸軍レンジャーが、MC-130Pコンバットタロン航空機から夜間の戦闘降下に果敢に挑み、カンダハル南西の砂漠にある、辺境の簡易滑走路にパラシュートで降下した。ここはステルス爆撃機B-2スピリットとAC-130スペクター固定翼ガンシップが事前の空爆で敵をたたいており、どちらの機も、レンジャーがトラブルにぶつかった場合にそなえ、降下地帯（DZ）上空の旋回を続けていた。

トミー・フランクス大将と会うアメリカ陸軍特殊部隊ODAの隊員たち。2001年10月、アフガニスタン。中央のオペレーターはMk12特殊目的ライフル、別名「サラ・ジェーン」を携帯している。（アメリカ国防総省提供）

デルタフォース

第1特殊部隊作戦分遣隊。デルタ、戦闘適応群、陸軍区分要素、デルタフォース。アメリカ陸軍の特殊任務部隊はさまざまな名でよばれる。隊員たちは簡単に部隊(ユニット)と言い、協力して行動する者たちはデルタやCAGとよぶ。1972年夏のオリンピックで11名のイスラエル選手が殺害されたミュンヘンオリンピック事件後、世界的なテロリズムの広まりに対応し、1970年代後半に創設された部隊だ。

デルタの初任務は、イランの砂漠で失敗に終わった。1980年、テヘランのアメリカ大使館からアメリカ人人質を救出する統合作戦は、悲惨な結末を迎えた。前進飛行場で数機のヘリコプターが故障し、作戦は断念されたのだ。そしてデルタとレンジャーが離陸のため航空機に搭乗したとき、海軍のRH-53輸送ヘリコプターが、デルタの強襲要員の一部を乗せていた空軍のEC-130E輸送機に衝突した。その後の爆発と炎上で、アメリカ軍兵士は8人が命を落とした。

イランでの悲劇のあと、デルタはグレナダ、レバノン、パナマ、第1次湾岸戦争、ソマリア、バルカン半島その他、機能不全におちいった多数の国々で作戦を行なった。第1次湾岸戦争では、デルタはたんなる人質救出チームではないことを証明する機会を得、スカッド・ミサイルの移動式発射台探索のため、イラクの砂漠地帯で長距離車両パトロールを実行した。ソマリアとバルカン半島では、追跡・捕獲チームとしての名声を確固たるものにした。どちらも、アフガニスタンで必要とされることになるスキルだった。

デルタは、軍の対テロ部隊の大半と同じく、イギリスSASをモデルにした編

DZを示す小規模なパスファインダー・チームに先導され、レンジャー部隊は敵の攻撃がないに等しいなか(タリバン戦士が単独でレンジャーと交戦しようとしたが、あっさりと射撃を受け殺害された)、コードネーム「目標地点ライノー」は確保された。状況を調べにきた、ピックアップトラックに乗った少人数のタリバン部隊も、AC-130が狙い撃ちしてトラックを破壊した。レンジャーで負傷したのは2名のみで、それもパラシュート降下時に軽傷を負ったものだった。MC-130に搭載してきた燃料容器で前方補給地点(FARP)を設置するまで、レンジャーは安全確保を担った。

パラシュート降下と滑走路確保時の粗い暗視画像は、このあとペンタゴンによって公表され、アメリカの部隊がアフガニスタンのいかなる地点も確保

第2章 「不朽の自由」作戦

成であり、陸軍において直接行動、人質救出、特殊偵察をおもに担う部隊とされている。部隊は4個戦闘中隊（A、B、Cおよび、近年にDが創設）からなり、各中隊はさらに3個小隊に分かれている。2個は強襲要員と狙撃手により構成、1個は偵察小隊といわれ、非常に経験豊富なオペレーターからなる。偵察小隊のメンバーは、事実上いかなる場所にも、いかなる天候においても潜入し、長期にわたり、秘密裡に偵察や調査任務を行なうことが求められている。

「砂漠の嵐」作戦中、スカッド・ミサイル発射台探索を行なうデルタフォースの貴重な写真。この任務は有名になった。前方と中ほどの2台の車両はDUMVEE（砂漠用機動車両）で、のちに誕生するGMV（地上機動車両）特殊作戦HMMWV（高機動多用途装輪車両、ハンヴィー）のモデルのひとつだ。DUMVEEの後方にあるのは、ピンツガウアー特殊作戦用車両と思われる。中央のDUMVEEの車上、二脚に搭載されている機関銃はFN MAG58だ。アメリカ軍ではM240機関銃といわれるようになるが、この当時、このタイプのM240はアメリカ軍ではまだ制式採用されていなかった。（撮影者不明）

可能だという証拠として、タリバン指導者たちに心理的ゆさぶりをかける強いメッセージとなった。レンジャーのこの任務のおかげで、第15海兵隊遠征部隊（MEU）がここを前進作戦基地（FOB）ライノーの滑走路として使用できるようになり、アフガニスタンに降り立った初の正規部隊のひとつとなる。

ライノーの作戦自体では死傷者は出なかったが、ライノーを支援する戦闘捜索救難（CSAR）任務を担った2名のレンジャー隊員が、パキスタンの目標地点ホンダで、搭乗するMH-60Lヘリコプターが墜落したために残念ながら命を落とした。ここは、第75レンジャー連隊第3大隊が一時的な中間準備地域として確保した地点だった。墜落はブラウンアウト（ローターのダウンドラフトによって起こる砂塵で一

時的に乗員が無視界になる)の結果であり、敵の攻撃によるものではなかった。ブラウンアウトは、乾燥したほこりっぽい地帯での作戦では起こりうる危険で、第1次湾岸戦争でも、第160SOARがこれに悩まされたことがあった。とはいえ、悲劇的な死は、若きレンジャーたちにとっては戦争の現実をつきつけられる事態だった。

同時に、ほとんど公表されていない別の作戦が、カンダハル郊外の目標地点ゲッコーとよばれる場所で行なわれていた。この作戦の詳細は、いまも機密に分類されている。参加したのが、タスクフォース・ソードのデルタフォースの中隊だったからだ。ターゲットはほかでもないムラー・オマルだ。この任務はアメリカ海軍空母「キティホーク」から発動された。この艦はインド洋上にあり、海上のSOF基地の役割を担っていた。4機のMH-47Eチヌーク・ヘリコプターが計91名の兵士をキティホークから目的地へと運んだ。強襲チームはデルタのメンバーで、レンジャーのチームが防衛線を確保し、阻止陣地に要員を配置した。ライノーと同様に、AC-130とMH-60L DAPヘリコプターがターゲット地点に準備射撃を行なっていた。

ゲッコーのターゲット自体は「空井戸（ドライホール）」で、タリバンの指導者がいる気配はなかった。ここでは抵抗にもあわず、情報収集のためにすぐにターゲット地点の探索に切り替え、ヘリコプターはその間にライノーに降着して新しく設営されたFARPで燃料補給を行なった。ところが強襲チームが撤収の準備をしてヘリコプターを要請したとき、大規模なタリバン部隊が建物群に接近して、小火器やRPGで地上部隊を攻撃した。

レンジャーとデルタのオペレーターは武装勢力と交戦し、激しい銃撃戦になった。配属された戦闘統制官は旋回するAC-130とDAPに猛攻を指示し、この援護によって、強襲部隊は敵との接触を断ち、緊急HLZに撤退して回収された。MH-47Eの1機が、地上部隊回収時の緊急発進で建物の壁に接触し、車輪アセンブリがはずれてしまった。当然のことながら、タリバンはこれを、アメリカのヘリコプターを撃墜した証拠だとしている。ゲッコーの戦闘では30人ほどの武装勢力が殺害された。強襲チームに死者はいなかったが、十数名が負傷し、重傷者も数名出てしまった。偵察チームをこの地域に残すというデルタの計画は、タリバンの応戦によって中止された。

21世紀の騎兵

タスクフォース・ソードがカンダハルの急襲を実行中、ODA595のグリー

第2章 「不朽の自由」作戦

夜間の作戦に向かう準備を行なうアメリカ陸軍レンジャー。左手の狙撃手のペアがもつスナイパーライフルはそれぞれ、7.62ミリSR-25/Mk11と、昼夜兼用サーマル照準器付き、大口径の50口径M82A1。(JZW提供)

ンベレーはウズベク人の将軍ドスタムと良好な関係を築こうとしていた。このODAはふたつのチーム、アルファとブラヴォーに分かれ、アルファはドスタムとともに馬に乗って彼の本部へと向かい、さしせまったマザリシャリフの攻撃計画を立てた。ブラヴォーはダルヤー・スフ渓谷でタリバン掃討の任務を担い、作戦エリアを見晴らせるアルマタク山地へと登った。

アメリカ軍のオペレーターにとって、騎乗は非常に骨の折れる作業だった。騎乗経験者はひとりしかおらず、ドスタムの部下たちが使っていたアフガン伝統の木製の鞍は快適とはほど遠かった。それにアフガンの馬はポニーに毛がはえた程度の大きさで、これも乗り心地をよくすることにはならなかった。木製の鞍は、再補給要請をしたくない

ワースト・ワンの品となってしまった。民間人手製の鞍は、荷駄をともない作戦を行なった第2次世界大戦時の陸軍フィールド・マニュアルとともに、航空機から投下されたものだったのだ。

2001年10月20日、ODA595のアルファ・チームは、上空のB-52による初の、GPS誘導爆弾、JDAM(統合直接攻撃弾)投下を誘導した。ドスタムはこれに大きな感銘を受けた。特殊作戦軍(SOCOM)の公式記録『武器の選択(Weapon of Choice)』には、「アメリカ軍は航空機を飛ばし爆弾を投下した。ドスタム将軍は非常に満足である!」と発言したと書かれている。ドスタムはまもなく、敵であるタリバンを無線で罵倒しはじめた。タリバンと北部同盟のいっぷう変わった戦争であり、つたなくはあるがアフガンでの心

山地のパトロール中に休憩をとるアメリカ陸軍特殊部隊ODA。2002年、アフガニスタン東部。(JZW提供)

理戦の一例だ。「わたしはドスタム将軍だ。ここに、アメリカ軍とともにいる」将軍は宣言し、特殊部隊は沸いた。

アメリカは独自の心理戦を、EC-130Eコマンドソロ航空機で仕掛けた。ダリー語とパシュトゥ語で、アフガンの一般市民に向かって電波を発したのだ。ラジオは人道物資として投下されており、多国籍軍のラジオ局からのニュースとアフガン音楽だけを受信できるよう設定されていた。空軍特殊作戦コマンドの航空機も、心理作戦用のビラを大量にばらまいた。ビラは、タリバンとアルカイダがアフガニスタンを荒廃させた犯罪者だと非難し、ビン・ラディンに2500万ドルの懸賞金が賭けられたことを知らせるものだった。

ODA595のブラヴォー・チームは、ダルヤー・スフ渓谷で独自の空爆を行なってタリバンの補強を断ち、戦闘部隊を北へ向かわせようとするタリバンの計画をくじいた。こうした作戦の積み重ねで、ほぼたえまなく行なわれる空爆が大きな効果を上げはじめ、タリバンはマザリシャリフに向けて撤退をはじめた。ドスタムの部隊とODA595アルファのメンバーもこのあとを追い、ときおりSOFLAM（特殊作戦部隊用レーザーマーカー。JDAMなどスマート爆弾によりロック可能なレーザー

第2章 「不朽の自由」作戦

「不朽の自由」作戦
潜入ルートと担当エリア、2001年、アフガニスタン

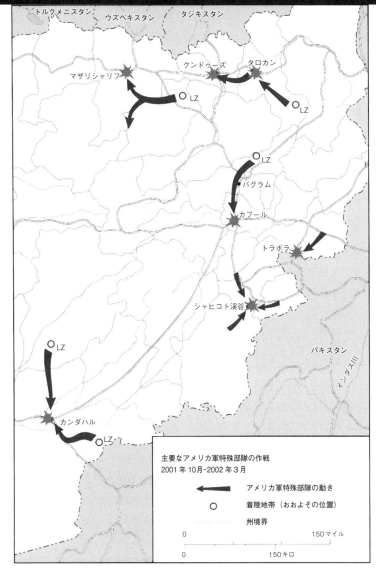

照射目標指示器）を使用し、逃げ遅れたタリバンに爆撃の追い討ちをかけた。

デイジーカッター

ショマリ平原では、ODA555とCIAのジョーブレーカーのチームがファヒム・カーンの部隊につき、バグラムの旧ソ連空軍基地の南西端にある、塹壕で固めたタリバン陣地への空爆要請をはじめた。グリーンベレーは、もう使用されてはいないが、完璧な見通しが得られる管制塔に監視所をおき、1万5000ポンドBLU-82デイジーカッター爆弾2発を誘導し（デイジーカッターは非常に巨大で、MC-130輸送機から投下しなければならない）、タリバンの戦線を物理的にも心理的にも粉砕した。

2001年11月5日には、ドスタムと馬に乗った部下たちが、タリバンが占拠するバイ・ベチェの村で足止めされた。ここは戦略上重要な地点であるダルヤー・スフ渓谷に位置し、これ以前にかけた北部同盟による2度の攻撃は敵の堅い守りに跳ね返されていた。ODA595がB-52からの空爆を計画する一方で、ドスタムは部下たちに、爆撃に続いて騎兵攻撃を行なう準備をさせた。ODAのメンバーによると、ドスタム将軍の副官のひとりがスタンバイのサインを攻撃合図とかんちがいして、B-52が目標を目前にしたとき、250人ほどのウズベク人騎兵をタリバンの戦線に向かわせたという。マックス・ブートの著書『戦争は新たな世界を生んだ（War Made New）』に引用されているが、オペレーターはこう説明している。

「敵陣地の真っただなかに爆弾が3、4発落ちた。それから爆弾の爆発直後に、馬が目標を通り抜けたんだ。敵は大打撃だ。馬が反対側に吹き飛ばされるのも見えた。あんなにすごい場面を見たのははじめてだ。仲間たちも興奮したし、達成感でいっぱいだった。完璧じゃなかったかもしれないが、あれは忘れられない作戦だ」。北部同盟の兵士たちが命を落としてドスタムが政治的に脱落する危険が生じれば、ドスタムとアメリカ軍との関係は断たれ、戦争の進展は低下したかもしれない。だが幸い運も味方してくれ、ドスタムの騎兵攻撃は、B-52からのいくらかの支援もあって敵を弱体化させることに成功した。

その他のグリーンベレーODAは一定の間隔をおいてアフガニスタンへの潜入を進め、作戦のペースは増した（航空機を飛ばすさいの天候も好転した）。10月23日、ODA585はクンドゥーズ付近に潜入し、軍閥指導者ブリラー・カーンと協力した。11月2日にはODA553がバーミヤンに潜入して

第2章 「不朽の自由」作戦

カリーム・ハリリ将軍の部隊と連携した。ODA534もダルヤー・バルフ渓谷に潜入したが、このときも、悪天候により潜入は数晩遅れた。このODAは、モハメド・アタ将軍の支援を担った。アタ将軍は、一時はドスタム将軍の仲間であり、強力なイスラム協会民兵部隊のリーダーでもあった。このODAにはグリーンベレーのほか、CIAの特別活動部からも少人数が参加した。このチームのCIAオペレーターのひとりは、何年ものちに著者にこう語った。

悪天候が数日続いたあと、チームはようやく11月2日の夜に、チヌークでアフガニスタン北部に潜入することができた。ヘリコプターによる潜入が失敗しても、空挺作戦は翌日の夜に行なわれる予定だった。12名からなるODAと2名の空軍戦闘統制官（CCT）、3名のCIA局員がこれにくわわった。CIAのチームは、ダリー語に堪能な作戦要員、元SEALs将校、元特殊部隊の医療班医務官という構成だった。

チームはHLZで、アタ将軍の部隊とCIAの［ジョーブレーカー］CTC（対テロセンター）要員と合流した。2週間前に潜入し、ドスタムと協力していたんだ。彼（ジョーブレーカー要員）はCIAのチームを指揮することになったが、グループのほかのメンバーと別のODA（595）はドスタムとその部下との同行を続けた。RON［夜間泊］地点に着いてチームが分かれると、ODAチームのリーダーが話すロシア語が役に立ちはしたが、チームと、アタ将軍とその部下との通訳は、おもにCIAの作戦要員の仕事だった。

作戦は休むことなく続いた。特殊部隊ODA586と594は、11月8日にMH-47チヌーク・ヘリコプターでアフガ

秘密の前進作戦基地にいるレンジャー隊員（右）とCIAのSADオペレーター（「デイヴ」という名しか判明していない）。デイヴはマザリシャリフの暴動で敵に拘束された2名のCIAオペレーターのひとり。パートナーのマイク・スパンは不運にも殺害された。（JZW提供）

ニスタンに潜入した。そしてこれらODAを、CIAが運用しSAD航空班のコントラクターが搭乗するMi-17が、アフガンとタジキスタン国境で回収した。ODA586はダウド・カーン将軍の部隊とともにクンドゥーズに、ODA594は、トリプル・ニッケル（ODA555）のメンバーを補助すべくパンジシールに配置された。

マザリシャリフ

ODA534はダルヤー・スフ渓谷でアタ将軍の民兵とともに戦い、マザリシャリフ付近にいるドスタムと連携して、タリバンが占拠する町の攻撃計画を練っていた。タンギ峡谷は、バルフ渓谷からマザリシャリフに入る重要な玄関口であり、タリバンがここを防衛拠点とするのはまちがいなかった。そしてタリバンの部隊は、北部同盟の迅速な前進を止めるべく、ここに身をひそめて狙いをつけていたのだ。

11月9日、2個ODAとCIAチームのメンバーは山腹の隠れ家に陣取り、タンギ峡谷を守るタリバンへの空爆要請をはじめた。タリバンはBM-21グラード・ロケットによる間接射撃で応戦したが、これはすぐに上空の航空支援により制圧された。空爆はタリバンに大打撃をあたえ、アタとドスタム将軍からの合図で、北部同盟の部隊は徒歩や、馬やピックアップトラックで、または捕獲したBMP武装人員輸送車に乗って町の入口へとおしよせ、がむしゃらに攻撃した。

マザリシャリフは北部同盟の手に落ち、このとき、ペンタゴンやメディアが、流血の戦争は1年も続かないのでは、とほのめかしはじめたのだった。第96民事大隊のアメリカ陸軍民事チームと第4心理作戦群の戦術心理作戦チームは、タスクフォース・ダガーのグリーンベレーに配属されてすぐにマザリシャリフに向かい、住民に対する「民心獲得」作戦の補助を行なった。診療所の設置や人道的な食糧配布にくわえ、子どもたちにはペン、ノート、サッカーボールが配られ、「民心獲得」という目標に向けて大きく貢献した。

アフガニスタン中央の北部では特殊部隊ODA586が、タロカン（タハール州の州都）の郊外でダウド・カーン将軍に助言をあたえ、準備空爆を調整しつつあった。しかし将軍は即興で、タリバンが占拠する町に歩兵による一斉攻撃を行ない、ODAをはじめとする周囲を驚かせた。爆弾投下の前に、タロカンは陥落した。アフガン人将軍たちは、地元の状況や敵の意図を、ODAよりもずっと正確に読みとれることが多かった。アフガン人は、敵を知り（個人的に知っていることも多かった）、アフガニスタンの紛争解決法

爆発により煙が上がるタリバンの洞窟群を監視するSEALs隊員たち。前方には砂漠パトロール車両が見える。(アメリカ特殊作戦軍提供)

2002年の年初、アフガン大統領ハーミド・カルザイの身辺警護任務を行なう2名のアメリカ海軍DEVGRUオペレーター。民間軍事会社のコントラクターも雇われてはいたが、DEVGRUはカルザイの命を一度ならず救った。2002年9月には、近距離から拳銃で射撃を試みた者がいたが、銃撃者と、そこに居あわせたすくなくともふたりが、DEVGRUに射殺された。(アメリカ特殊作戦軍提供)

を熟知していた。タリバンが抵抗の姿勢を見せて退却するかぎり、その名誉は守られるのだった。

リトルバード

　ODAとアフガン人の同盟部隊が町を次々に確保しつつあるとき、レンジャーは、11月13日の夜、アフガニスタンへの戦闘降下第二陣を実行した。エリート部隊である連隊偵察分遣隊チーム3をはじめとする、小隊規模のレンジャー安全確保要員は、8名の空軍特殊戦術中隊のオペレーターにともなわれ、カンダハル南西のコードネーム「バストーニュ」に降下した。第160SOARナイトストーカーズによるその後の作戦に向けて、FARP（前方補給地点）を確保するためだった。

　2機のMC-130輸送機がまもなく即席の飛行場に着陸し、4機のAH-6Jリトルバード・ガンシップを降ろした。リトルバードは飛び上がり、カンダハル付近のタリバンの建物群、コードネーム「目標地点ウルヴァリン」を攻撃した。ターゲットの破壊に成功すると、AH-6J「シックス・ガン」は砂漠のFARPに戻って再武装および給油をすませ、次の「目標地点ラプター」の攻撃に再度飛び立った。任務

を完遂すると、リトルバードはFARPに戻ってMC-130に積みこまれ、合同チームはパキスタンに戻っていった。

数日後の夜、コードネーム「リレントレス・ストライク」作戦という同様の攻撃任務も成功裏に終わった。今回は改修したハンヴィーとランドローヴァーを駆って、レンジャー部隊が砂漠の遠隔地にある飛行場を確保した。こうした作戦は、第160SOARのリトルバードのパイロットがアフガニスタンではじめて行なう任務だった。このヘリコプターは山中の高地では操縦できなかったからだ。

歴史に残るマザリシャリフ陥落の3日後、アフガニスタンの首都カブールも、ODA555が支援するファヒム・カーン将軍の手に落ちた。タリバンとアルカイダの残党は、タリバン運動発祥の地であり心の故郷でもあるカンダハルと、起伏が多いトラボラの山地(ムジャヒディーンがソ連・アフガン紛争時に基地として使用していた)に向けて撤退した。

11月14日、ODA574はアフガン南部、ウルズガン州の村タリンコットに4機のMH-60Kブラックホーク・ヘリコプターで入った。そこには、まもなくアフガニスタン大統領になるパシュトゥーン人指導者、ハーミド・カルザイも同乗していた。主要都市が次々と陥落し、タスクフォース・ダガーの目はタリバン最後の砦、北部のクンドゥーズに向いていた。ダウド将軍と

「もち帰り制限なし!」。グリーンベレーのボディアーマーにつけられたおもしろい狩猟許可証。(JZW提供)

ODA586は多国籍軍による大規模空爆を開始して、クンドゥーズにいるタリバン防衛部隊の無力化をはかった。空爆はおよそ11日間続き、ダウドは、アフガン伝統の手続きをふんで敵との交渉を開始し、11月23日、タリバンの降伏を勝ちとった。残るはカンダハルのみとなったのである。

カンダハル

2日後、前進作戦基地ライノーがカンダハル郊外に（1か月前にレンジャー部隊が確保した航空基地に）設置され、カンダハル内外で包囲されたタリバンにさらなる圧力をかけた。このときSEALチーム8の1個偵察チームが海兵隊の到着前に偵察を行なったが、誤ってAH-1Wコブラ攻撃ヘリコプターから攻撃を受けてしまった。幸い、どうにか海兵隊にメッセージが伝わり、友軍の誤爆による死傷者は出なかった。SEALsの先駆けで、第15海兵隊遠征部隊はその後ライノーに大隊規模の部隊を送りこんだ。タスクフォース64がまもなく海兵隊に続き、オーストラリア特殊空挺連隊（SASR）がこれを補強した。

その間、大統領候補のカルザイは、ODA574とともにカンダハルに向けて移動をはじめており、友好的な地元パシュトゥン人戦士を集めると、最終的にカルザイの民兵部隊は約800人にふくれあがった。この民兵たちは、戦術上重要なサイドオウムカライ橋を見下ろす尾根にこもるタリバンと、2日にわたる戦闘を行ない、橋頭堡の確保をめざした。アメリカの航空機が民兵たちを支援し、最終目的地カンダハルまでの道は開かれた。

作戦の成功は続いたものの、カルザイに同行していた特殊部隊ODA574を悲劇が襲った。12月5日、2000ポンドGPS誘導爆弾が特殊部隊の真っただなかに落ち、ODAのメンバー3名が即死、チームのその他メンバーは全員負傷したのだ。重体の者も数名いた。カルザイの民兵も20人以上が命を落とし、カルザイ自身は爆風で軽傷を負った。付近で隠密偵察任務を行なっていたデルタフォースの部隊がピンツガウアーでかけつけて、その場の安全を確保し、デルタの衛生兵が軽傷のグリーンベレーと協力して重傷者の救出にあたった。海兵隊の負傷者後送ヘリコプターCH-53に海兵隊の医療チームが乗りこみ、またODB570とODA524もすぐにヘリコプターで運ばれて負傷者の支援につき、結局、死傷者を出したODA574と交代した。

ODAの元オペレーターは、著者に、この事故が起きた経緯をこう推測してくれた。「PLGR GPS［精密軽量GPS受信機］のバッテリーがなくなると、新

しいものに交換する。そうするとGPSの位置が表示される（ターゲットではなく、PLGR装置自体の座標）。ODA574に同行していたTACP［戦術航空統制班］はこうした事態の訓練を受けておらず、新しいバッテリーを入れ、装置を見てGPSの位置を航空機に送信してしまった。航空機は、データが直前の要請のときと変わっていたため確認を求めたが、574のTACPはそのデータが正しいと知らせ、そしてJDAMが投下された、というわけだ」

翌日、カルザイの次期アフガニスタン大統領就任が公表され、カルザイはサイドオウムカライ周辺およびカンダハルのタリバン残党と交渉してこれを降伏させた。ODA524とODB570はカルザイの民兵とともに進軍し、カンダハルの掃討と確保に向けて最後の攻撃を開始した。これとは別に、グリーンベレーのチームもカンダハルに向けて進撃していた。ODA583はカンダハルの南東にあるシンナライ渓谷に潜入して、カンダハル前州知事であるグルアガ・シェルザイを支援した。11月24日には、ODA583がひそかに監視所を設営しており、これによってカンダハル空港のタリバン陣地に大規模空爆を要請することが可能になった。

12月7日、タリバンはアメリカ軍の爆弾によって打ちのめされ、シェルザイの部隊がカンダハル空港を確保した。特殊部隊から、カルザイがカンダハル市のタリバンと降伏の交渉を行なったことを知らされると、シェルザイはカルザイ大統領の直前にカンダハルに入って物議をかもした。アフガニスタンのタリバン指導者ムラー・オマルが、わずかな側近をつれてバイクでカンダハルからのがれたのは、ちょうどこのころのことのようだ。グリーンベレーのチームが潜入してからカンダハル陥落まで、作戦には2か月ちかくを要した（正確には49日）。高度な訓練と戦意をそなえた数百人のSOFとCIA局員が、北部同盟の仲間とともに、

画像は粗いが、デルタフォースのチームをとらえたトラボラでのめずらしいショット。この写真でもチームは、戦闘服に民間向け最新のハイキング装備を合わせている。当時デルタは、M4カービン（ライトマウントにも変更できた）にカスタムフォアグリップを使用するという特徴があり、さらにEO Techホロサイトを好んで使っていた。これは今日ではごくふつうだが、テロとの戦争初期の当時にはめずらしい装備だった。（アメリカ特殊作戦軍提供）

おそろしいまでのアメリカ軍の航空戦力に支援を受けて、作戦を完遂したのである。

トラボラ

カブールとカンダハルの劇的な陥落ののち、ビン・ラディンとその他の中心メンバーをはじめとするアルカイダは、ナンガルハル州の州都で、古い歴史をもつ東部の都市ジャララバードに撤退した。ジャララバードはトラボラ山地からすぐの位置にあり、洞窟が散らばり、ソ連との紛争でムジャヒディーンが使用した防御施設もそなわっていた。

有名なサフェドコー山脈にあるトラボラは、パキスタンとのないに等しいような国境からわずか20キロに位置する。密輸者がパキスタンに入るには理想的な経路であり、また国境沿いには部族地域である無法地帯が広がっていた。1980年代にムジャヒディーンとともにこの地ですごしたビン・ラディンはここを熟知しており、山地の洞窟群が、多国籍軍の爆撃に対して完璧な要塞になることを理解していた。実際、ここはソ連が征服しようとしてもかなわなかった地だった。

通信傍受と捕獲したタリバンとアルカイダ兵士への尋問によって、多数の外国人戦士の存在と、高価値と思われるターゲットがジャララバードから避難してトラボラへと逃げこんでいることがあきらかになった。トラボラの地上部隊に正規部隊を送りこむことに対しては、ソ連の経験をなぞるのではないかという根拠のない懸念から、ペンタゴンとホワイトハウスの上層部が抵抗した。このため、地元で徴募したアフガン民兵軍（AMF）を、アメリカ軍SOFが支援する形を続けるという決定がくだされた。

特殊部隊ODA572とSAD地上班オペレーターの小グループは、トラボラに配置されて東部の反タリバン軍に助言を行なった。この軍は、ふたりの軍閥指導者、ハズラト・アリとモハメド・ザマン司令官が率いていた（残念ながらふたりの指導者は互いに、あからさまにはしなかったとしても、深い嫌悪感をいだいていた）。トラボラを最後の砦とするアルカイダのメンバーを孤立させ壊滅させるべく、作戦に向けて、CIAの資金で2500人から3000人程度のアフガン民兵軍が雇われた。

CIAジョーブレーカーのリーダーは、この作戦の戦術上の指揮をとるにあたって、レンジャーの大隊、つまりは第75レンジャー部隊第3大隊を要請した。当時、タスクフォース・ソードが山地に降下して、トラボラからパキスタンへの逃亡ルートになると思われる個所沿いに阻止陣地をおく活動を展開

しており、第3大隊はアフガニスタンでこれを支援していた。グリーンベレーと同盟者のアフガン兵が敵をたたく「金づち」だとしたら、大隊はそれを受ける「金床」の役割となるのだ。空軍戦闘統制官が配置されれば、レンジャー部隊は敵が集中する地に空爆を指示したり、従来どおりの待ち伏せを行なって直接戦闘をかわしたりすることができる。ほかには、第10山岳師団を活用するという手もあった。この師団はすでに前進してバグラム付近に配置されていた。しかしその名とは裏腹に、師団は長年、山岳地での戦闘訓練を行なってはいなかった。だがどちらにしても、レンジャー部隊への要請や、投入するアメリカ軍の大幅な増加自体が却下されてしまった。

たしかに、物資や兵員の運搬、とくにヘリコプターでの運搬を実行するのはむずかしいだろうが、ジョーブレーカーのリーダーと尊敬を集めるジェームズ・マティス海兵隊大将は、どちらもこれが可能なはずだと考えていた。さらにふたりは、レンジャーを活用すれば山道を封鎖できるとも確信していたのだ。だが一方では、トラボラにいたるまではつねに、グリーンベレーの指示と助言を受けたアフガン民兵を活用したことが、作戦成功につながった点も忘れてはならなかった。パキスタン政府にも作戦は通知されて、不正規の準軍事警察である国境スカウトが、逃亡したアルカイダのメンバーがパキスタンに入るさいに、これを排除するてはずになっていた。

アフガンが先導する山地への作戦開始当初は、ODA572が付随の戦闘統制官とともに、航空機からの精密射撃と、さらに1万5000ポンドのデイジーカッター投下を毎日要請した。一方ではアフガン民兵が、アルカイダが設営した陣地に対し、実際の攻撃もその足なみもお粗末だが多数の攻撃を行ないはしたものの、攻撃のレベルに見あった成果しか得られなかった。グリーンベレーはこうした新しく入った民兵が戦意も戦闘のスキルもないことを見てとった。そこに居あわせたODAのメンバーによると、民兵は、午前中にアメリカ軍の空爆がはじまると勢いづくが、同じ日の夕方になると、その日に獲得した地の支配を放棄してしまうのだという。それに、民兵たちは毎晩、自分たちの基地のある地域まで戻って寝るのだ。当然ならがわずかなグリーンベレーとCIAメンバーは、数では優勢なアルカイダに制圧されることを懸念し、奪った地を手放し、民兵たちと後退することを余儀なくされた。

長期にわたる集中空爆を行なったにもかかわらず、アフガン民兵の攻撃はまったく役に立たなかったため、この戦闘にアメリカ部隊を増強する決定が

第2章 「不朽の自由」作戦

ようやくくだされた。特殊部隊とジョーブレーカーのチームは多数の任務に忙殺されており、かわりにデルタフォースA中隊の40名のオペレーターがトラボラに前方配置された。この中隊はCIAの作戦の戦術指揮を担うことになっていた。そしてデルタの中隊とともに、イギリスSBSの数個パトロール・チームがくわわった。

デルタのオペレーターは少人数のチームを作って民兵部隊に組みこまれ、ビン・ラディンの痕跡をひろうために、デルタの偵察オペレーターを探索に出した。そしてどうにか、グリーンベレー、デルタおよびCIAのオペレーターがアフガン民兵をなだめつつ、民兵とともにいくらかでも前進することができるようになった。デルタの戦闘中隊指揮官は、ジョーブレーカーの状況評価に同意した。そして、敵が利用する山道を破壊するため、阻止部隊や、航空機による地雷散布を要請した。またレンジャーを投入できないのであれば、デルタのオペレーターたちを、アルカイダ部隊の背後に、「金床」として降下させたいと申し出た。オペレーターたちはみな、近年、山岳地での過酷な訓練をすませていたからだ。だが指揮官の要請は、フランクス大将にあっさりと却下された。

作戦がはじまって2週間たった12月12日、典型的なアフガン人の身な

地元住民と会うSEALs隊員たち。パクティア州ジャジ山地での要配慮個所探索（SSE）任務中。（ティム・ターナー1等兵曹撮影、アメリカ海軍提供）

りをした民兵司令官のザマンが、トラボラで身動きがとれなくなったアルカイダとタリバンとの交渉をはじめた。アメリカおよびイギリス軍はおおいに不満だったが、翌朝0800時まで一時的な停戦が命じられ、降伏の条件受け入れを話しあうために、アルカイダにシューラ（評議会）を開く時間があたえられた。しかしこれは、悪名高い055旅団をはじめとする数百人ものアルカイダが、夜間に山道をパキスタンへとのがれるための策略だったのである。

逃亡

その翌日、アルカイダ戦士の遺体から回収した携帯ICOM無線から、デルタ中隊とCIAはついにビン・ラディンの肉声を聞くことになった。ビン・ラディンは信奉者に、トラボラへと導いたことをわび、自身への服従に祝福をあたえているようだった。後方にとどまって「シェイク」の逃亡を助けて戦う兵士たちに、直接語りかけたものだと思われた。地元で集めた民兵たちは、ビン・ラディンの逃亡を積極的に手助けしたのではないかと、ずっと疑惑がもたれている。ビン・ラディンからすくなくとも軍閥指導者のひとりに現金が支払われていたという信頼にたるうわさも多かった。民兵が攻撃を続けることをしぶったのは、同様のわいろに影響されてのことだった可能性もある。トラボラで活動するCIAジョーブレーカー・チームのリーダーであるゲイリー・バーントセンは、大規模なアルカイダのグループ2個が逃亡したと確信している。

約130人の戦士からなる小さいほうのグループはパキスタンをめざして東に向かい、もう一方の、ビン・ラディンと200名ほどのサウジおよびイエメンの聖戦士たちは、雪におおわれた山中の道をたどってパキスタンのパラチナルの町へと向かった。そこは部族地域にあり、国境を越えてすぐの町だった。デルタフォースの少佐は、ビン・ラディンが実際に国境を越えてパキスタンに入ったのは、12月16日ごろのことだったと考えている。

獲物の大半が逃げ、トラボラの戦いは拍子抜けの幕引きとなった。公式には何百人ものアルカイダ戦士がトラボラで死亡したと発表されているが、これを確認するのはむずかしく、遺体の多くが洞窟に埋葬されたり、空爆で飛びちったりしたとあってはなおさらだ。捕虜となったのはわずかだった。ジャッカルというコールサインをもつデルタ偵察チームは、カムフラージュ用の上着を着た背の高い人物が多数の外国人戦士とともに洞窟に入るのを発見し、これはビン・ラディンにまちがいないと判断した。偵察チームは洞窟の入り口に対していく度かの空爆を要請したが、のちのDNA分析で、遺体はビン・ラディンではないと判明した。

さらに、特殊部隊の別のチーム、ODA561は12月20日にサフェドコー山脈に送りこまれ、洞窟の要配慮個所探索（SSE）を行なうODA572を支援し、敵の死体からDNAのサンプル回収をするという、身の毛のよだつような任務を手助けした。この地帯では、自然の洞窟を利用して原始的な塹壕を作り上げているのだと判明したが、ニュースなどで報じられた、洞窟群による広大な施設はどこにもなかった。こ

第2章 「不朽の自由」作戦

ザワル・キリにあるタリバンの洞窟群を捜索するタスクフォース・KバーのSEALs隊員と、配属の爆発物処理（EOD）チーム。洞窟の入り口に燃えた跡があるのは、以前に空爆を受けた証拠だ。（アメリカ海軍提供）

ザワル・キリの洞窟群のひとつの内部。その後の爆破にそなえ、SEALsとEODチームが発見物の目録を作成している。（アメリカ海軍提供）

れとは別に、まさにそうした洞窟施設のひとつで、イギリスSASの中隊が近接戦闘を行なった、という新聞報道があった。しかし実際にトラボラで活動したイギリスの特殊部隊は、SBSの、12名程度のオペレーターのみだったのである。

8年後、トラボラの戦いには残念なおまけがついた。外交にかんするアメリカ上院委員会が、この作戦について聴聞会をいく度か開いたのだ。上院委員会は結局、ペンタゴンもホワイトハウスも、アメリカ軍の増援部隊を出して阻止陣地に配置しようとしなかったことが、ビン・ラディンの逃亡を助け、アフガン戦争を長引かせたのだという判断をくだした。

2002年1月、アルカイダが使用した別の洞窟群が、トラボラの真南にあるザワル・キリで発見された。その地域に空爆を行なったのち、特殊部隊がそこに入った。砂漠パトロール用車両デューンバギー数台を使用するSEALチーム3の1個小隊が、ドイツのコマンドー特殊部隊（KSK）隊員とノルウェーのSOF1個チームをともない、約9日間にわたって詳細なSSEを行なった。その地域のおよそ70個の洞窟と60個の構造物を調べ、大量の情報機器や銃弾を回収したが、アルカイダの戦士はひとりもいなかった。

「アナコンダ」作戦

2002年2月、タスクフォース・ボウイの特殊部隊情報分析官は、情報の

戦闘序列

「アナコンダ」作戦

タスクフォース・ダガー
第5特殊部隊グループ（空挺）ODA
第160特殊作戦航空連隊第2大隊B中隊
空軍特殊作戦コマンド（AFSOC）戦闘戦術航空統制班

アフガン民兵軍（AMF）
ジア指揮官（タスクフォース・ハンマー）
カミル・ハーン（タスクフォース・アンヴィル）
ザキム・ハーン（タスクフォース・アンヴィル）

タスクフォース・ラッカサン
第101空挺師団（空襲）第3旅団第187歩兵連隊第1大隊、第187歩兵連隊第2大隊
第10山岳師団第87歩兵連隊第1大隊

タスクフォース・コマンドー
第10山岳師団第2歩兵旅団第31歩兵連隊第4大隊
プリンセス・パトリシア・カナダ軽歩兵連隊第3大隊

タスクフォース64
オーストラリアSASR第1中隊

タスクフォース・Kバー
第3特殊部隊グループ（空挺）ODA

タスクフォース・ボウイ
先行部隊作戦斑

タスクフォース・ソード
タスクフォース・ブルー、マーコ30、31、21

パターンから、アルカイダの残党部隊が、ガルデスの南100キロちかくにあるローワー・シャヒコト渓谷に集結していると確信しつつあった。ローワー・シャヒコトは、トラボラから多数のアルカイダ戦士がのがれたと思われる、パキスタンの部族地域と接していた。先行部隊作戦（AFO）班とCIAのメンバーたちも、同様の見方をしつつあった。

シャヒコトとは「王のおわすところ」という意味で、長さ9キロ、最大幅5キロの渓谷だ。ローワー・シャヒコトとアパー・シャヒコトというふたつの地域が、ほぼ平行してならんでいる。ローワー・シャヒコトにはいくつか山々がそそり立ち、なかでも険しいのが渓谷南東端のタクル・ガルだ。北東にはツアパレ・ガルがあり、渓谷の北の玄関口となっている。

第2章 「不朽の自由」作戦

　著名なアフガン研究の権威レスター・グラウは、マラウィ・ナスルラー・マンスールという名のムジャヒディーン指揮官が、ソ連・アフガン紛争中にこの谷を治め、外国の聖戦士たちをよびよせてローワー・シャヒコトを本拠地としたのだという。マンスールはまもなく谷を要塞化し、塹壕群を掘り、尾根に射撃陣地を設け、その多くはおよそ20年後におおいに利用され効果を発揮することになるのだ。ローワー・シャヒコトに敵が集結していると思われる情報が増え、AFO班は、この谷とその住人の環境偵察および生活パターンの監視計画を立てた。

　環境偵察は、軍事作戦に影響をおよぼす可能性のある環境要因について、特定の地域を詳細に理解するために行なわれるものだ。たとえば、山道を縦走するさいの問題点や、ある地域の雪の量やタイプ、深さ、水資源の利用可能性、あるいは特定の地形の高度などを調べる。アメリカ国防総省では、「水路、地理、気象上の重要な情報の収集・報告を行なう作戦」と定義づけている。

　生活パターンの監視は、注意を引く地域の監視をひそかに続け、その地域と住民にかんする知識を得るものだ。これは、ターゲット地点を監視して雰囲気をつかむために時間が必要であることから、通常は長期の特殊偵察任務だ。生活パターン監視によって、オペレーターと分析官はその地域でなんらかの動きがある時点をつきとめる。たとえば、一定の日に村人が食料を丘陵地に運びこむ、といったことだ。(「アナコンダ」作戦の場合がそうだったように)武装勢力に食べさせるためのものか、近所に食事を届けているだけなのかを分析するのだ。

　AFO班のオペレーターにとっては、アフガンの極寒の冬にシャヒコト渓谷に潜入する任務は、凍えるような、骨の折れる作業だった。それでも、指揮官であるデルタのピート・ブレイバー中佐は計画の初期段階で、獲物を驚かせることがないよう「この作戦では、AFOチームが渓谷付近に直接ヘリコプターで潜入することはない」と宣告した。中佐が言うには、ヘリコプターで潜入したからといって敵は驚きはしないだろうが、作戦がはじまるという警告になってしまうし、戦術上の手段に制約があればあるで、チームがよりすぐれた潜入方法を工夫するものなのだ。

　かわりに、AFO班は車両による偵察を行ない、シャヒコト渓谷の内外を現地調達のトヨタの4輪駆動車でまわり、夜間には特殊な地形に対応する全地形対応車(ATV)ポラリスを使うことにした。こうしたATVは部隊のメカニクス担当者が改修し、赤外線ヘ

ッドライト、GPS受信機をそなえ、排気を抑えていた。また、デルタ中隊の偵察監視小隊の、非常に経験豊富なオペレーター2チームをシャヒコト渓谷周辺に送りこみ、環境偵察を行なわせた。

この少人数の2チームは、コードネーム「ジュリエット」が5名、「インディア」が3名のオペレーターでなり、山岳地帯やシャヒコトの峡谷をのぼって、その多くは、作戦展開地域の評価を行なうには非常に厳しい天候のもとで活動した。彼らが得た重要な情報はAFO班に送られ、「アナコンダ」作戦がはじまると、それが貴重なものであることが証明されるのである。アメリカ中央軍（CENTCOM）のフランクス大将は毎日AFO班の状況報告書に目をとおし、シャヒコトの、大勢の敵がひそむと思われる地点を破壊する作戦が必要だと確信するようになった。フランクス大将は、アフガニスタンのアルカイダとの最終決戦となるべき大規模戦闘に、正規部隊を配置する潮時だと判断した。

計画

簡単にいえば、来る戦闘作戦とは、正規部隊であるタスクフォース・ラッカサンがCH-47Dチヌーク輸送ヘリコプターによりシャヒコト渓谷に空中強襲を行ない、これをAH-64Aアパッチ攻撃ヘリコプターが支援する、というものだった。ラッカサンがその後この谷の東部尾根沿いの多数の阻止陣地を占領する。数基の60ミリ迫撃砲と120ミリ迫撃砲1基を使うほか、タスクフォース・ラッカサンはアパッチ・ヘリコプターおよび、空軍、海兵隊、海軍の戦闘機と対地攻撃機に火力支援を受けることになっていた。

正規部隊は「金床」の役割を担い、東部尾根沿いの7つの阻止陣地に要員を配置し、「金づち」（攻撃）からのがれようとする敵部隊を撃破するのである。この「金づち」役は、指揮官ジア・ロディン率いる約450名のアフガン民兵軍（AMF）特殊部隊要員であり、軍事計画用語でいえば、「主力」とされていた。ロディンのAMFは、その名もタスクフォース・ハンマーとよばれ、あらかじめ確認した敵陣地を空爆したあとに、地上強襲兵団として北の入り口から谷に入る。それから、情報により敵の集結地と思われる村、セルハンキールとマルザックを強襲し、逃げる敵を、阻止陣地に配備されたタスクフォース・ラッカサンの兵士の前に追い立てるのだ。ほかにも地元で集めた2個民兵部隊が外部に警戒線を張って、強襲をのがれた敵兵（アメリカ軍では逃げる敵兵を「スクワーター」という）がパキスタンへと入りこむのを阻止する任務を担った。

第2章 「不朽の自由」作戦

「アナコンダ」作戦

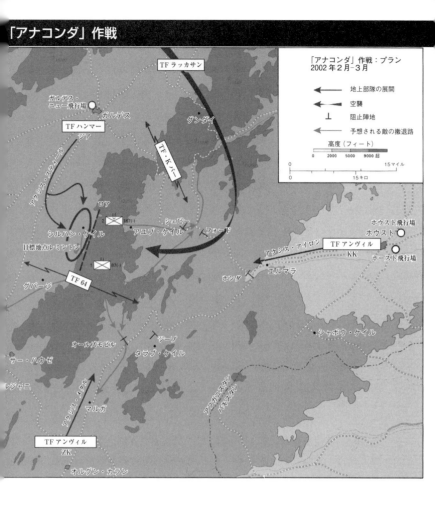

作戦中にビン・ラディンやその他重要な高価値目標（HVT）の居場所をつきとめたら、攻撃作戦はすべて休止し、正規部隊はHVTの居場所周囲に警戒線を張って、敵の逃亡や敵兵士による増援を阻止する。それからタスクフォース11（タスクフォース・ソードと新たに命名された）の強襲部隊の到着を待ち、HVTを捕獲するのだ。

2002年2月28日、先行部隊作戦（AFO）班の3個チームが、最後の空中強襲の準備に向けて、ひそかにシャ

アナコンダ作戦開始直前、「フィンガー」地点で、DEVGRUメンバーが撮影したチェチェンの反乱軍兵士。12.7ミリDShKはよく手入れされて、周囲の環境から保護するためにビニールにくるまれている。SEALsは、チェチェン人が非常に高い山地にいて、SEALsがイギリスの特殊部隊ではないと確認したことに非常に驚いた。このチェチェン人と仲間は、のちにSEALsと上空を飛ぶAC-130ガンシップに殺害された。(アメリカ特殊作戦軍提供)

ヒコト渓谷に潜入した。ジュリエットは5名のオペレーターからなるデルタのチームで、情報支援活動部隊(ISA)から、通信を傍受して分析する専門家ひとりも参加していた。このチームはデルタの特別仕様全地形対応車(ATV)を駆って北から入り、雪や雨、強風のなかを、暗視装置を使用しつつ谷の東側にある秘密の隠れ家に到着した。第二陣は、これもISAのオペレーターをふくむ陸軍デルタのチームで、コードネームをインディアといった。この3人組のチームは第一陣と同様厳しい天候のなかを、歩いて谷に入り、渓谷南西の「フィッシュ・フック」とよばれる地点に隠れ家を設置した。

3番目のチーム、マーコ31はDEVGRU隊員からなり、3名のSEALs偵察中隊の隊員と、空軍戦闘統制官、それにめずらしい組みあわせだが、海軍爆発物処理(EOD)のオペレーターが参加していた。EODの専門家が隠密監視にどのような支援をできたのか不明であるし、また任務に参加したこともこれまで説明されてはいない。EODのオペレーターは直接行動チームに配属されて、ターゲット地点で発見された即席爆発装置(IED)や不発弾の処理を行なったり、専門的な爆破スキルを提供したりすることが多いのだ。マーコ31も、徒歩でシャヒコト渓谷南部の尾根を経由し、フィンガーとよばれる地点に監視所を設置した。

3個チームはすべて、敵の兵力と、対空砲をはじめとする敵の配備を確認する任務を負っていた。そして予定さ

れるラッカサンのHLZ（ヘリコプター着陸地帯）の障害物を確実にとりのぞいておき、正規部隊の潜入前から潜入にいたるまで、航空支援を誘導するのだ。3個チームが隠れ家におちついたころ、ほかのSOFチームも谷に潜入しつつあった。こちらはタスクフォース・Kバーとタスクフォース64のメンバーで、アメリカ軍立案者の言葉を借りれば、「攻撃に耐え、十分な偵察を行なえ、確認ずみのパキスタンへの逃亡ルート（「ラットライン」）を監視できる」独自の監視所を設営するのが任務だ。

これはまさに各国が一致団結して取り組んだ作戦だった。アメリカ軍および多国籍軍SOFの25のチームが、ひとりの逃亡者も出さないよう、シャヒコト渓谷外側の尾根に配置された。参加した部隊は、SEALsのチーム2、3、8、第3特殊部隊グループのグリーンベレー、カナダ第2特殊任務部隊（JTF2）の少人数チーム、オーストラリア特殊空挺連隊（SASR）、ニュージーランド第1特殊空挺中隊（SAS）、ドイツのコマンドー特殊部隊（KSK）、ノルウェーのイェーガーコマンドー、オランダの陸軍コマンドー部隊、デンマーク陸軍のイェーガー部隊と多岐にわたった。これらの特殊偵察チームは「アナコンダ」作戦のあいだずっと、妥協することなく任務を遂行した。ニュージーランドSASの3個パトロールは、10日ちかくも補給を受けずに任務を続行して航空支援のための重要な情報を提供し、このおかげで、敵の逃亡と敵陣地の補強をはばめたのである。

攻撃開始時刻
Hアワー

一方「フィンガー」に向かったSEALsのチームは、そこにいるのが自分たちだけではないことに気づいた。監視所を設営する予定だった山頂に、外国人戦士のグループが陣取っていたのだ。敵はそこに陣地を設営して、谷を見晴らせる位置に12ミリDShK重機関銃を配備していた。轟音をあげるチヌークで正規部隊が到着する前にDShKを排除しておかなければ、簡単に撃ち落されてしまう。SEALsは、タスクフォース・ラッカサンが谷に降下する数時間前の、夜明け前の闇のなかで敵戦士を待ち伏せすることにした。

しかし、運は味方してくれなかった。ウズベク人武装勢力のひとりがSEALsをみつけ、短い銃撃戦が行なわれたのだ。7人の外国人戦士のうち5人は殺害した（ふたりのSEALsのライフルが故障した。おそらくは凍るような低温のせいだ。故障が直るまで、残るひとりが銃撃のほとんどを引き受けた）。だが別の敵戦闘員がSEALsに

図説現代の特殊部隊百科

「アナコンダ」作戦中、空爆を要請している写真。写真右手には、先行部隊作戦の偵察チームに配属された特殊戦術戦闘統制官が見える。(アメリカ特殊作戦軍提供)

PKM機関銃を撃ちはじめたため、SEALsが接触を断って上空のAC-130固定翼ガンシップをよぶと、ガンシップは山頂に105ミリ榴弾による至近距離砲撃を行なって、敵陣地を破壊した。

フィンガー地点の武装勢力陣地に対する攻撃任務を終えたあと、このAC-130は致命的なミスを犯した。谷に向かう武装勢力と思われる車列を見つけ、AC-130はこれを攻撃した。しかしこのとき使ったナビゲーション・システムは故障しており、誤った位置を示していた。地上では、スタンレー・ハリマン兵曹長率いる少人数の混成チームが、予定していた監視所を設営するために車列本隊から離れており、そして攻撃を受けたのがこのチームだった。AFO班から友軍を撃っているのではないかと連絡を受け、AC-130は攻撃をやめたものの、すでにハリマンは榴弾の破片で致命傷を負い、グリーンベレーの2名も負傷し、アフガン人数名が命を落としていた。

その直後、AC-130の誤爆で混乱し、さらに準備砲撃も行なってもらえなかった（そのほんとうの理由は判明していない）タスクフォース・ハンマー本隊は、山腹の陣地にいるアルカイダから迫撃砲で攻撃を受けた。これで戦意喪失したアフガン人兵士たちは、それ以上の前進を拒否し、ちりぢりになってしまった。トラボラでの戦闘と同じく、アフガン人に大きすぎる信頼をおくことがまちがいなのだという状況になりつつあった。さらにその後、アルカイダ部隊はシャヒコト渓谷のなかの村ではなく、周辺の山頂に住んでいるようだというCIAの最新の情報もくわわり、予定された空中強襲は出だしからつまずいてしまった。

作戦のタイミングを変えるチャンスもなく、タスクフォース・ラッカサンのチヌークはシャヒコト渓谷に空中強襲を開始した。信じがたいことだが、敵は驚いたらしく、チヌークに銃撃をしかけてこなかった。これはおそらく、タスクフォース・ハンマーの前進に気をとられるか、さまざまな外国人戦士間の情報伝達が効果的に行なわれていなかった（聖戦士のなかにはカースト制度のような階級制もあったようだ）ためだと考えられる。理由がなんであれ、敵による銃撃がはじまったのは、歩兵がヘリコプター着陸地帯（HLZ）周辺に安全な陣地を確保し、チヌークがそこを飛び立ってからだった。

だが、戦闘にくわわろうと、敵兵士が集まってくるのに時間はかからなかった。そして正規部隊はすぐに、命がけで戦うことになった。上空のアパッチは敵の迫撃砲チームを制圧しようとしたものの、RPG（ロケット推進擲弾）と12.7ミリ弾の攻撃を受け、RPGをくらったアパッチ1機は電子系統が故障してしまう。シャヒコト渓谷内とその周辺には、750から1000人程度のアルカイダ戦士がいると思われた。当初の予想とはかけ離れた人数だ。武装勢力はDShK重機関銃とAPU-1対空砲、それにブラケットを装着した小火器で、ラッカサンを支援する攻撃ヘリめがけて撃ってきた。

さらに武装勢力は、RGPを空に向けて撃ちはじめた。高度920メートルで弾頭が自動的に爆発する自爆機構を利用し、強烈な破裂を起こして、ヘリコプターをとらえる対空砲にするつもりだ。アフガンのムジャヒディーンは、RPGを戦場での対空兵器に応用してきた豊富な経験があり、こうしたスキルを仲間の外国人戦士たちとも分かちあっていたのだ。シャヒコト渓谷の武装勢力が利用するソ連・アフガン紛争時の戦術はこれだけにとどまらず、アパッチが谷を通り抜けるさいに、ヘリコプターのすぐ前方にRPGで集中砲撃しはじめた。

初日の早い段階で、2機のアパッチがRPGと機関銃の銃撃を浴びて戦闘から離脱し、基地に戻らざるをえなくなった。1機のAH-64AはRPGが命中し、左側のヘルファイアのマウントが破損し、榴弾は機体に達した。このアパッチは、同時にDShK重機関銃にも攻撃を受け、弾がコックピットを貫通してパイロットが命を落としかけた。損傷したヘリコプターが基地に戻ったとき、搭乗員が数えると、RPGによる破損のほか、機体には銃弾で30個以上の穴が開いていた。

　敵の激しい反撃にもかかわらず、タスクフォース・ラッカサンは初日の午前なかばには、北の阻止陣地を確保した。タスクフォース・ラッカサンとハンマーのグリーンベレーは、AFOのチームとともに終日戦い、アルカイダの陣地に対してくりかえし空爆を要請した。一方でアパッチはシャヒコト渓谷のふもとで雄々しくラッカサンを守った。AFO班が唯一不満に思ったのが、ラッカサンが、AFO班と谷に散らばるその他のSOF偵察チームに優先して攻撃を行なう点だった。つまり、交戦中部隊であるのはラッカサンであるため、ラッカサンのETAC（末端攻撃統制官。現在では統合戦術航空統制官、JTACという）が空襲を要請すれば、その要請が優先されるのだ。

　長時間の戦闘が続いた日にも夕闇が訪れ、AC-130がシャヒコト上空に戻り、敵射撃地点をたたきはじめた。谷のふもとにいた歩兵は敵に銃撃させるよう仕向けて、ターゲットの居場所を知らせた。すると敵の反撃をAC-130のサーマル・センサーが検知し、即座に105ミリ榴弾が撃ちこまれた。だが結局ラッカサンと第10山岳師団はそれ以前より目立つことになり、その夜チヌークで回収された。初日には多数の負傷者が出てしまった。

　先行部隊作戦（AFO）班には、タスクフォース11司令部から驚くべき知らせがとどいていた。デルタのAFO指揮官に、「アナコンダ」作戦のAFO班担当部分の指揮権を、タスクフォース・ブルーのSEALsにわたせと言ってきたのだ。そしてタスクフォース・ブルーは、まさにこの目的のために、チームをバグラムからガルデスに移動させている最中だった。メッセージには、AFO班が「次の戦場を求めてそこからはずれる」必要があると書かれていた。そうはいいながら、SEALsが戦闘に参加する機会をあたえられるべきだとも主張している。タスクフォース11の指揮官は単刀直入に、「今晩、ブルーのSEALsをみな戦闘にくわわらせること。それが命令だ」と言ってきたのだ。

　作戦展開中に指揮系統を置き換えるのは、決して健全なやり方ではないと

SEAL チーム6

かつてはSEALチーム6といわれていたが、現在では海軍特殊戦開発群（以降もう一度変更しているが、新しい名称は機密扱いである）を、海上において陸軍デルタフォースと同等の働きをする部隊とみなしている人は多い。

このDEVGRUは陸軍のデルタ同様の構成で、各中隊が強襲・偵察小隊を中心とする50から60名程度のオペレーターからなり、ふたつの部隊を統合特殊作戦コマンド（JSOC）が交互に運用していると思われる。DEVGRUは4個強襲中隊、ブルー、ゴールド、レッド、そしていちばん新しいシルバーで構成され、さらに、監視・偵察中隊であるブラック（DEVGRU内では簡単に偵察中隊とよばれている）がある。

SEALチーム6は本来は、デルタフォースにおいてSEALsのような洋上活動を行なう部隊という構想だったのだが、初代指揮官でカリスマ性をもつリチャード・マルシンコが書類1枚であっさりと、デルタの一員ではなく、マルシンコ（SEALs）の指揮下においたのだ。SEALチーム6という名は、マルシンコがソ連に、アメリカ海軍が保有するSEALチームの数だと思わせるために行なった手のこんだ偽装からきたものだった。

チーム6は、グレナダ、パナマ、湾岸、ソマリア、バルカン半島にはじまる、アメリカ軍の主要な作戦ではほぼ支援任務を行なっている。9・11以降はアフガニスタンにも深くかかわっている。現在DEVGRUはJSOCの直接の指揮下におかれ、全方位の特殊作戦を行なっている。たとえば、アフガン大統領ハーミド・カルザイが執務室に入って以降警護を行ない、それはアフガンの警護チームが訓練を受けてその役割を引き継ぐまで続いた。また人質救出や、アボタバードでビン・ラディンに対して行なったような直接行動任務も主要な役割である。

考えられていて、次の作戦の準備が不十分な（それに、AFO班がたくわえてきたような、現地の環境および敵にかんする詳しい知識もない）オペレーターと作戦を実行することには、現実に大きな危険がともなった。政治的と思われる理由でSEALsを「実戦に投入」しようとする変更は、兵士の命を危険にさらすものだった。

タクル・ガル

SEALsの当初の計画は簡単だった。第一陣のマーコ21が、シャヒコト渓谷の北端にいるAFOのチーム・ジュリエットと連携し、これに再補給を行なって、タスクフォース・ラッカサンの阻止陣地の上の東の尾根に隠れ家を設営するのだ。第二陣のマーコ30は、タクル・ガルの北東1キロにある

HLZに入り、その後山頂にのぼって隠れ家を設営する。この地域でもっとも高い山であるタクル・ガルは、シャヒコト渓谷全体を見渡せ、監視所にうってつけだった。2個チームはその夜、2機のMH-47E、コールサイン「レーザー03」と「レーザー04」でここに入ることになっていた。

B-52が復路に攻撃を行なったりヘリコプターが故障したりしたために、SEALsのチームは結局3月4日未明に出発することになり、このため暗闇という貴重な隠れ蓑を失いつつあった。翌晩まで出発を遅らせてほしいという要請は却下され、マーコ30のチームリーダーは、直接タクル・ガル山頂に入るというやっかいな決定をくだすことになった。

AC-130Hスペクターは山頂をセンサーで調べ、着陸地帯に「熱を感知しない」、つまり敵はいないと判断した。マーコ30のチームリーダーは、センサーでの調査があっというまに終わったことに不安を覚え、スペクターはほんとうに正しい山を調べたのかいぶかった。ともあれリーダーは疑念を追いやってAC-130のテクノロジーを信じ、レーザー03はタクル・ガルへの最終進入に入った。だが地面にフレアを投下したとき、ナイトストーカーズのパイロットの目に奇妙な光景が飛びこんできた。DShK12.7ミリ重機関銃の陣地と思われるものが放棄され、木からはヤギの死体がぶら下がっているのだ。ともかくパイロットはSEALsにインターコムで到着を知らせた。

そしてリーダーがチームにヘリコプターからの降下命令をくだそうとしたそのとき、RPGが飛んできてうなりをあげてコックピットを通りすぎた。その直後、木立から機関銃の銃撃がはじまり、チヌークの、薄く、装甲のない側面が銃弾を浴びはじめた。2発目のRPGが飛んできて、今度はヘリコプターを直撃し、コックピットの真後ろにあたってキャビンが燃えはじめた。さらに数秒後、別のRPGが続いて命中し、チヌークの右側のレーダー・ポッドが爆発した。このRPGはヘリコプターの電子系統もすべて吹き飛ばしてしまい、ナビゲーション・システムの多くは作動せず、電動のミニガンは使いものにならなくなった（この1件によって、第160 SOARはミニガン向けの電池式バックアップシステムを開発し、それは今日も使用されている）。

別のRPGがヘリの外で破裂すると、鋭い破片がチヌークに飛びこんできた。その直後にはまた別のRPGが右タービンに命中した。敵はすくなくとも3か所の射撃陣地から、自動火器による激しい銃撃を行なっていた。ヘリコプターは着陸したが、幸いにも機能低下はそれほど大きくはなく、パイロット

第2章 「不朽の自由」作戦

アメリカ陸軍レンジャーのふたり組。2001年後半、アフガニスタン東部。左のレンジャー隊員がもつのは、人員携行60ミリ迫撃砲。(JZW提供)

が目にしていたDShK重機関銃の攻撃はまぬがれていた。ここでパイロットは、乗員たちとヘリコプターを救うため、大きな決断をくだした。敵の待ち伏せ攻撃から一刻も早く抜け出すのだ。パイロットは操縦桿をぐいと引いて、チヌークを離陸させた。

ところが、ヘリコプターが飛び立つことで敵はターゲットにしづらくなったが、ランプドアにいちばん近かったSEALsメンバーのニール・クリストファー・「フィフィ」・ロバーツ1等兵曹が、バランスをくずして床の端まで滑ってしまった。SOARの搭乗員のひとりがかろうじてロバーツのパックを

つかんだものの、ヘリコプターが地上からの攻撃を避けて再度急に動きを変えたために、パックは手から離れてしまった。ロバーツはランプから夜の闇のなかへと姿を消した。作動油をもらしながら、損傷したヘリコプターは数キロ離れた谷のふもとに緊急着陸した。

SEALsでは10年選手のベテラン隊員であるロバーツは、MH-47Eの開いたランプから転げ落ちてしまった。彼が落ちたのは、3メートルほど下の、ひざまでの雪におおわれたタクル・ガル山頂だった。携帯しているのはSAW（分隊支援火器——軽機関銃）、SIGザウエル9ミリ拳銃、そして手榴

タクル・ガル：山頂におけるレンジャーの戦闘
2002年3月4日

アメリカ軍兵士の配置
06:21ごろ　1-12

1　ゲイブ・ブラウン2等軍曹、USAF
2　ジョン・A・チャプマン技能軍曹、USAF（KIA）
3　レイ・ドボウリ2等軍曹
4　デイヴィッド・ギリアム上等兵
5　アンソニー・ミセリ特技兵
6　ニール・ロバーツ1等兵曹、USN（KIA）
7　ネイト・セルフ大尉
8　ドン・タブロン5等准尉
9　アーロン・トッテン=ランカスター特技兵
10　ケヴィン・ヴァンス2等軍曹、USAF
11　ジョシュア・ウォーカー3等軍曹
12　ブライアン・ウィルソン3等軍曹

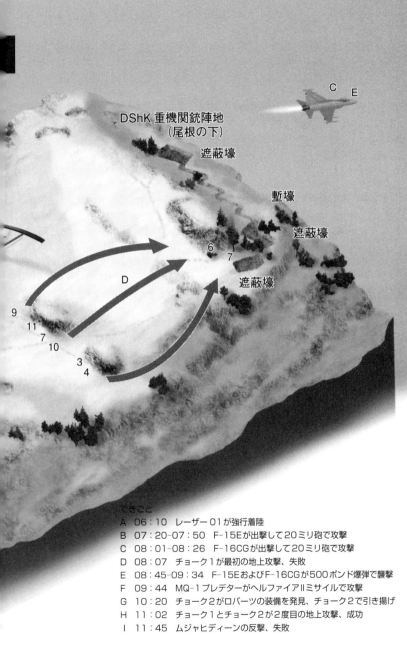

できごと
- A 06:10 レーザー01が強行着陸
- B 07:20-07:50 F-15Eが出撃して20ミリ砲で攻撃
- C 08:01-08:26 F-16CGが出撃して20ミリ砲で攻撃
- D 08:07 チョーク1が最初の地上攻撃、失敗
- E 08:45-09:34 F-15EおよびF-16CGが500ポンド爆弾で襲撃
- F 09:44 MQ-1プレデターがヘルファイアIIミサイルで攻撃
- G 10:20 チョーク2がロバーツの装備を発見、チョーク2で引き揚げ
- H 11:02 チョーク1とチョーク2が2度目の地上攻撃、成功
- I 11:45 ムジャヒディーンの反撃、失敗

レンジャー連隊

　アメリカ陸軍第75レンジャー連隊は、1757年のフレンチ・インディアン戦争中に結成されたゲリラ部隊、ロジャーズ・レンジャーズまで歴史をたどることができる。レンジャーズは、少人数のグループで活動し、急襲や待ち伏せを行なって森へと姿を消す辺境の住民(フロンティアズマン)から生まれた。レンジャーズの部隊はアメリカ独立戦争と南北戦争でも編成されている。

　現代のレンジャー連隊は第2次世界大戦中に誕生した。第1レンジャー大隊が1942年に創設されたのだ。レンジャーは北アフリカおよび中東で戦い、1年後には連隊に拡大されて、イタリアでめざましい働きをし、その後1944年のDデイにも参加した。敵による銃撃下、切り立った崖をのぼってオック岬付近のドイツの射撃陣地を制圧したのは有名だ。

　戦後、レンジャー中隊が結成されて朝鮮半島とベトナムで偵察のスペシャリスト・チームとして活動し、1974年にはレンジャー大隊が編成された。レンジャーはまもなく長距離偵察と急襲という主要なスキルにくわえ、空港の確保任務を担うようになった。大隊のメンバーはテヘランの「イーグル・クロー」作戦における人質救出や、グレナダの「抑えきれぬ怒り」作戦における空港制圧でデルタフォースを支援した。

　第75レンジャー連隊は1986年に編成され、パナマの「正当な理由」作戦で活動し(これも空港制圧)、またクウェートの「砂漠の嵐」作戦では、イラクの通信施設に対するヘリコプターによる急襲を行ない、有名な「スカッド・ミサイル発射台探索」では、JSOCの部隊を支援した。9・11以降、レンジャーはイラクとアフガニスタンで戦闘に従事している。

　2014年時点では、レンジャー連隊は3個レンジャー大隊と1個連隊特殊部隊大隊(RSTB)からなる。RSTBには、軍事情報中隊、通信中隊、選抜訓練中隊、そして伝説的な連隊偵察中隊(RRC)がある。RRCは以前は連隊偵察分遣隊(RRD)とよばれており、9個の6人チームからなると思われ、特殊偵察の専門スキルをJSOCの部隊に提供する。

別のSOFチームがターゲットの建物群を捜索中に、中継陣地につくレンジャー隊員。2013年、ヘルマンド州における高価値目標の追跡任務。SAW（分隊支援火器）の銃手が手にしているのはMk46軽機関銃。ほかのレンジャー隊員は身体を低くしてほぼ姿を隠している。（ジャスティン・ヤング特技兵撮影、アメリカ陸軍提供）

タクル・ガルの山頂で撃墜されたレーザー01、MH-47Eヘリコプター。銃撃戦のさなかに撮影され写りはよくないが、写真はこの1枚のみだ。（アメリカ特殊作戦軍提供）

弾数個のみだ。自分のおかれた苦境を理解したロバーツは、すぐに赤外線ストロボを発射した。タスクフォース11のメンバーは全員、夜間に自分の位置を知らせるためこれを携帯していた。

マーコ30にとっては、行方不明になったオペレーターの回収が最大の目的となった。チームは別のMH-47Eにひろわれ、ロバーツがヘリから落下しておよそ30分後、チームメイトはその救出に戻った。タクル・ガルに陣取るアルカイダの防衛隊は、また別のアメリカ軍ヘリコプターが山頂に到着したとき、あまりの幸運に目を疑ったはずだ。アルカイダはすばやく陣地に兵士を配置し、12.7ミリDShKが、フレアを投下して着陸しようとするチヌークに火を噴いた。だが、なんとチヌークはほぼ無傷で山頂に降り立ち、SEALs隊員たちはランプドアから躍り出た。

最初は、敵は夜明け前の闇のなかでSEALsの位置をつきとめることができず、MH-47Eを集中攻撃した。だがどうにか離陸したヘリコプターは、奇跡的に激しい銃撃を浴びるのをまぬがれていた。マーコ30はふたり組になって飛び出し、敵に見つかる前に、かなり移動しつつあった。あるチームは、カムフラージュしたアルカイダの塹壕を偶然見つけて3人の敵戦士を殺害したが、その後、別の戦士たちにPKM機関銃で猛攻を受けてしまう。銃撃戦は20分間続き、チームリーダーは迷ったすえ、チームに接触を断つよう命じた。

空軍戦闘統制官が不幸にも殺害され、負傷者も数人出るなか、マーコ30のチームリーダーには、チームを離脱させるほか打つ手はなかった。山頂から撤退するときには、さらにひとりのSEALs隊員が12.7ミリ弾で足首を撃たれ、あやうく足を吹き飛ばされるところだった。ようやくある程度の遮蔽

物をみつけて身をひそめると、チームはスタンバイするレンジャー迅速対応部隊（QRF）に緊急要請を行なった。

ネイト・セルフ大尉率いる第75レンジャー連隊第1大隊の35名のレンジャー隊員は、タスクフォース11の全作戦に対するQRFの任務を負っていた。だが当日は、小隊の半分程度しか動けなかった。ほかの隊員は、以前はビン・ラディン当人の本拠だったタルナック農場での実射訓練を行なっていたのだ。レンジャーQRFは即座に2機のMH-47Eチヌーク、コールサイン「レーザー01」と「レーザー02」で出発した。

レーザー01は山頂に着陸するよう指示されており、大勢の敵の存在と、SEALsがそこからすでに撤退していたことも知らなかった。飛行中にレンジャー指揮官が受けとった情報は、チームが着陸し、敵と接触した「SEALsの狙撃チーム」を回収する予定、というものだった。その時点でQRFが受けとっていた情報では、ロバーツがすでにマーコ30の隊員と合流していることになっていた。その後、それは誤りだと判明するのだが。

最終進入に入ったレーザー01は、RPG、DShK重機関銃、それに小火器による猛攻を受けた。RPGが命中してエンジンのひとつが破損すると強行着陸を余儀なくされ、3名のレンジャー隊員と搭乗員のひとりが即死した。ほかのレンジャー隊員は損傷したヘリから脱出し、反撃をはじめた。レンジャー指揮官は、訓練と同じことをやるほかなった。「反撃しろ。遮蔽物を探せ。敵の居場所をつきとめろ。敵を制圧せよ。攻撃！」

指揮官は敵の射撃陣地を即刻制圧することにし、山頂に向かって反撃を開始した。指揮官が速戦命令を出すと、レンジャーは全員立ち上がり、確認ずみのもの、疑われるものすべての敵陣地に射撃を開始し、一方でチームに分かれて前進した。ひとつのチームが制圧射撃を行なうあいだに別のチームが前進するのだが、それは、レンジャーが来る前、SEALsが撤退するときにやったことを、逆方向に行なっているようなものだった。20メートルほど進んだところで、敵の銃撃のあまりの激しさに、チームは遮蔽物を探さざるをえなくなった。

レーザー02は01の惨状を見て、レンジャーのチームを山頂から離れたHLZに降ろし、そこからチームは、仲間と連携するために山頂へと根気強くのぼりはじめた。山頂のレンジャーたちは上空のF-15EとF-16C攻撃機に数回、至近距離銃撃（デンジャークロス）で敵を制圧するよう要請し、その後、再度地上攻撃を試みた。ところが敵から25メートルほどのところにいるとき、レンジャー

攻撃を受けるレンジャー部隊を支援し、タクル・ガル山頂を空爆するようす。粗いうえに、残念なことに低解像度の写真。2002年3月。(アメリカ特殊作戦軍提供)

はPKM機関銃の銃撃を受けた。指揮官はじめレンジャーたちが、前方にあるただの倒木や葉の集まりだと思っていたものが、じつは要塞化した遮蔽壕だったのだ。指揮官は部下のレンジャーたちにすぐに撤退するよう命じ、移動しながら制圧射撃を行なった。レンジャー部隊には、遮蔽壕や準備万端の敵陣地を掃討するだけの要員がいなかった。とくに軽対戦車誘導弾や同様の威力をもつ「バンカー・バスター」がないのは痛かった。

チーム配属の戦闘統制官は、レーザー02のレンジャーたちが山頂にたどりついて第一陣を補強するまではアルカイダ部隊をくいとめようと、空爆の誘導を続けた。戦闘統制官は山頂に多数の爆弾投下を誘導したが、それはチームの安全を確保したうえで、身を隠した敵を追い出そうとするものだった。統制官はさらに、MQ-1プレデターUAV(無人航空機、ドローン)を要請し、これが、プレデターのはじめての近接航空支援投入となった。プレデターは2発のヘルファイア・ミサイルを発射し、1発ははずれたものの、もう1発は遮蔽壕に命中し、破壊している。

レンジャーの第二陣は体力を奪われながらも山頂に到着し、第一陣との合同部隊は最終攻撃を開始した。部隊は2個M240機関銃チームが援護射撃するなか、雪におおわれた斜面を足が動くかぎり迅速に駆け上がった。銃撃チームは最初にぶつかった遮蔽壕を掃討して敵戦士ひとりを殺害し、ふたつめの遮蔽壕と塹壕線を見つけた。遮蔽壕に手榴弾を投げこむと、それが備蓄してあった多数のRPG弾頭を爆破し、遮蔽壕は吹き飛んだ。そして斜面のさらに上に隠れていた最後のアルカイダ戦士も殺害すると、ようやく山頂は確保された。

残念ながら、合流したレンジャーの仕事はそれで終わったわけではなかった。まもなく、タクル・ガルを奪回しようとするアルカイダの補強部隊から攻撃を受けたのだ。4キロほど離れた山におかれたSASRの監視所のひとつが、敵補強部隊に対する空爆指示を出した。敵補強部隊は、レンジャー部隊の側面攻撃を行なおうとしていた。結局その夜、16時間もの激戦ののち、

レンジャー部隊とSEALsは回収された。

ロバーツの探索と回収は、失敗という悲しい結果に終わった。ロバーツはヘリコプターから落下後まもなく死亡したと思われる。SAW（分隊支援火器）で激しい抵抗を行なったものの、数で圧倒する敵には勝てず、敵の銃弾で武器が破損し、大腿部を撃ち抜かれた。その後まもなく捕獲され、アルカイダ戦士に頭部に銃弾1発を撃ちこまれて処刑されたのである。

「アナコンダ」作戦本体に向けては、シャヒコト渓谷にとどまっている正規部隊を救援するための、新しい作戦が作成された。タスクフォース・ラッカサンの第2大隊が、3月4日に谷の東端に空中強襲を行ない、アパッチの援護のもと、高地をただちに攻撃した。一方第3大隊は、阻止陣地にとり残された部隊と合流するため谷の北端に降下した。16機のアパッチ、5機の海兵隊コブラ、空軍A-10A対地攻撃機数機の支援を受け、ラッカサンはおよそ130もの洞窟群、22の遮蔽壕、40もの建物をしらみつぶしに破壊して、ようやくシャヒコト渓谷を確保した。

疲弊したタスクフォース・ラッカサンは、3月12日、第10山岳師団の元気な兵士たちと交代し、山岳師団はシャヒコト渓谷南端の掃討を続けた。AFOチームはさらに、偵察チームを付近のナカ渓谷へと、逃亡したアルカイダ部隊の捕獲に向かわせたが、空ぶりに終わった。「アナコンダ」作戦は公式には2002年3月19日に終了した。アルカイダはシャヒコト渓谷から追い出されるか、いた場所で殺害され、アルカイダの死亡者は200から500人程度と推測されている。多国籍軍部隊は交戦で8名を失い、うち7名がタクル・ガルの戦闘での損失だった。

「アナコンダ」作戦のその後

2002年3月17日、タスクフォース11は一刻を争う情報を受けとった。高価値目標（HVT）と思われる人物がアルカイダ戦士の車列にまぎれて、シャヒコト渓谷から隣接するパキスタンへと車両でのがれようとしているというのだ。プレデターUAVが車列を監視していた。この車列は、アルカイダのHVTが好む3台のSUV（スポーツ用多目的車）からなり、フードをかぶった大勢の警護要員を乗せたトヨタのピックアップトラックもいることが判明した。

タスクフォース11のメンバーにDEVGRUのオペレーターたち（タクル・ガルでマーコ30の任務を先導した隊員が指揮する）もくわわったチームが、アルカイダの車列を止める任務を担い、レンジャーの混成部隊がこれを援護した。オペレーターと配属され

た戦闘捜索救難（CSAR）チームは3機のMH-47Eチヌークに、レンジャー部隊は2機のMH-60Gブラックホークに乗りこみ、5機のヘリコプターは早朝にバグラムを出発し、低空飛行して高速で目的エリアに向かった。

DEVGRU隊員を乗せた3機のMH-47Eは、まもなくターゲットに追いついた。ヘリコプターは小規模な車列の背後、わずか15メートルの高さで飛んだ。先頭のチヌークは水平飛行し、車列の前方で、直接道路に着陸した。敵が武器を手に車両から飛び降りると、ヘリコプターのドアガンナーがミニガンで車両を銃撃し、多数のアルカイダ戦士を倒した。2機目のチヌークは車列の上から、通りすぎざまにミニガンの銃撃を行なった。タスクフォース11のオペレーターが使ったのはミニガンだけではなかった。事前に、MH-47Eのプレキシガラスのサイド・ウィンドーを破って、ヘリコプターのなかからM4カービンとSR-25マークスマンライフルを撃つ許可を得ていたのだ。

2機のチヌークは近くの遮蔽に隊員

レンジャーのSAW銃手のひとり、アンソニー・ミセリ特技兵。タクル・ガル山頂での戦闘中の写真。ゴアテクスのカムフラージュ服を着て、エイムポイントM68照準器を装着した軽機関銃、M249パラトルーパーを手にしている。（アメリカ特殊作戦軍提供）

第22特殊空挺連隊

　特殊空挺連隊、SASは世界でもっとも有名で、高い評価を受け、模範とされる特殊作戦部隊だろう。翼をつけた短剣の記章には、「危険をおかす者が勝利する」という連隊のモットーが記され、連隊同様、この記章も非常に有名だ。イギリス軍将校デイヴィッド・スターリングが、第2次世界大戦中に砂漠の急襲部隊としてSASを創設し、姉妹部隊である長距離砂漠挺身隊と作戦行動をともにした。

　SAS（部隊の意図についてドイツ軍を混乱させるためにこの名称になった）は、そのトレードマークである、ドイツ空軍の飛行場に対する電撃的急襲がよく知られていた。機関銃を装備したウィリー・ジープから、駐機中の航空機を射撃したのだ。皮肉にも、本来の任務は、ターゲットに向けパラシュート降下することだったのだが。だが戦争後半には、占領された領土にパラシュート降下し、レジスタンス活動をするパルチザンとともに破壊工作任務を行なった。この部隊はまた偵察任務を担い、西ヨーロッパ解放のさいには、重装備ジープを駆って、前進する連合軍に先立ち偵察を行なった。

　戦後は、SASはイギリスのあらゆる「小規模戦争」で戦った。独立後のマラヤやボルネオでの対反乱戦争から、アデンやオマーンにも投入された。連隊は北アイルランドでも広範な活動を行なった。その多くは、民間人の扮装で、第14情報中隊（のちに特殊偵察連隊となった）の隠密の監視オペレーターとともに行なう直接行動だった。

　SASのもっとも有名な作戦は、1980年5月の、ロンドンのイラン大使館への急襲の成功だろう。多数の分離主義者テロリストが大使館を占拠し、職員や大使館への訪問者、警察官1名を6日間人質にとった事件だ。要求が受け入れられないとなると、テロリストは人質を殺しはじめた。このため、世界各国のメディアが見守るなか、連隊のB中隊が大使館の建物を襲った。テロリスト6人中5人が射殺され、隊員の突入時にひとりの人質が殺害されたが、残る24人の人質は救出された。この、コードネーム「ニムロド」作戦で、SASはだれもがよく知る名となったのだ。そしてフォークランド紛争やのちの湾岸戦争は、その名声を確固たるものにした。

　SASの戦力は、およそ60名の兵士からなる4個セイバー（戦闘）中隊、A、B、D、Gで構成される。各中隊は、約16名からなる4個小隊をもつ。各小隊は、空、船艇、山岳、あるいは機動（車両）と、潜入方法に応じた専門スキルを有する。SASの兵士はみな、通信、医療、爆破、言語のスペシャリストとしての訓練を受け、またこのうち複数のスキルを有している。

を降ろし、隊員たちは車列を見渡せる陣地をとった。一方3機目のチヌークは、別の疑わしい車両を調査するため、その付近にチームを降ろした。DEVGRUオペレーターのチームはどちらも、敵戦士に激しい銃撃をはじめていた。敵戦士たちも遮蔽へ移動するか反撃しようとはしたものの、攻撃され、殺害された。数分で戦闘の決着はつき、オペレーターたちは遺体と負傷者を確認するためワジ（枯れ川）に降りた。3台の車両に分乗した敵戦士18人のうち、16人が即死し、ふたりは重傷を負い、DEVGRUの衛生兵から応急手当を受けたのち拘束された。

戦士たちはウズベク人、チェチェン人、アラブ・アフガンの混成と思われ、十分な装備をそろえていた。ひとりは即席の自爆用ベストを着けており、脇の下に吊り具で破片手榴弾を隠していた。別の戦士はブルカを着て変装している。オペレーターたちは、アメリカ製のサプレッサーや、アメリカ軍の破片手榴弾でタスクフォース11に支給されたロットを多数回収した。さらにガーミン携帯用GPSは、のちにレーザー01の搭乗員のものだと判明した。

イギリスの特殊部隊

「トレント」作戦

「アフガニスタン不朽の自由」作戦の支援にはじめてイギリスの特殊部隊が投入されたのは2001年10月なかばのことで、第22SASの2個中隊でつくるグループがこれにあたった。AおよびG中隊はどちらも、そのころオマーンで砂漠訓練を完了しており、特殊部隊長官から任務をあたえられたのだ。ヘレフォードの本部に対テロリスト（または特殊計画）チームとして待機するD中隊と、長期の海外訓練中のB中隊は投入されなかった。A、G中隊はどちらも、国防義勇軍SASの連隊

イギリス特殊舟艇隊（SBS）の2名のオペレーター。2001年12月、トラボラでの作戦前。民間人と軍人のものが混じった服装をしている。カムフラージュ用に色を塗り、ACOG照準器を着装したディマコC8カービンは、イギリスの特殊部隊が好んで使用する。また右のオペレーターがもつのはミニミ軽機関銃のパラトルーパー・バージョン。（撮影者不明）

第2章 「不朽の自由」作戦

から兵士の補強を受け、自前の輸送手段を携行した。砂漠パトロール車両（ピンキー）のランドローヴァーと改修した全地形対応車（ATV）で、ATVは多国籍軍のSOFでますます一般的になりつつあった。

イギリスSASの中隊は当初はアフガニスタン北西部に配置され、一連の大規模な偵察任務「ディターミン」作戦を行なったが、なにも得るものはなかった。SASのメンバーは、とくにアメリカ軍SOFとの強い結びつきがあるため、「アフガニスタン不朽の自由」作戦（OEF-A）での活動は、直接行動による、高価値目標に対する作戦が中心になるのではないかと考えていた。だが2個中隊はどちらも、敵との戦闘がまったくない、ありふれた特殊偵察任務が割りふられたことに驚き、失望は大きかった。2週間後には任務もなくなり、2個中隊は、ウェールズとの境界上にあるクレデンヒルの新しい基地に戻った。名声高いSASにとっては、テロとの戦争における滑り出しは、幸先のよいものではなかった。

11月10日、確保してまもないバグラム空軍基地にSBSのC中隊が投入されると、北部同盟の指導者とのあいだで、すぐに政治上のあつれきが生じた。北部同盟が、イギリスからはなんの相談もなく中隊が派遣されてきたと文句を言ってきたのだ。アフガニスタンにはM中隊も（すくなくともSEALsから派遣されたひとりのメンバーとともに）展開し、いくつかの任務を担っていた。一部はタスクフォース・ソードに協力して結局トラボラまで行き、またドスタム将軍の部隊とマザリシャリフ周辺で展開するチームもあった。

イギリス海兵隊の特殊部隊がバグラムで北部同盟と熱い議論をかわしているころ、SASのAとG中隊がその鼻先に降り立った。イギリス首相トニー・ブレアによる政治的とりなしによって、SASはやっと直接行動任務をあたえられた。アルカイダが関係しているといわれるアヘン精製工場の破壊だ。

ターゲットはアメリカにとって優先度が低く、イギリスがもっと大きい分け前をよこせと言ってこなかったら、おそらくは空爆ですませていた程度のものだった。すでに述べたように、アメリカ軍SOFの指揮官たちは、おいしいターゲットは自分たちの部隊にとっておこうと立ちまわり、ターゲットのリストがほかの多国籍部隊にもオープンにされたのは、ようやく戦争後半になってからのことだった。任務がSASの能力に適切なものであったかどうかは、いまも疑問だ。評論家の多くは、軽歩兵や、パラシュート連隊やレンジャー連隊のようなコマンドー部隊のほうがふさわしかったと考えている。実際、のちに、こうした大規模な

イギリスの有名なSASが近接戦闘訓練を行なっている、非常にめずらしい写真。連隊のB中隊の隊員たちは、口輪をかけた戦闘犬をともなっている。戦闘では、敵により大きな恐怖感をあたえるために、戦闘犬の口輪にむき出しのサメの歯が描かれている。(撮影者不明)

作戦を行なうために、イギリスには特殊部隊支援グループ (SFSG) が編成されることになる。

この任務は「トレント」作戦と命名され、イギリスSASが行なう史上最大規模の作戦となった。ふたつの中隊は、カンダハルの南西400キロにあるアヘンの精製工場を攻撃する任務を負った。情報によって、この施設は80から100人ほどの外国人戦士が配置され、塹壕線といくつかまにあわせの遮蔽壕で防御していることがわかっていた。この作戦には戦略上の重要性があったのか、いまだに十分な説明がなされてはいない。

SASは、なんとその建物群を真昼間に襲撃するよう命じられた。どのSOFにとっても行動基準に大きく反している。進行計画はアメリカ中央軍 (CENTCOM) が命じたもので、航空支援を利用できるということになっていた。とはいえ一度のみ、1時間だけの近接航空支援だ。またタイミング的にも、襲撃前に、中隊がターゲットの詳細な偵察を行なうこともできなかった。こうした点に、当然ヘレフォードは強い警戒心をいだいた。

それにもかかわらずイギリス特殊部

第2章 「不朽の自由」作戦

隊グループでは、第22SASの指揮官がこの作戦を拒否したら、アメリカはターゲットといえるようなものを連隊にはなにもわたさなくなるだろうという意見が大勢を占めていたため、指揮官はこの任務を受けざるをえなかった。「トレント」作戦の開始段階で、これもSAS史上初となったのが、戦時における高高度降下低高度開傘(HALO)によるパラシュート降下だった。G中隊の空挺小隊8名のパトロール隊が、夜間に、だだっ広いレギスタン砂漠のとある場所に降下した。C-130ハーキュリー輸送機による強襲部隊本隊が着陸するさい、そこが即席の飛行場に適しているか確認するためだ。

空挺小隊の先行部隊がその場所が使えることを確認し、その後、C-130の一団が着陸を開始した。どの機も、地上にあるのはSAS隊員を降ろすだけのわずかな時間だ。AおよびG中隊はランプドアから飛び降り、航空機は砂漠の滑走路をゴトゴトと進んでふたたび空へと戻っていった。38台のピンキーと2台の物資運搬車からなる40台の車列が、カワサキのダートバイク8台に先導されて隊列を組み、ターゲットに向かって出発した。

着陸地帯からそう遠くない場所で、ピンキーの1台がエンジン故障を起こし、地上攻撃部隊は早くも挫折にみまわれた。その車両は2両の汎用機関銃(GPMG)を装備していたのだが、警護する3名の隊員とともにあとに残していかなければならず、その隊員たちは、強襲部隊がターゲットから戻るときにひろうことになった。その後バイクの護衛が車列の前方と後方、側面を守り、強襲部隊は、事前に打ちあわせていた隊形準備地点でふたつに分かれた。強襲本隊と、射撃支援基地(FSB)となるチームだ。

A中隊はピンキーでターゲットの施設を攻撃し、G中隊はFSBとなって敵を制圧し、A中隊がターゲットに接近できるようにする役割だ。この射撃支援任務は、とくに砲撃ができない場合には(ターゲットは多国籍軍の砲の射程外にあった)、不可欠な役割だった。また近接航空支援の利用に制約がある状況ではなおさらだった。FSBチームは車両搭載のGPMG、50口径ブローニング重機関銃(HMG)、ミラン対戦車ミサイル、それに81ミリ迫撃砲と、長距離精密射撃用には大威力の、50口径バレットM82A1スナイパーライフルを装備していた。

攻撃は準備空爆ではじまり、その後A中隊がエンジンをふかして競って出発した。そして険しい地形を車で走りながら射撃を行ない、ターゲットの外周から数メートルのところで車を止めて降り、徒歩で接近した。その間、

FSBチームは迫撃砲を施設に撃ちこみ、50口径重機関銃とGPMGを撃ちまくった。航空支援機も飛んできて、弾がつきる(航空機搭乗員は弾切れのことを「ウインチェスター」という)まで機銃掃射を続けたが、仕上げに20ミリ砲による猛攻をみまいながら遮蔽壕の上を通過するさい、1機のアメリカ海軍ホーネットの爆撃タイミングが狂い、G中隊の車両数台をあやうく吹き飛ばすところだった。

FSBを指揮する連隊の上級曹長も交戦にくわわって、敵からの攻撃が小止みになったところをみはからい、チームを前進させA中隊の補強に向かわせた。上級曹長がAK-47で脚を撃たれたのは、敵陣地からわずか数百メートルのところだった。この作戦でふたりめの負傷者だ。その他数名のSAS兵士は、ボディアーマーとヘルメット(多くはヘルメットをかぶるのを嫌うので、命令してかぶらせるといわれている)で負傷をまぬがれたが、計4名の負傷者を出してしまった。それでも、幸い命にかかわる負傷ではなかった。

遮蔽壕を破壊してチームが塹壕を掃討すると、強襲部隊は建物群に入って残る敵を一掃した。SASが相手では敵に勝機はほとんどなく、イギリス軍の部隊はすばやく施設を確保した。掃討が終わると建物の探索がはじまり、ほかのチームが諜報資料を探す任務を担った。ターゲット地点でちょうど4時間すごしたあと、両中隊は車両に乗りこみチヌークと落ちあい、チヌークは戦闘で負傷したSAS隊員を回収した。

カライ・ジャンギの収容所暴動

一方、SBSのM中隊は、戦争初期の非常に有名となった事件のひとつにかかわった。2001年11月25日、カライ・ジャンギの古い要塞で起きた囚人の暴動だ。土とレンガ造りの要塞は「戦争要塞」として知られ、19世紀建造の不規則に広がる建物だった。マザリシャリフの戦闘で捕虜にした敵兵士たちの収容に徴用されるまでは、ドスタム将軍の本部だった場所だ。

ドスタムの部隊とともに配置されていたCIAの特殊活動部局員2名が、この要塞で、アルカイダとタリバンの捕虜たちに戦術的な尋問を行なった。不運にも、北部同盟の民兵たちが捕虜に行なった取り調べはお粗末で、捕虜たちは多数の手榴弾や拳銃、ナイフを、ゆったりとしたアフガンの衣服のなかに隠しもっていた。尋問の最中に、捕虜たちは隠していた武器でふたりのCIA局員に襲いかかり、元海兵隊大尉、ジョニー・「マイク」・スパンが殺害された。パートナーは「デイヴ」という名しかわかっていないが、かろうじて

第2章 「不朽の自由」作戦

イギリスSBSオペレーターの少人数チームが、アフガニスタン北部同盟の指揮官に対し、身辺警護任務を行なっている。左の、ピックアップトラックの後部にいるオペレーターは、ヘッケラー＆コッホMP5KA1短機関銃をもち、右手の、車両側面にいるオペレーターはディマコC8アサルトライフルに、AG36アンダーバレル・グレネードランチャーを装着している。（撮影者不明）

死をまぬがれた。

デイヴはどうにか中央軍（CENTCOM）と連絡をとり、支援の緊急要請を「スクール・ハウス」の住人につないでもらった。ここはマザリシャリフにおけるタスクフォース・ダガーのセーフハウス（秘密基地）で、デルタのメンバーや、数人のグリーンベレー、それにSBSのM中隊の少人数チームもいた。そのとき「スクール・ハウス」にいたメンバーが、すぐに迅速対応部隊を作った。第5特殊部隊グループ第3大隊のセーフハウス本部要員、アメリカ空軍の2名の連絡将校、数名のCIAのSADオペレーター、そしてSBSチームという編成だ。

「空軍の制服を着た将校は、戦闘統制官（CCT）や特殊部隊・戦術航空統制班（SF-TACP）ではなかった。アメリカ空軍の中佐で、要請が入ったときにたまたまマザリの本部に居あわせたんだ。そのころクンドゥーズで大規模戦闘が予定されていたから、射手の人数も多くはなかった。だから、その中佐ともうひとりの空軍少佐は、手伝えることがあるかもしれないと、即席のチームについてきてくれた。11月25日の暴動は、SBSにとって綱わたりの戦いだったんだ」。「戦争要塞」でSBSとともに戦ったアメリカ軍特殊部隊オペレーターのひとりは、こう説明してくれた。

ショートホイールベースの白いランドローヴァー90とNGOや国際連合（UN）のものとよく似た車両（各車両の上に装着されたL7A2 GPMG［汎用機関銃］がかなり目立っている点は別として）で到着した8名のSBS隊員は、グリーンベレーとCIAオペレーター（2台の同じような色のミニバンに乗ってきていた）とともに、民間人の扮装でカービンと拳銃だけを手に配置についた。このチームは、目立たないようにという指令を受けていた。とくにアフガニスタンに来ている多数のジャーナリストには悟られないように、と。それに戦闘服を着ていると、協力して行動せざるをえないアフガン民兵の反感をかう可能性もあった。

機知にとんだパトロール指揮官、故

ポール・「スクラフ」・マックゴー軍曹（残念ながら、2006年6月にハンググライダーの事故で死亡した）は、すぐに、もっと重武装が必要だとみてとり、仲間のSBSオペレーターの助けを借りて、レザーマン・マルチツールの工具を使うと車両の上からGPMGをとりはずした。マックゴーは、敵からの小火器による銃撃が増すなか、すぐさまGPMGを要塞の中央広場を見渡せる胸壁においた。捕虜たちは要塞の武器庫を破ることに成功し、AK-47とRPGランチャーで武装していた。生き残ったCIAオペレーターのデイヴは、わずかにAK-47とブローニング拳銃しか携帯しておらず、即席の迅速対応部隊が応援に到着するまで、ドスタムの民兵とともに、数で圧倒する捕虜たちとの負け戦を戦っていた。

アメリカとイギリスの混成部隊は、おしよせる捕虜たちを制圧し、さらにデイヴを救出しようと戦闘を開始した。「スクラフ」は、要塞のカメラクルーが撮った写真でも知られているが、重いGPMGをとっさに撃ってタリバンの突撃を止めた。結局デイヴはその夜どうにか要塞の壁を越えてのがれ、仲間と合流した。特殊部隊オペレーターたちはその後、亡くなったマイク・スパンの遺体の回収に全力をあげた。

4日以上にわたって、カライ・ジャンギの激戦は続いた。防戦一方の迅速対応部隊と北部同盟に、タリバン捕虜たちがたたみかけるように攻撃してくる。グリーンベレーは何度も空爆を要請した。ある近接航空支援任務の最中1発のJDAM（統合直接攻撃弾）が目標を誤って（これも、PLGR GPS装置のバッテリーを交換したあとのことだ）、多国籍部隊と北部同盟の陣地のそばで爆発した。この爆発ではグリーンベレーの兵士5名が重傷を負ってしまった。SBSのオペレーター4名も負傷したが、こちらは重傷もいれば軽傷

イギリスとアメリカのSOF混成チーム。2001年11月。緑のシュマグで顔をおおっている2名のオペレーターはSBS隊員。3色迷彩の砂漠用カムフラージュ服を着てサプレッサー付きM4A1をもつのはおそらく第5特殊部隊グループの兵士だ。中央の人物はこれほど所属が明確ではなく、武器はデルタフォースか海軍特殊戦開発群（DEVGRU）のものではないかと思われるが、アメリカ軍の迷彩柄パンツをはき、砂漠用DPM（分裂迷彩素材）の服を着ているように見える。これにより、この隊員は、当時SBSとともに一時的に任務につき、のちにマザリシャリフの収容所暴動における活動で勲章を授与されたSEALsオペレーターではないかと推測する。（撮影者不明）

第2章 「不朽の自由」作戦

もいた。

「おれが思うに、暴動初日には『とどかなかった』爆弾があったんだ。爆弾は要塞の北に落ちたが、負傷者は出なかった。その日は、ほかのJDAMは収容所がある目標地点をちゃんととらえていた。こうした爆弾は（自分たちの）至近距離(デンジャークロース)に飛んでくるわけだから、パイロットと投下を指示するやつのスキルに感謝したよ」。戦闘にくわわったひとりはこう述べた。

「2日めはJDAMが要塞の壁に命中して友軍のアフガン兵数人が死に、仲間数人が負傷した。地上からパイロットに座標を送ったやつのミスだった。ターゲットではなく、自分の位置を送ってしまったってわけだ。ターゲットは数百メートル先だった。同じようなことは、ずっと南の別のODAでも起きていて、そこでは数人が命を落としてしまった」。こう解説する特殊部隊オペレーターは、ハーミド・カルザイを護衛するODA574に起きた友軍誤爆についても教えてくれた。

その夜はずっとAC-130が旋回し、空からの掃射を続けた。翌日の11月27日火曜日、北部同盟がT-55戦車を要塞の中庭にもちこみ、しぶといタリバンがこもる数個の建物に砲弾を撃ちこむと、ようやく要塞の防御は破られた。戦闘はその週ずっと散発的に続いたが、ドスタムの部隊が、抵抗するタリバン残党を掃討した。グリーンベレーとSBSの混成チームはようやくマイク・スパンの遺体を回収したものの、遺体には手榴弾がつけられブービートラップになっていた。だがトラップの手榴弾もはずし、スパンの遺体はアメリカの家族のもとへと戻っていった。

SBSの尽力に対し、CIAはSBSオペレーターにアメリカの勲章を授与することで感謝の意を示そうとした。頭の固い政治家や軍人たちの横やりで勲章が授与されることはなかったものの、タリバン指揮官の使ったPPSh-41短機関銃がいまも、ドーセット州プール海軍基地SBS本部にある、部隊長のオフィスに続く階段を上ったところにおかれている。これはCIAからの感謝のしるしだ。アメリカ軍のオペレーターは、「[SBSは]みな、非常にプロフェッショナルで攻撃的で、銃撃下でも冷静だった」とも述べた。

SBSはタスクフォース・ソードとCIAとともに活動を続け、カライ・ジャンギの戦闘後は、アメリカの部隊にもその名を知られるようになった。だがSASはそれほどうまくはいかなかった。「トレント」作戦に続き、AおよびG中隊はふたたび、ダシュテ・マーゴー砂漠（死の砂漠）で偵察任務に配置されたものの、成果もなく、その後12月なかばにヘレフォードに戻ったのだ。国防義勇軍SAS連隊の一部SAS隊

図説現代の特殊部隊百科

2005年以降、アフガニスタンに戻っているオーストラリアSOF。SOTG（特殊作戦タスクグループ）コマンドーがアフガニスタン南部某所で作戦中の写真。村上空を飛ぶブラックホークは、おそらく敵を排除するスナイパー・グループを輸送中だ。この写真からも、マルチカム迷彩の重要性がよくわかる。（オーストラリア特殊作戦コマンド提供）

第2章 「不朽の自由」作戦

員は残り、イギリス秘密情報部（MI6）職員の身辺警護任務を行なった。

多国籍軍の特殊作戦部隊

オーストラリア

オーストラリア特殊空挺連隊（SASR）は、2001年11月、オーストラリア軍の「スリッパー」作戦に配置され、タスクフォース64とよばれた。もっとも当初はタスクフォース58についており、第1中隊の要員がクウェートから、そのころ確保された前進作戦基地（FOB）ライノーへと直接飛んだ。この戦争初期に活動したSASRは、第1中隊オペレーターの少人数チーム、長距離パトロール車両（LRPV）、中隊指揮官とSASRの司令官がいる本部機能、という構成だった。

残る第1中隊もまもなくこれに続き、すぐにパトロールを開始した。FOBライノーから100キロほどの範囲で、ヘルマンド州ラシュカルガにあるムラー・オマル所有の建物の確保などさまざまな任務を行なった。タスクフォース58の海兵隊がカンダハルに移動する計画だったために、第1中隊はこのための先遣偵察も遂行した。

2002年2月、SASRでは、ヘルマンド川渓谷における車両偵察中にはじめての人的損害が出た。アンドルー・ラッセル軍曹の乗るLRPVがソ連時代の

地雷の爆発にまきこまれ、軍曹が命を落としたのだ（1か月前、SASRはカンダハル郊外で、これもソ連時代の地雷によって最初の重傷者が出ていた）。その後まもなく、2002年3月に第1中隊が「アナコンダ」作戦に参加して、偵察小隊をシャヒコトの山頂に送りこみ、アメリカの部隊とともに連絡チームの任務について重要な役割を果たした。

3月後半の「マウンテン・ライオン」作戦では、SASRのチームが、ホースト付近のパキスタン国境沿いにいるアルカイダ兵士たちをターゲットにした。なかでも車両パトロールは、アフガンでの作戦中、全部隊のなかで最長の52日間という長期にわたった。SASRはのちに「スリッパー」作戦の支援行動により、アメリカ勲功部隊章を受けた。

2002年4月に第1中隊は第3中隊と交代し、さらに第3中隊は8月に第2中隊と交代した。SASRはアフガニスタンでの配置を一時中断し、その間に強化訓練を行ない、また「ファルコナー」作戦支援のためにSASRの1個中隊をイラクに配置した。だがSASRは2005年にアフガニスタンに戻り、2006年のオーストラリア軍復興タスクフォース配置のための環境を整えた。

カナダ

カナダ陸軍特殊任務部隊である第2統合任務部隊（JTF2）は、2001年12月、タスクフォース・Kバーの指揮下に、40名のオペレーターを配置した。JTF2は第3特殊部隊グループと広範にわたって活動した。アフガニスタンでの第1の任務は、のちにヘイワード元海軍大将が「第2次世界大戦以降初の多国籍軍による直接行動」と表現したものだった。だがタリバン司令部の中枢をターゲットとするグリーンベレーとの合同作戦は、JTF2のチヌークがターゲットの建物ちかくに強行着陸を余儀なくされ、惨事に終わった。

JTF2は、カナダ首相ジャン・クレティエンの正式な承認をへてアフガンに派遣された陸軍に先立ち配置されたといわれており、この部隊派遣はカナダで論議をよんだ。配置後まもなく、3人のJFT2のオペレーターが、拘束された捕虜数人をアメリカ機から追い立てるようすを写真に撮られている。カナダのメディアの一部は、捕虜を引き渡す特殊部隊のオペレーターを大きくとりあげた。その捕虜たちは、グアンタナモ湾のアメリカ軍収容施設に向かう予定だった可能性があるからだ。

JTF2はのちに「アナコンダ」作戦で偵察チームを配置し、ザワル・キリでは大規模なSSEを支援し、身辺警護任務を行ない、また多数の直接行動任務にも参加した。特殊部隊ODAが病室に隠れていたアルカイダの銃手を

第2章 「不朽の自由」作戦

要慮個所探索（SSE）任務を行なうアメリカ海軍SEALsとドイツKSKのオペレーター。2002年2月。ドイツKSK（コマンドー特殊部隊）のアフガニスタンへの配置が当時は公表されていなかったため、この写真は物議をかもした。（ティム・ターナー1等兵曹撮影、アメリカ海軍提供）

殺害した、ミルワイス病院の包囲戦にも参加したといわれている。さらに、ニュージーランドSASとも多数の作戦を実行した。JTF2の第一陣は2002年5月にカナダに戻って第二陣と交代し、このチームは第一陣より短期だが2002年10月まで配置された。

デンマーク

デンマーク軍は2001年12月、陸軍イェーガー部隊（追跡部隊）と海軍フロッグマン部隊から100名の部隊をアフガニスタンへと派遣した。この部隊は、空爆のターゲット指示などの特殊偵察任務を実行した。しかし、タリバンのムラー・カイルラー・カヒルカワの捕獲にも参加している。2002年2月、カヒルカワの車列を待ち伏せしたのは、ヘリコプターで運ばれたデンマークSOFとSEALsだった。

フランス

フランス軍のSOF要員はタリバンの壊滅前に配置されたと噂されているが、SASの活動が公然のものに思えるほど、フランス軍SOFの秘匿性は高い。50名の特殊作戦軍団（COS）オペレーターが2001年に配置されたが、その正確な所属部隊は不明だ。COSはタスクフォース・Kバーと協力して南部で作戦を実行し、多数の負傷者を出している。

「アフガニスタン不朽の自由」作戦
主要作戦 2001年および2002年

地図内表記:

- トルクメニスタン
- ウズベキスタン
- タジキスタン
- 第87歩兵連隊 11月1日
- マザリシャリフ
- クンドゥーズ
- タロカン
- LZ
- 山岳地 CJTF
- TF ダガー
- TF・Kバー
- LZ
- バグラム
- 第101空挺師団
- カブール
- 第10山岳師団第87歩兵連隊
- 第10山岳師団
- 第10山岳師団第31歩兵連隊
- トラボラ
- 「アナコンダ」作戦 2002年3月
- シャヒコド渓谷
- パキスタン
- インダス川
- LZ
- カンダハル
- 目標地点ライノ
- USMC 12月1日
- 第101空挺師団 1月2日

凡例:

アメリカ軍の主要な作戦
アフガニスタン
2001年10月-2002年3月

- アメリカ軍特殊部隊の動き
- アメリカ軍航空機の動き
- ○ 着陸地帯（おおよその位置）
- ─ 州境界

0 150マイル
0 150キロ

ドイツ

　コマンドー特殊部隊（KSK）は、ドイツの陸軍特殊部隊だ。KSKは当初100名ちかくのオペレーターが、2001年12月なかばにタスクフォース・Kバーに配置された。しかしたいした任務はなかったために、その配置は意味のないものになってしまった。それは、イギリスSASがアメリカ軍司令部のもとにおかれたときの状況とほぼ同じだった。KSKも、「アナコンダ」作戦以前には、重要ではないターゲットや偵察任務が割りふられたのである。KSKは2002年の年初に数回SSEに配置され、その任務ではSEALsに同行することがほとんどだった。

ニュージーランド

　ニュージーランド第1特殊空挺中隊（NZ SAS）がアフガニスタンに最初に配置されたのは2001年12月のことで、約40名のオペレーターがタスクフォース・Kバーのもと、6か月交代で活動した。さらに2度の配置が、2004年5月から9月および、2005年6月から11月にも行なわれた。NZ

ビル・「ウィリー」・アピアタ伍長　ヴィクトリア十字章受章者

　ニュージーランド第1特殊空挺中隊（NZ SAS）の兵士、ウィリー・アピアタ下級伍長は、ニュージーランドで軍人が受ける最高の名誉である、ニュージーランド・ヴィクトリア十字章（イギリスのヴィクトリア十字章と同等の勲章）を授与された。2004年6月の待ち伏せ攻撃で仲間の命を救った功績をたたえたものだ。このとき、パトロール車両の1台が故障して、ふたりのNZ SAS隊員が負傷した。

　武装勢力の大規模部隊が夜営陣地を襲撃し、敵はPKM機関銃とRPGによる攻撃をはじめた。RPGの弾頭の1発がアピアタのそばで爆発し、仲間のふたりが負傷し、うち1名は重傷を負ってしまう。アピアタは、重傷のオペレーターをSAS本隊の安全な場所に戻すべきだと判断した。ヴィクトリア十字章の勲記にはこう書かれている。

　自身の危険をかえりみず、アピアタ下級伍長は立ち上がり仲間の身体をかつぎ上げた。その後、足元の悪い岩地を、敵による激しい銃撃と本隊陣地からの応戦のなか、飛び交う銃弾に身をさらしつつ、70メートルも仲間を運んだ。仲間とアピアタ下級伍長のどちらにも銃弾が命中しなかったのは、まれにみる幸運だった。負傷した仲間を退避壕に運んだのち、アピアタ下級伍長は、残ったパトロール隊とともにふたたび銃をとり反撃にくわわった。

図説現代の特殊部隊百科

アフガニスタン東部、セーフハウスのアメリカ陸軍グリーンベレーの隊員3名。2002年3月。右のオペレーターは、現在では使用されていないアメリカ軍砂漠地帯夜間専用迷彩服のジャケットを着ている。これは旧タイプの暗視装置に対抗した迷彩だ。（JZW提供）

SASは2009年から2012年にかけても、アフガニスタンに再度配置された。

NZ SASは徒歩および車両による長距離偵察を専門とし、チームは一度に3週間以上も戦場に配置された。2005年の配置では、新規購入した11台の6輪駆動ピンツガウアー特殊作戦車両（デルタ使用の車両と類似）を使用したが、それ以前のチームは、その地に展開している特殊部隊グループから借りたハンヴィーに頼るほかなかった。

アフガニスタンでは、NZ SASのチ

ームは、SEALsや第3特殊部隊グループをはじめとするほかの多国籍軍特殊作戦部隊とともに広範に活動した。2004年12月、タスクフォース・Kバーに配属されたNZ SASはKバーに配属されたほかの多国籍部隊とともに、「捜索救難、特殊偵察、要配慮個所探索、直接行動任務、多数の洞窟およびトンネル群の破壊、既知の複数のアルカイダ訓練キャンプの確認と破壊、何千ポンドにもおよぶ敵兵器の爆破など、危険度が非常に高い任務」を遂行し、アメリカ大統領殊勲部隊章を授与された。

ノルウェー

ノルウェー陸軍の特殊作戦部隊、イェーガーコマンドー（HJK）と海軍のマリーンイェーガーコマンドー（MJK）は、ひとくくりにしてNORSOFとよばれ、2002年1月、タスクフォース・Kバーの支援にはじめて配置された。第一陣は陸軍78名、海軍28名の隊員だ。アメリカ海軍SEALsとともに展開し、SSEを数回実行して、「アナコンダ」作戦中には特殊偵察チームもシャヒコト渓谷に配置された。

「アナコンダ」作戦後の特殊作戦

国際治安支援部隊（ISAF）はNATO指揮のもと、アフガンの安全確保と復興のために創設された。ISAFには、いくつかの多国籍軍特殊作戦部隊（SOF）が参加した。数年後、武装勢力が増加するのに合わせ、ISAFの特殊作戦本部はイギリスとオーストラリアの将校が交互に指揮し、ISAFの全SOFを管理するようになった。

アメリカ軍合同統合特殊作戦任務部隊（CJSOTF）はより大きな第180合同統合任務部隊（CJTF-180）の指揮下に統合された。CJTF-180は、「不朽の自由」作戦に参加した全アメリカ軍部隊を指揮下におく合同統合任務部隊であり、陸軍特殊部隊グループ（州兵の部隊から人員配置されることが多い）とSEALsのチームを中心に創設された。統合特殊作戦コマンド（JSOC）タスクフォース（旧タスクフォース・ソード／11）の少人数チームは合同統合任務部隊（CJTF）の直接の指揮下ではなく、合同統合特殊作戦任務部隊（CJSOTF）に組みこまれた。JSOC要員はSEALsとレンジャー隊員の混成であり、双方で指揮を交代している。またCJSOTFは国際治安支援部隊（ISAF）の指揮下にはない

が、NATOの作戦を支援して展開することもある。

多国籍軍SOFの大半は2002年にアフガニスタンを去った。アメリカ軍の部隊は来るイラクでの戦争（本来は2002年後半に開始の予定だったため）にそなえて撤退し、あとに残ったのはODA（アルファ作戦分遣隊）、SEALs多国籍軍SOFの最小限度の要員であり、人員も資材もたりないなか、機能不全の国家を発展させ、民心を獲得し、急増する武装勢力に歯止めをかけようとする努力を続けているが、それも過小評価されているのが現状だ。

このののち、多国籍軍SOFは多数アフガニスタンに戻って、武装勢力と戦い、アフガン軍の訓練を行なうことになる。写真では、アメリカ空軍降下救難員がHH-60Gペドロで、負傷したアフガン国軍コマンドーの隊員を回収している。ヌリスタン州における、グリーンベレーとの共同任務だ。2012年4月12日、アフガニスタン。（クレイ・ワイス2等マスコミ特技兵撮影、アメリカ海軍提供）

第3章
「イラクの自由」作戦

イラク、2003年

戦争への序章

最終的に「イラクの自由」作戦となる計画は、2001年12月にはじまった。多国籍軍が、アフガニスタンのタリバンとアルカイダ戦士たちと、「不朽の自由」作戦における戦闘を続けていた時期だ。事前にあった戦闘計画をもとに、アメリカ中央軍のトミー・フランクス大将は頭を悩ませながらも、当時の国防総省長官ドナルド・ラムズフェルドの命令下、イラク侵攻プラン作成に着手した。フランクス大将は、ひとつの戦争を遂行中に、別の戦争を計画することになったのである。

計画はまもなくできあがった。必要とする資源は本来の想定よりもはるかに少なく、爆撃作戦が長期化した10年前の「砂漠の嵐」作戦とは異なった、空と地上からの同時攻撃を求めるものだった。この計画には特殊作戦も組みこまれており、アフガニスタンにおける特殊作戦部隊（SOF）の成功をふまえると、その役割は増していくことが予想された。

アメリカ中央軍（CENTCOM）の中央軍特殊作戦コマンド（SOCCENT）は2002年3月に、計画プロセスに正式にくわわり、正規部隊の第180合同統合任務部隊が、アフガニスタンでのSOFの指揮管理を引き継いだ。バグラムではタスクフォース・ボウイを率

第3章 「イラクの自由」作戦

イラク西部の砂漠でパトロール中のオーストラリア特殊部隊タスクグループのタスクフォース64。写真には6輪駆動のペレンティー長距離偵察車両（LRRV）と4輪駆動の監視偵察車両（SRV）が見える。ジャヴェリン誘導ミサイルほか、積荷は驚くほど大量だ。（オーストラリア国防省提供）

い、そこから着任したばかりのゲイリー・「シューター」・ハレル准将が、2002年6月にSOCCENTの指揮をとることになった。ハレルには、デルタフォースに所属し、以前には第10および7特殊部隊グループの任務についたという経歴があった。

ハレルとフランクスは、多国籍軍のSOFが大きく分けて3つの地域で展開するという作戦構想を練った。イラク西部の砂漠では、SOFがイラクのスカッドB TEL（移動式発射台）を探索し、また正規部隊を支援して特殊偵察および監視任務を担う。北部では、SOFが、クルド国家の自由を求めるペシュメルガ（「死に立ち向かう者」）のゲリラ兵と協力し、イラク軍によるバグダード強化をはばみ、一方で戦略的地点を占領して、後続の正規部隊が展開できるようにする。トルコが、その領土から正規部隊を展開させるのを拒否したため、この任務は重要性を増した。南部では、SOFがイラクの石油生産施設を奪って、その後前進する正規部隊のための偵察支援を行なう。第4の、隠密のSOF部隊は、大量破壊兵器と、サダム・フセイン政権内の重要人物の探索を実行する。

この計画にジョージ・W・ブッシュ大統領が署名すると、「イラクの自由」作戦の決行日は2003年3月20に決定した。「衝撃と畏怖」と表現される空爆作戦が侵攻の前触れをし、SOFのチームは正規部隊に先んじて、ひそかにイラクに潜入するのだ。だが現実には、この戦争の正規作戦がはじまるのは、3月19日の早朝となる。サダム・フセインとその息子ウダイとクサイがバグダード郊外のドラ・ファームで会合をもつという情報があったからだ。

この日、2機のF-117Aナイトホークが投下した2000ポンドのレーザー誘導爆弾4発がドラ・ファームの建物群に命中し、さらにペルシア湾に停泊する艦船から、トマホーク巡航ミサイルの一斉射撃が続いた。残念ながら、この「処刑攻撃」のターゲットはそこには不在だった。「イラクの自由」作戦は「公式」には3月20日早朝にはじまっており、それは、サダムと息子たちの国外退去期限が切れたあとという設定だったためだ。

空爆作戦が進行するなか、正規部隊はクウェートとの国境を越えた。第3歩兵師団（3ID）が先導し、第5軍団が西部の砂漠地帯を越えて北のナジャフ、カルバラそしてバグダードをめざした。第1海兵隊遠征部隊（1MEF）はイラク南部の中央付近を抜けてナーシリーヤとクートへと向かい、イギリス第1装甲師団はイラク東部を抜け南部のバスラへと向かった。第4歩兵師団（4ID）による南部への攻撃が計画されていたが、トルコが横やりを入れ

第3章 「イラクの自由」作戦

たために北部のSOFが攻撃を実行することになり、これがSOFの主要任務となった。

西部合同統合特殊作戦任務部隊

アフガニスタンの作戦時から、もとのタスクフォース・ダガーという名称に戻った西部合同統合特殊作戦任務部隊（CJSOTF-West）は、再度ジョン・マルホランド大佐の指揮下におかれて、第5特殊部隊グループ（空挺）を中心とする編成になった。大佐指揮下のアルファ作戦分遣隊（ODA）のチームは、ふたつの主要な任務をおびた。第1は、スカッドTELを探索、破壊し、イラク軍が使用可能な発射台を奪うことで、戦域弾道ミサイルの脅威に対抗するもの。第2は、情報収集および監視任務により、正規部隊がイラク西部におけるイラク部隊の配置を正確に把握できるよう支援するものだった。

グリーンベレーのODAは、前線基地（AOB）として展開したブラヴォー作戦分遣隊（ODB）チームの指揮・管理のもとにおかれた。このAOBは、改修型M1078「ウォー・ピッグ」軽中量輸送車両を使用して、移動再補給部隊としての役割を提供した。こうした構想は、1990年代なかばの第1次湾岸戦争中に、SASが輸送車両のアクマットとウニモグを「マザーシップ（補給船）」として使用したことがはじまりだった。こうすれば、グリーンベレーは敵領土でのパトロールを長期に展開し、それから、戦闘用の再補給を行なう「マザーシップ」をともなった戦闘パトロールと連携することが可能になる。

第5特殊部隊グループは、イラク西

燃料、水、弾薬その他、グリーンベレーの車両パトロール向けのあらゆる物資を運ぶM1078、LMTVウォー・ピッグ。この特殊車両は、自衛のためM2およびM240機関銃を搭載し、衛星通信用のさまざまなアンテナをそなえている。（CROSSSUD提供）

部におけるふたつの地域での任務を割りふられた。統合特殊作戦エリア(JSOA、またはオペレーション・ボックス)西部と南部だ。ひとつは、前進作戦基地51(FOB51)とよばれ、AOB520とAOB530が指揮し、第1大隊のODAで構成されていた。これらチームはヨルダンのH-5基地からイラクに入り、JSOA西部を担当した。第2および第3大隊はクウェートのアリ・アルサリム空軍基地から配置され、それぞれFOB52、53となり、JSOA南部での任務についた。全チームには、第23特殊戦術中隊の特殊戦術部隊の隊員が配属された。この隊員たちは、友軍の誤射を避けることはもちろん、近接航空支援を先導し、ODAチーム上空の空域管理を行なう訓練を受けていた。

また、陸軍の正規部隊と州兵の歩兵中隊数個がFOBの安全確保を行ない、迅速対応部隊(QRF)として配置されたが、タスクフォース・ダガーにも第19特殊部隊グループ(州兵)の1個中隊が配属された。この役割は、以前にアフガニスタンでレンジャー部隊が担ったものだった。戦争の見通しが立つと、第19特殊部隊グループ第1大隊、A中隊のODAは正規部隊を支援する連携任務を担い、ODA911と913は第1海兵隊遠征部隊(1MEF)の支援、ODA914はふたつのチームに分かれて、ひとつは第3歩兵師団(3ID)とODA916に、もうひとつはイギリス第1装甲師団についた。ODA915は、3IDに続いて西部の砂漠を越える第101空挺師団に配属された。最後に、第19特殊部隊グループのODA912は、合同軍特殊作戦部隊司令部(CFSOCC)の指揮官である、ハレル将軍の身辺警護(PSD)を行なった。

第160特殊作戦航空連隊(SOAR)第3大隊の兵士たちは、西部統合特殊作戦航空分遣隊として、8機のMH-47Eチヌーク、4機のMH-60L直接行動侵攻機および2機のMH-60Mブラックホーク・ヘリコプターとともに配置された。さらに、空軍州兵のA-10A対地攻撃機とアメリカ空軍(USAF)のF-16C攻撃機が、特殊作戦部隊(SOF)の近接航空支援(CAS)を担い、ヨルダンに配置された。イギリスのタスクフォース7にも、H-5基地にCAS任務を行なう航空機が配置され、イギリス空軍(RAF)のGR7ハリアー2チームと、第7中隊のCH-47チヌーク1チームがCASを行ない、さらにイギリス空軍特殊部隊飛行班、第47飛行隊がC-130を運用した。

北部合同統合特殊作戦任務部隊

北部での特殊作戦を担ったのは北部合同統合特殊作戦任務部隊(CJSOTF-North)で、その核となる第10特殊部

多国籍軍特殊作戦部隊（SOF）

タスクフォース・ダガーには、アメリカ軍のSOFにくわえ、イラクに配備された4個特殊作戦任務部隊（タスクフォース）のなかでも最多数の多国籍軍SOFが配置されていた。イギリスは、「ロウ」作戦のもと部隊を配置した。イギリスの特殊部隊、タスクフォース7には、SASの2個中隊とSBSのM中隊も参加している。さらに支援要員とイギリス空軍（RAF）特殊部隊飛行班もくわわっていた。SASのBおよびD中隊は、西部の砂漠での機動作戦にくわわることになり、またM中隊は、砂漠の飛行場をもつイラクの石油施設数個に対する、ヘリコプターによる強襲を担った。これら施設は、のちにSOFの中間準備地域として利用するために確保することになっていた。

オーストラリア特殊作戦コマンド（SOCOMD）からはオーストラリア特殊空挺連隊（SASR）の第1中隊が配置され、オーストラリア連隊第4大隊（4RAR、コマンドー）の1個中隊がSASRのパトロール支援を行なった。オーストラリアの部隊はアフガニスタンにおける活動時のコードネームを再度使用し、タスクフォース64とした。イギリスとオーストラリアの特殊部隊は、ヨルダンのH-5基地から、統合特殊作戦エリア（JSOA）の北部と中央にそれぞれ配置された。

オーストラリア部隊は、アメリカ軍の指揮下におかれることに事前に同意していたが、イギリスの特殊部隊は作戦の指揮を放棄する前に、詳細な確認を要求した。IFF（敵味方識別）の方法をめぐってあらたな問題も生じたが、結局イギリスが、アメリカの最高機密であるブルー・フォース・トラッカーを借りることで解決した。オーストラリアの部隊は、アフガニスタンでアメリカのSOFと協力して活動した経験をなぞり、アメリカ空軍（USAF）の戦闘統制官を各SASRのパトロールに組みこんで、戦闘統制官が貴重なブルー・フォース・トラッカー（BFT）を携行した（BFTは友軍と既知の敵陣地をすべて表示し、つねにGPS信号で更新される）。

制圧したアサド空軍基地周辺をパトロールするSASRの隊員。隊員たちの向こうには、破壊されたZPU対空砲が見える。（オーストラリア国防省提供）

図説現代の特殊部隊百科

イラク

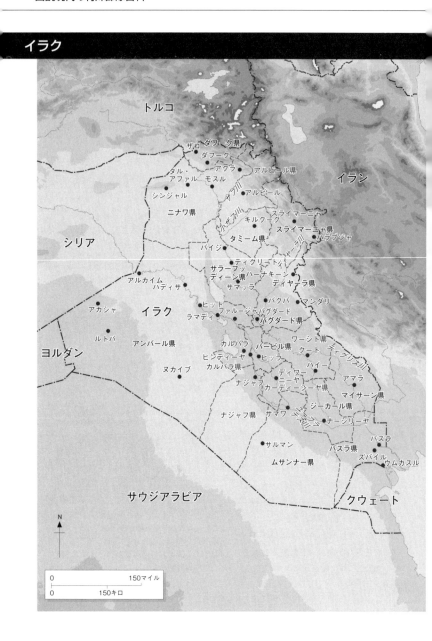

隊グループ（空挺）がヨーロッパを担当するグループであることに敬意を表して、タスクフォース・ヴァイキングとよばれた。第10特殊部隊グループは、1991年から1996年にかけてクルディスタンで実行された、国連主導による「安寧提供」作戦において非常に豊富な経験を積んでいた。イラク北部に住むクルド人をサダム・フセインの迫害から救う活動にたずさわったため、第10特殊部隊グループはこの地での任務にまさにうってつけだったのである。

第10特殊部隊グループとともに活動するのは、アフガニスタンから戻ってまもない、第3特殊部隊グループ第3大隊の隊員たちだ。第20特殊部隊グループ（州兵）および第7特殊部隊グループの第2大隊が、2002年9月にアフガニスタン合同統合特殊作戦任務部隊（CJSOTF）の任務を割りふられており、第3特殊部隊グループはこれを離れてタスクフォース・ヴァイキングで活動することになった。また空軍特殊作戦コマンド（AFSOC）麾下の空軍州兵、第123特殊戦術中隊は、地上のヴァイキングODAを支援する予定となった。さらに正規歩兵部隊である第173空挺旅団および、第10山岳師団第14歩兵連隊第2大隊の数個中隊がヴァイキングに配属された。

本来、この戦争計画でタスクフォース・ヴァイキングに求められたのは、トルコからバグダードに向けて南下する第4歩兵師団（4ID）の支援だった。だがトルコが、アメリカ軍がトルコを足場とすることを認めず、その結果4IDの任務が中止となったため、ヴァイキングには、バグダードの増強ではなく北部のイラク軍をくいとめる任務が割りふられたのだった。ヴァイキングのメンバーは、トルコ領空を迂回するほかの潜入ルートを探しはじめた。「すべての道はバグダードに通ず」とでも言えばいいだろうか。公式記録には簡潔に、トルコが許可を出さなかったため「北部CJSOTFは支援する側から支援される側になった」と書かれている。北部には十分な歩兵がいないため、クルド人のペシュメルガを組織し、バグダードの北にいる13個のイラク歩兵と装甲師団をうまくひきつけておく任務が第10特殊部隊グループにふられた。軽装備の特殊部隊にとっては、大仕事だった。

2002年、第10特殊部隊グループと中央情報局特殊活動部（CIA SAD）のオペレーターの混成数個チームは、交戦に先立ってクルディスタンに潜入していた。これらチームは、クルディスタンの首都アルビール付近にあるハリル渓谷に基地をおき、ペシュメルガの組織化と訓練を行ないつつ、地域の情報収集を進める任務を負った。チー

ムはまたアルカイダ関連のグループであるアンサール・アル・イスラムを監視し、これに対する攻撃作戦計画を作成することになっていた。このチームの活動の結果、アフガニスタンで2001年10月にCIAジョーブレーカーのチームが行なったのとほぼ同じやり方で、ヴァイキングのODAを配置することができたのである。

第10特殊部隊グループの隊員たちは、第5特殊部隊グループが使用した地上機動車両（GMV）を装備できなかったため、民間の車両を手に入れなければならなかった（第5グループも、使用した車両の多くをアフガニスタンの第3特殊部隊グループに残してきたため、標準的なハンヴィーをGMVの規格に合わせ改修するという、煩雑な作業を急きょすませてからヨルダンに入らなければならなかった）。230台ほどの規格外戦術車両（NTV）を購入し、必要に応じて改修したが、その大半は白のランドローヴァー・ディフェンダーで、ピックアップトラックのトヨタ・タコマも30台ほどあった。トルコ当局はあいかわらず狭量な妨害を行なっていたので、これらの車両はトルコの倉庫からクルディスタン国境を越えるまで、ひそかに運転していく必要があった。輸送手段を手に入れはしたものの、戦争幕開けの地上作戦が2003年3月19日の夜明け前にはじまったとき、タスクフォース・ヴァイキングはまだイラク北部に入る道を探している状況だった。

タスクフォース20

タスクフォース・ダガーとともに西部の砂漠に配置されたのは、タスクフォース20と命名された特殊作戦任務部隊だった。この任務部隊は、アフガニスタンのタスクフォース11／タスクフォース・ダガーの構想をもとにした、おもに統合特殊作戦コマンド（JSOC）麾下の、これも隠密の特殊作戦部隊（SOF）だ。タスクフォース20は、元第160SOAR指揮官で、アフガニスタンにおいて、タクル・ガルで敗走したタスクフォース11の指揮官だったデル・デイリー少将が指揮した。

もっともイラクのタスクフォース20は当初、ピート・ブレイバー中佐率いるデルタフォースのB中隊からなっていた。ブレイバーは、デイリーの昔のスパーリング・パートナーで、アフガニスタンの先行部隊作戦（AFO）班の元指揮官だ。デルタの特殊部隊オペレーターとともに参加したのは、第75レンジャー連隊の全3個大隊からの要員であり、また第82空挺連隊からは大隊規模の要員が、歩兵の攻撃力増強と迅速対応部隊（QRF）の能力を提供するためにくわわった。さらにトラック搭載のM142高機動砲ロケッ

第3章 「イラクの自由」作戦

イラク西部の砂漠で、タスクフォース・ウルヴァリンの一員として展開するデルタフォースの貴重な写真。車両は大きな改修をほどこしたピンツガウアー特殊作戦車両。（撮影者不明）

トシステム（HIMARS）が、機動的な間接射撃による支援を行なうために装備された。作戦後半では、別のデルタ中隊と、主力戦車M1A1エイブラムスの中隊がタスクフォース20に配備された。

アフガニスタンと同様の役割を担ったデルタ中隊の指揮官ブレイバーは、オペレーターを西部の砂漠へと向かわせ、集結する敵に電撃的攻撃を行なうことを望んだ。南部から前進する海兵隊正規部隊および陸軍の部隊に対する補強部隊として派遣されるはずの敵部隊を、そこで足止めしようとしたのだ。こうした作戦は、多国籍軍の真の意図とその主要部隊の集結地点について、イラク軍を効果的にあざむくことになる。

一方デイリーは、デルタ中隊をサウジアラビアのアラー空軍基地にとどまらせ、バグラムで展開したタスクフォース11とほぼ同様に、大量破壊兵器（WMD）の存在が疑われる場所や高価値目標（HVT）に対する攻撃のみ

を行なわせようと考えていた。だが結局、ブレイバーのプランに同意したフランクス大将はこれを認めず、デルタは西部の砂漠における急襲および欺瞞作戦に配置された。

さらには、海軍特殊戦開発群（DEVGRU）の1個中隊もタスクフォース20に配置され、ヘリコプターによる直接行動任務を行なった。つきとめたHVTに攻撃をくわえる役割だ。CIAのSADのオペレーターたちもタスクフォースのオペレーターたちと行動をともにした。情報支援活動部隊（ISA）のメンバーの役割と同じだが、もっとも、ISAは正式に統合特殊作戦コマンド（JSOC）の指揮下におかれた組織だった。このタスクフォースのための特殊作戦飛行任務は、第160SOARの第1大隊が、MH-60Mブラックホーク、MH-60L直接行動侵攻機（DAP）、MH-6M輸送機およびAH-6Mリトルバードを運用して行なった。

第160特殊作戦航空連隊(空挺)

第160特殊作戦航空連隊(第160SOAR)も、テヘランの大使館における悲劇のあとに創設された部隊である。暗視ゴーグルを装着して夜の闇にまぎれて飛行することが多いため、ナイトストーカーズという別名でも知られる。ナイトストーカーズはアメリカ陸軍内で初の、ヘリコプターによる特殊作戦を担う部隊となった。ナイトストーカーズは出動を要請する相手と緊密な関係をもち、ターゲットへの到着時間は予定のプラスマイナス30秒以内を保証して、これはめったに破られない。

この部隊は多数のヘリコプターを運用する。最大のヘリがMH-47Eであり、空中給油が可能なこのチヌークは、非常に高度な脅威探知および赤外線前方監視装置(FLIR)を装着し、フル装備の特殊作戦オペレーター1個小隊を輸送することが可能だ。ナイトストーカーズが利用するヘリにはMH-60シリーズのブラックホークもある。これも大型のMH-47と同様空中給油が可能で、FLIRと検出システムをそなえている。MH-60もMH-47も、機体と搭乗者の保護のため、7.62ミリM134ミニガンを装備している。

ナイトストーカーズが運用するMH-60の別タイプがMH-60L DAP(直接行動侵攻機)だ。DAPは、不幸にも1993年にモガディシオで命を落とした第160SOARのパイロットが開発した機だった。このヘリはほかのふたつのタイプのヘリコプターの護衛向けと、ターゲットへの準備射撃および、HLZの隣接区域にいる敵の制圧向けに開発されている。

この任務を遂行するためにDAPは、2.75インチ無誘導ロケット弾ポッド、30ミリ砲および7.62ミリミニガンなど、驚くべき兵器システムを装備している。さらにヘルファイア対戦車ミサイル発射向けの設定にすることも可能だ。アパッチなどの攻撃ヘリコプターよりもDAPのほうが好まれる傾向にある。DAPは長距離作戦向けに大型の燃料タンクをそなえ、空中給油も可能だからだ。さらに、必要とあれば、4人組のパトロール・チームも運ぶ。

ナイトストーカーズの最小ヘリが小型機のリトルバードであり、ヒューズ500とそのベトナム時代の兄弟機であるOH-6ローチをもとに開発されたものだ。リトルバードには2種類のタイプがある。愛称シックス・パックスは、非武装型のMH-6輸送機で、機体側面の外装式ベンチに6人までの搭乗が可能だ(4人の場合がふつうだが)。攻撃機タイプがAH-6で、これはシックス・ガンとよばれる(「ナイトストーカーズはあきらめない。シックス・ガンははずさない」と、モットーにも出てくる)。通常、AH-6は2台の7.62ミリM134ミニガンと2台の2.75インチ、ロケット弾ポッドを装備している。

陸軍レンジャー部隊の全作戦要員を輸送する第160特殊作戦航空連隊のMH-47Eを間近でとらえた1枚。2014年、カンダハル飛行場から離陸直前の写真。(トロイ・B・ティペット軍曹撮影、アメリカ陸軍提供)

このタスクフォースはひそかにサウジアラビア西部のアラーに基地をおき、イラク奥地の飛行場をはじめとする重要なターゲットの確保や高価値目標の捕獲とともに、長距離特殊偵察を行なった。戦前に計画された主要な目標のひとつが、バグダード国際空港（BIAP）の制圧だった。この作戦については2度の詳細なリハーサルが行なわれたが、実行はされなかった。最終的に、正規部隊が、首都バグダードに2度の装甲部隊による電撃攻撃（サンダー・ラン）を成功させ、BIAPを確保した。

海軍特殊作戦タスクグループ

海軍特殊作戦タスクグループは、海軍タスクグループと簡単な呼び名のほうがよく使われているが、「イラクの自由」作戦に配置された4つめの、最後の特殊作戦任務部隊だ。このタスクグループの中心にあったのは、アメリカ海軍SEALチーム8および10、ポーランド緊急対応作戦グループ（GROM）の特殊部隊オペレーター、第3コマンドー旅団指揮下のイギリス海兵隊第40および42コマンドーで、アメリカ心理作戦部隊および民事部からも配置された。

海軍タスクグループはおもに、イラク唯一の深水港であるウムカスル港、アルファウ半島の石油パイプライン施設と、2か所の海上プラットフォームの確保任務を担った。これら作戦当初のターゲットが確保されると、タスクフォースは南部の正規部隊を支援し、偵察および急襲活動を行なうことになる。飛行任務は海兵隊第15MEUと空軍第20特殊作戦中隊が行なった。

ブラックスウォーム

「イラクの自由」作戦において最初に実戦投入されたのは、アメリカ陸軍のエリート部隊である第160特殊作戦航空連隊（SOAR）のチームだった。任務をふられたのは、MH-60L DAP（直接行動侵攻機）2機のチームと「ブラックスウォーム」4チームだ。ブラックスウォームではそれぞれ、2機のAH-6Mリトルバードと、AH-6向けにターゲットを確認し、ターゲットにペイントするFLIR（赤外線前方監視装置）を装備したMH-6Mリトルバード1機がチームを組んだ。各ブラックスウォームにはさらに、マーヴェリック対戦車誘導ミサイルを装備した2機のA-10Aも配備されていた。これは、AH-6のミニガンと2.75インチ無誘導ロケット弾では歯が立たない硬化ターゲットへの対抗策だ。

2003年3月19日2100時、DAPとブラックスウォームの一団は第1のターゲットを攻撃した。イラクの西と南

の国境沿いにある、目視監視所だ。DAPはターゲットをヘルファイア・ミサイルで攻撃し、その後30ミリ砲を何発もみまった。ブラックスウォームのチームでは、MH-6Mが攻撃を先導し、あるいは旋回するA-10Aに攻撃指示を出した。暗闇のなか、ちょうど7時間の攻撃で70か所を超す監視所が破壊され、予定されたイラク侵攻に対する、イラク軍の早期警戒能力を効果的に奪ったのである。この攻撃は、ナイトストーカーズが見せた大きな奮闘であり、大きな名誉ともなる作戦だった。

監視所を破壊すると、特殊作戦用の空の回廊が開け、SOFヘリボーン・チームの第一陣がヨルダンのH-5基地を出発した。これには、第160SOARのMH-47Eチヌーク・ヘリコプターが輸送する、イギリスおよびオーストラリアのSOF隊員による車両パトロールもふくまれていた。タスクフォース・ダガー、タスクフォース20、タスクフォース7およびタスクフォース64の地上展開要員は、早朝、ヨルダン、サウジアラビア、クウェートとのイラク国境沿いに築かれた砂の防壁を突破し、イラクへと乗りこんだ。すくなくとも公式には、これがこのときの概要だ。だが非公式には、イギリスの部隊は数週間前にすでにイラクに入っており、オーストラリア部隊とタスクフォース20も同様だったのである。

アグリー・ベビー

一方、イラク北部のタスクフォース・ヴァイキングは、タスクフォース全ODAのイラク潜入の遅れに、ますますいらだちをつのらせつつあった。計画立案者はついに、とてつもないルートをひねり出した。ルーマニアのコンスタンツァにある第10特殊部隊グループの前進中間準備地域から、非公表の2か国を経由してイラク北部に入るのだ。これがコードネーム「アグリー・ベビー」であり、グリーンベレーのある将校が、この空路をなかば皮肉でこうよんだのだという。

3月22日、この大空輸作戦は完了し、第2および第3大隊の大半が、MC-130Hコンバットタロン6機でアルビール付近に降りた。途中、まったく危険がなかったわけでもなかった。数機のMC-130が、イラクの防空部隊に攻撃を受けたからだ。1機は対空射撃で大きな損傷を受け、緊急着陸をすることになったのだが、皮肉にも、そこはトルコのインジルリク空軍基地だった。1回目の空輸では、19個のグリーンベレーODAと4個ODBをイラク北部に展開させた。翌日、トルコが軟化して上空の飛行を認め、3機のMC-130がクルディスタンの首都アルビールの市

イラク南部での任務に向けて離陸する、アメリカ陸軍第160特殊作戦航空連隊の2機のAH-6Jリトルバード。(シェーン・クオモ2等軍曹撮影、アメリカ国防総省提供)

外にあるバシュルへと飛んだ。

結局タスクフォース・ヴァイキングは、ODA（アルファ作戦分遣隊）とODB（ブラヴォー作戦分遣隊）合わせて51個となり、約6万人のクルディスタン愛国同盟（PUK）ペシュメルガ民兵と協力することになる。特殊部隊は、第1便の新しいトラックが届くのに数日かかるため、現地で民間の車両を調達して利用しなければならなかった。3月26日、第173空挺旅団がC-17輸送機から、バシュルの飛行場に戦闘降下を成功させた。ここはすでにグリーンベレーとペシュメルガが制圧していた飛行場だ。第173空挺旅団は、キルクークの油田確保という重要な任務を担った。

タスクフォース・ヴァイキングのメンバーは当初、グリーンラインに配置された。クルド人自治区との、南北に走る境界地域だ。当初の目標は3つあった。13あるとされるイラク陸軍の師団が北へと展開するのをくいとめ、バグダードの補強をはばむこと。キルクークとモスルの町に前進すること。そしてイラン国境沿いにある、アンサール・アル・イスラムのテロリスト訓練キャンプに対する直接攻撃の実行だ。この作戦は「ヴァイキング・ハンマー」とよばれることになった。

「ヴァイキング・ハンマー」作戦

「ヴァイキング・ハンマー」作戦は3月21日発動予定だったが、第3大

第3章 「イラクの自由」作戦

「イラクの自由」作戦
合同統合特殊作戦任務部隊の活動地域および潜入ルート。2003年4月

1 北部合同統合特殊作戦任務部隊（タスクフォース・ヴァイキング）
2 タスクフォース7（SBS）
3 タスクフォース20（デルタフォース）、タスクフォース64（SASR）、タスクフォース14（SAS）
4 西部合同統合特殊作戦任務部隊（タスクフォース・ダガー）
5 海軍特殊作戦タスクグループ（SEALs、GROM、海兵隊）
6 アメリカ陸軍第19特殊部隊グループ（正規軍とともに展開）

隊の大半をイラクに送りこむさいに問題が生じ、地上部隊がそろうのは数日遅れてしまった。しかしトマホーク巡航ミサイルの攻撃が、準備射撃として深夜に予定されていて、ほかの地域では作戦の進行速度が非常に速かったため、この攻撃を遅らせることはできなかった。最初の数時間で計64発のトマホークがアンサール・アル・イスラムのキャンプと周辺の拠点を攻撃し、グリーンベレーが、ターゲットへの爆撃損害評価（BDA）のための監視を続けた。

アンサール・アル・イスラムはスンニ派のテロリスト組織であり、アブ・ムサブ・アル・ザルカウィは元メンバーだとされる。この人物はヨルダン人の麻薬密売人だったが国際テロリストに転身し、のちにみずから、イラクのアルカイダ（AQI）の領袖を名のった。監視により、約700名のアンサール・アル・イスラムのメンバーが、小規模なクルド系分派のグループとともに国境沿いの渓谷に居住していることが判明していた。アンサール・アル・イスラムは多数の防御陣地を用意して対空機関銃を配備したり、ある施設で作業をしたりしていたが、アメリカの情報機関は、それが、将来のテロ攻撃で使用するための生物あるいは化学兵器を開発、保管する施設ではないかとにらんでいた。

「ヴァイキング・ハンマー」の地上攻撃部隊はようやく3月28日に出発し、6方面に分かれて渓谷へと前進した。各方面は第3大隊の数個ODAと1000名を上まわるクルディスタンのペシュメルガ戦士という構成だった。中心部隊はサルガトをめざして出発した。化学・生物兵器工場が疑われる場所だ。だがまもなく、周囲の丘陵地からDShK12.7ミリ重機関銃の攻撃を受け、部隊は身動きがとれなくなった。2機の海軍F/A-18戦闘攻撃機が近接航空支援（CAS）の緊急要請に応じ、2発の500ポンドJDAMをアンサール・アル・イスラムの機関銃陣地に投下した。F/A-18はその後おまけに20ミリ砲で陣地を掃射し、燃料が少なくなったため渓谷をあとにした。

ところが部隊は、待ちかまえていたDShKとPKM機関銃陣地からの銃撃により、再度足止めされてしまう。しかし特殊部隊ODA081が、トヨタ・タコマの後部から40ミリMk19オートマティック・グレネードランチャーを撃って敵の機関銃陣地を制圧したため、ペシュメルガがアンサールの防御部隊に襲いかかりこれを一掃した。ペシュメルガはおもしろい名をもつガルプ［がぶ飲みの意］の町を占領し、当初の目的であるサルガトの村へと前進した。

サルガトは要塞化されて厳重な防御

第3章 「イラクの自由」作戦

第160特殊作戦航空連隊のナイトストーカーズが操縦するMH-60Lブラックホーク。ドアを開けそこに腰をおろすオペレーターが見える。テープで張りつけたフライトナンバーは、今日も続く伝統だ。（アメリカ特殊作戦軍提供）

を敷き、DShKや迫撃砲の射撃陣地にくわえ、数基のBM-21グラード・ロケットシステムが支援射撃を行なう態勢だった。至近距離にペシュメルガが展開していたために空爆の要請ができず、コスモとよばれる特殊部隊の軍曹が、車両から降ろした50口径M2重機関銃で塹壕のテロリストを抑えこんだ。これによってペシュメルガも自軍の82ミリ迫撃砲とグラード・ミサイルをもち出して、アンサール・アル・イスラムの戦士を撤退させることに成功した。

タスクフォース・ヴァイキングは前進してダラマール峡谷を占領した。峡谷を囲む岩壁には洞窟群がある。ペシュメルガはここでも小火器とRPGで攻撃されたが、ODAとともに50口径重機関銃や40ミリグレネードで激しく応戦した。しかし、峡谷の防御部隊を排除する航空支援なしには、それ以上の前進はむりだった。車から降ろした50口径で撤退を援護しつつ、ODA付きの戦闘統制官は、海軍F/A-18戦闘攻撃機を無線誘導した。そして6発の500ポンドJDAMが、敵の抵抗を断

ちきった。

夜間には4機のAC-130ガンシップが、イラン国境へと撤収するアンサール・アル・イスラムのテロリストたちに制圧射撃を続けた。翌日、優位に立ったタスクフォース・ヴァイキングが渓谷へと押し入り、孤立した少数のアンサール・アル・イスラム残党を包囲し殺害した。「ヴァイキング・ハンマー」作戦の主要目標を達成したため、第3大隊とペシュメルガ部隊はグリーンラインに戻り、キルクークとモスルへの進軍を支援した。

スペシャリストによる要配慮個所探索（SSE）チームが、サルガトでの発見物の報告書作成のために派遣された。チームは、リチンをはじめとする数種の化学物質の痕跡や、備蓄したNBC（核・生物・化学兵器）防御服やアトロピンの注射器（化学兵器にふれたさいに出る症状を消すために使用する）、化学兵器およびIED（即席爆発装置）製作のアラビア語マニュアルなどを回収した。当初の予想に反して、イラクにおいては、実際に大量破壊兵器（WMD）を開発中の施設は、このサルガトのみという結果になるのである。

サルガトで遺体を調べた結果、アンサール・アル・イスラムの多くは、多数の国々から来た外国人戦士だということが判明した。敵の死者は300名を超えると推測されたが、ペシュメルガ戦士の死亡は22件にとどまった。戦闘は非常に激しかったが、特殊部隊には死傷者は出なかった。

モスル

タスクフォース・ヴァイキングはグループ編成を整えなおしてからアイン・シフニの町の確保作戦を発動した。ここはモスルへの幹線道路をまたぐ戦略的要衝であり、アイン・シフニが陥落すれば、海岸線が一掃されてモスルへと前進できる。西部のODAに続き第10および第3特殊部隊グループのODAが、アイン・シフニ内外のイラク軍守備隊への空爆を要請すると、イラクの徴集兵の多くが撤退するか持ち場をすてた。4月5日には、町には、ほぼ無傷のイラク軍中隊はわずか2個しか残っていなかった。翌日、051、055、056という3個ODAが最終攻撃を開始した。

ODA051は約300名のペシュメルガ戦士とともに、実際の攻撃を主導した。ODA055と056は、ペシュメルガの重兵器チームとともに、射撃支援グループとして行動する。ODA051が村に向けて慎重に前進していると、敵からの激しい銃撃がはじまった。残っていたイラク軍の2個防御中隊は大隊規模にちかく、82ミリ迫撃砲、対空砲、さらには重砲までそなえる重装備であ

第3章 「イラクの自由」作戦

接近するイラク軍戦車と装甲兵員輸送車にジャヴェリン・ミサイルを発射するアメリカ陸軍の特殊部隊オペレーター。デベッカ峠、2003年4月。(アメリカ特殊作戦軍提供)

ると判明した。さらに標準的なイラク徴集兵よりもはるかに戦意は高く、アメリカ部隊とクルド兵に対し、陣地をゆずらなかった。

およそ4時間におよぶF/A-18戦闘攻撃機の空爆にくわえ、ODA055、056が断続的な重兵器射撃を行なって、攻撃部隊はついにアイン・シフニに入った。その後まもなく、イラクの歩兵部隊が数基の迫撃砲に支援を受けて町を奪回しようと反撃したが、051とクルド兵に撃退された。同日、アイン・シフニの南東で、別の戦闘が起きつつあった。グリーンベレーの歴史に名を残すことになる、デベッカ峠の戦闘だった。

デベッカ峠の戦闘

デベッカ峠からは、キルクークとモスルに通じる幹線道路が伸びていた。この交差路を確保すれば、イラク軍が国北部を補強する能力を効果的にとりのぞくことになる。この戦略的交差路を見晴らすのがズルカ・ジラウ・ダーフ・リッジであり、この尾根には交差路を守るイラク部隊が陣取っていた。

尾根に展開するイラク軍防御部隊にB-52が空爆をかけるのとタイミングをあわせ、アメリカ軍のコードネーム「ノーザン・サファリ」作戦ははじまった。空爆がはじまると、特殊部隊ODA044が、150名のペシュメルガ戦士とともに目標地点ロックめざして前進した。このT字路からは、交差路とデベッカの町へと行ける。ODAを支援するのは第3特殊部隊グループのODA、391と392であり、地上機動車両(GMV)による支援射撃を行なった。すぐ北では、約500名のペシュメルガ戦士の2個グループが稜線沿いに前進した。さらにその北では、ODA394と395が支援射撃を行ない、ODA043と150名のクルド兵が目標地点ストーンを攻撃した。ここは丘陵地の頂上で、地の利があるためイラクの部隊が占めていた。

ペシュメルガの中央隊列が最初に目

標に到達すると、敵の抵抗は形ばかりで、尾根の受けもち区域の確保に成功した。一方で、目標地点ストーンのイラク防御部隊の抵抗を抑えるために予定されていた空爆がうまくいかなかったため（JDAMが4発しか投下されず、ターゲットに命中したのはわずか1発だった）、ODA394と395はこの制圧にかかった。だが2個ODAは、イラクのDShK重機関銃と120ミリ迫撃砲の攻撃を受けてしまう。お粗末な空爆のせいで、ODA043のペシュメルガ戦士たちは、最初はなかなか前進しようとはしなかった。

グリーンベレーはようやく再度の近接航空支援を要請した。そしてこの近接航空支援のおかげで、射撃支援を行なっていたODAが敵迫撃砲の射程から後退することができ、その後どうにか目標地点ストーンの敵防護部隊の大半を制圧した。ところで、ODA394と395は50口径と40ミリの銃弾がつきかけていたので、手早く再補給をすませ、急行して戦闘に戻ろうとした。しかし、ODA043がペシュメルガを再度前進させ目標に向かっているかんじんなときには、この2個ODAはいるべき場所にはいなかった。幸い、ペシュメルガは迅速にイラク軍防御部隊の残党を追い、丘陵の目標地を奪った。

南では、ODA044、391、392が、イラク軍が目標地点ロックに通じる道路に造っていた盛り土の障壁にぶつかった路面には地雷がまかれている。ペシュメルガが地雷を除去しようとする一方で、ODAは障害を迂回し、道路を使わず進軍した。チームが尾根に到達すると、陣地や遮蔽壕に陣取るイラク歩兵と交戦したものの、イラク兵たちはGMVの火力にすぐに屈した。捕虜のひとりであるイラク軍大佐の証言によると、歩兵を支援していたイラク陸軍の1個装甲部隊が、南へと撤退したということだった。

特殊部隊のチームは、急きょ撤退が必要となった場合にそなえ、戻って背後に残してきた道路上の障壁を爆破した。そして、そこからは隠れて見えない南側の道を見下ろせる尾根（のちにプレスヒルとよばれるようになる）にのぼった。その後ODAはデベッカ峠へと移動する。峠の端では、ODA392がイラクの軽迫撃砲数個チームを追ったものの、ZSU-57-2（57ミリ砲を2門そなえた自走式の対空砲）で長距離から攻撃されてしまう。一方ODA391は、ジャヴェリン対戦車誘導ミサイルと50口径重機関銃で、デベッカの町からやってきた数台のトラックと武装トラックを破壊した。

何台ものMTLB装甲兵員輸送車がもやのなかから現れたのは、その直後のことだった。車両は慎重に交差路へと進んできた。背後には発煙装置を使

第3章 「イラクの自由」作戦

第3特殊部隊グループの地上機動車両（GMV）。イラク北部のデベッカ峠付近。このGMVは50口径M2重機関銃と、スイング式マウント搭載の7.62ミリM240中機関銃を装備している。この車両はさらにジャヴェリン・ランチャーと数基のAT-4（M136）対戦車ロケットも携行している。（アメリカ特殊作戦軍提供）

って煙幕を張っている。MTLBはイラク軍大佐の証言にあった装甲部隊のものだった。グリーンベレーは50口径機関銃とMk19グレネードランチャーで老朽化したソ連製の兵員輸送車を攻撃し、これを制圧して前進をくいとめようとした。

だがアメリカ軍のオペレーターには、空爆を要請し、さらにジャヴェリン（携帯式対戦車誘導ミサイル）の発射指揮装置（CLU）を温める時間が必要だった。そのとき、MTLBの背後から4両のイラクT-55主力戦車（古い設計だが、威力は、とくに軽装備の歩兵に対しては非常に大きい）が姿を現した。煙幕を巧妙に使って戦車の接近を隠していたのだ。イラクの装甲部隊には、抜かりのない人物がいるということだ。

T-55戦車は100ミリ砲を特殊部隊の陣地に撃ちこみはじめた。CLUは温まるのに時間がかかったため、ジャヴェリンで攻撃するという案をすて、ODAはGMVに飛び乗って交差路から約900メートル離れた尾根まで後退した。ODAのメンバーにとって、その場所は「アラモ」だった。SOF用語で、補強部隊を待つあいだ、死力をつくして守るべき場所を意味する。オペレーターは空爆要請を続けたが、そこに到着するには30分かかるという。そのときジャヴェリンのチームがようやく射撃準備を整え、MTLBに向けて攻撃を開始した。

ジャヴェリンの各ランチャーには数本ずつのミサイルしか携行していなか

デベッカ峠の戦闘
2003年4月6日

▼できごと

1　前進する特殊部隊のGMVがイラクの迫撃砲チームを追跡・捕獲中に、ZSU-57-2対空車両により長距離からの攻撃を受ける。グリーンベレーは57ミリ弾が降りそそぐなか、引き返す。交差路で、イラクの1個装甲歩兵中隊がMTLB装甲兵員輸送車で前進。MTLBは煙幕を張ってトラックによるイラク歩兵の輸送を隠したが、そこにはもっとたちの悪い、T-55主力戦車の部隊までひそんでいた。

2　GMVはイラクが築いた対戦車障壁まで撤退、MTLBを機関銃とグレネードランチャーで攻撃。

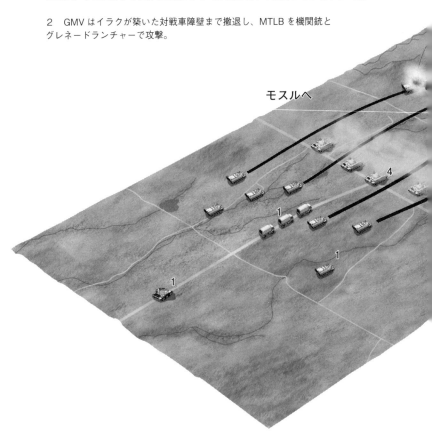

第3章 「イラクの自由」作戦

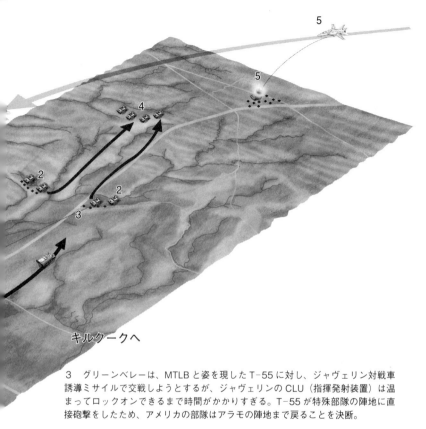

キルクークへ

3　グリーンベレーは、MTLBと姿を現したT-55に対し、ジャヴェリン対戦車誘導ミサイルで交戦しようとするが、ジャヴェリンのCLU（指揮発射装置）は温まってロックオンできるまで時間がかかりすぎる。T-55が特殊部隊の陣地に直接砲撃をしたため、アメリカの部隊はアラモの陣地まで戻ることを決断。

4　アラモの尾根で、グリーンベレーのCLUが温まるだけの時間を稼ぎ、イラク車両と交戦を開始。ジャヴェリンには、イラクの装甲をあっさりと破壊するだけの攻撃能力がある。ジャヴェリンの射手がイラクの攻撃をくいとめ、チーム付きの戦闘統制官が、とどめに緊急近接支援を要請。

5　2機の海軍F-14トムキャットによる近接航空支援が戦場上空にようやく到着。しかしこれによって、1機のF-14が2000ポンド爆弾で特殊部隊の陣地であるプレスヒルを誤爆するという悲劇が起こる。この事故では大勢のペシュメルガ戦士が命を落とし、また、その場に居あわせたグリーンベレーとジャーナリストたちも多数負傷した。

6　最終的に、F-14が正しい標的に爆弾を投下し、イラクの攻撃を撃破する支援を行なった。グリーンベレーはアラモからプレスヒルへと戻り、負傷者の手助けを行なう。

ったため、ミサイルはまもなくつきかけたが、突然のミサイルの襲撃にイラク軍の勢いはそがれ、敵の攻撃は一時的に止んだ。このためグリーンベレーは、海軍の攻撃機の到着を待つのにのどから手がでるほどほしかった時間を稼げたのだ。だがT-55戦車もふたたび見事な戦術的スキルを見せ、盛り土をうまく防壁に利用して交差路に慎重に接近し、ジャヴェリンから「ロックオン」されるのを効果的にかわしていた。

TIC（交戦中の部隊）による最初の要請から約35分後、ようやく2機の海軍F-14トムキャットが到着した。主要ターゲットであるT-55に対する爆撃を無線誘導すると、思いもよらないことが起こった。1発目の2000ポンド爆弾は友軍のなかに落ちたのだ。そこには、目標地点ロックの背後に位置するグリーンベレーの前線基地（AOB）もあった。トムキャットのパイロットは混乱し、ODAに激しい攻撃をくわえている4両のT-55ではなく、T-55に似た、古くてさびついた残骸をターゲットにしていた。爆弾は18人ほどのペシュメルガの命を奪い、ペシュメルガに同行していたAOBのオペレーターとBBCのカメラクルーなど45名が負傷した。BBCのベテランジャーナリスト、ジョン・シンプソンもそのひとりだった。ODA391の半分のメンバーがすぐにその場に車でかけつけ、負傷者の手あてをはじめた。

残る特殊部隊の隊員たちは、アラモからプレスヒルへとしりぞかざるをえなかった。イラクの砲が部隊を包囲しはじめたのだ。ODAのオペレーターのひとりが、どうにか自分のジャヴェリンで、遮蔽をのりこえて向かってこようとしていたT-55を1両破壊したそこでようやく2機の海軍F/A-18ホーネットが上空に到着し、残る戦車を数発の爆弾で追いやった。戦闘が終わってふりかえってみれば、陸軍グリーンベレーの26名は敵の攻撃をくいめることをやってのけた。敵は装甲兵員輸送車に乗ったイラク歩兵の機械化中隊だ。訓練を積んだ部隊と戦車がこれを支援し、砲の援護まで受けていたのだ。皮肉にも、戦闘翌日、1/63機甲タスクフォースがクルディスタンの首都アルビールに到着した。M1A1エイブラムス主力戦車と、M2A2ブラッドレー歩兵戦闘車両（IFV）の中隊をともなっていたのだが、これはデベッカ交差路のODAを支援するには理想的な陣容だったはずだ。

イラク北部の陥落

4月9日、ペシュメルガと前進作戦基地（FOB）103の9個ODAは、激戦ののちキルクークに通じる道を見下

第3章 「イラクの自由」作戦

第3特殊部隊グループのオペレーターとGMV。イラク北部の交差路を制圧した。(ジェレミー・T・ロック2等軍曹撮影、アメリカ国防総省提供)

ろす尾根を確保すると、キルクークを包囲した。これ以前に付近のトゥーズの町を制圧したことがイラク陸軍の戦意を大きくくじき、キルクークに残っているのはサダム挺身隊（「サダムに身をささげる者」。バース党の民兵組織で、独裁者に忠誠を誓い、民間人の服装や、ダースベイダーもどきの黒いヘルメットに黒ずくめの制服を着て、武器を搭載した戦闘車両に乗っている）のみだった。翌日キルクークに最初に入ったODA部隊は、ノルマンディのような歓迎を住民から受けた。1週間後、第173空挺旅団の正規部隊がキルクークの管理を引き受け、この町は多国籍軍がしっかりと手中におさめ、サダム挺身隊の残党は多数の小競りあいのあと、逃亡した。

グリーンベレーのチームがはじめてキルクークに入った翌日、FOB102の先行チームがモスルに入った。第2大隊の指揮官をはじめとするこのチーム

はわずか30名のオペレーターからなっていたが、イラクが放棄した戦線を、抵抗も受けずに車を走らせた。目標はすでに確保されていた。モスルを防御するイラク軍の3個師団に対する激しい空爆が数日続き、このチームはそれを追うように前進してきた。4月13日には、第3特殊部隊グループの第3大隊、第10山岳師団の1個大隊、および第26海兵隊遠征部隊（数日前にアルビールに入っていた）が到着した。これら部隊は、モスルに入って、第10特殊部隊グループのチームとその忠実なペシュメルガの同盟部隊を任務から解放するよう命を受けていた。

「スプリント」

一方イラク西部では、第5特殊部隊グループ第1大隊のブラヴォーとチャーリー中隊が、Hアワー（攻撃開始時刻）にクウェート国境を越えた。ODA531はブリーチング・チャージを使用し、砂を盛った防御壁を破壊して道を開いた。チャーリーの7個ODAは35台の車両に分乗し、イラク西部砂漠の南東にあるオペレーション・ボックス（作戦エリア）に向かった。そこにはヌカイブ、ハッバリヤ、ムーディアシスの町がある。ODA534は分かれてヌカイブ周辺地域に向かい、スカッドBミサイルの移動式発射台の捜索を行なった。

ブラヴォー中隊は中央部西のルトバと、その町の西部にあるイラクの空軍基地（コードネームはH-3）に向かった。同行するのは6個ODAと1個ブラヴォー作戦分遣隊の支援チームで「マザーシップ」ウォー・ピッグで前進した。ODA523と524は、スカッドBミサイルの備蓄が疑われる施設を捜索し、ODA521と525は放棄された飛行場数か所を検分する任務を担った。しかしスカッド発射台の形跡はなく、ODA525は特殊偵察チームを展開してルトバの町の生活監視を行なう任務をふられた。ふたり組の偵察チームが町を見渡す丘の上に送られ、それからまもなくイラク陸軍の無線方向探知施設を発見し、付近にいた2機のF-16Cファイティング・ファルコンにこの施設の爆破を要請した。

ODA525は、ふたり組のチームとは別の偵察チームも送り出していた。ルトバへと通じる2本の幹線道路を調べるのだ。だがこのチームはまもなく危険にさらされた。ベドウィンの遊牧民が、イラク陸軍のルトバ駐屯隊に、このチームの存在と場所を知らせたからだ（もっと北に展開していたSBSの隊員たちも、同じころに同じような境遇におちいっており、本章でこのあと詳細を述べる）。さっそくイラク軍のピックアップトラックが、4台の武装トラックを先導して秘密の隠れ家を

第3章 「イラクの自由」作戦

GMVと軍用全地形対応車（ATV）の一団。2003年4月、敵による攻撃の兆候に対し、イラク西部への潜入にそなえるタスクフォース・ダガー。（アメリカ特殊作戦軍提供）

探しにやってきた。武装トラックにはそれぞれDShK重機関銃を搭載し、駐屯隊の黒いヘルメットをかぶったサダム挺身隊隊員が乗っているのが見てとれた。

偵察チームは地上機動車両（GMV）に乗りこみそこを出ると、モバイル・パソコンのパナソニック製タフブックを開いた。そしてマッピング・ソフトウェアのファルコン・ビューを使い、手早く周囲の地形を調べると、急きょ追跡者の待ち伏せを計画した。サダム挺身隊が射程内に入ると、チームは車体を隠して砲塔だけを出したGMVから、50口径機関銃と40ミリグレネードで攻撃した。重兵器による攻撃に、挺身隊はあっさりと撤退した。

だが、今度は丘の上に向かったふたり組の偵察チームが攻撃を受け制圧されるかもしれない。ODA525のGMVはこのチームに連絡をとり、安全な場所に向かわせようとした。だがそうするまもなく、イラク軍の車両が何台も、猛スピードでルトバから走ってくる。

GMVのチームは町の南西部に準備しておいた防御陣地に引き上げ、身をひそめて敵をやりすごしたが、イラクの武装車両は丘の上にいる偵察チームのほうに向かった。

危険を察知したODAのリーダーはすぐに、緊急時を意味する略号「スプリント」を、緊急周波数「ガード・チャンネル」で発した。こうすれば、付近のすべての多国籍軍の航空機に聞こえる（くどいようだが、ティクリート付近にも危険にさらされたSBS中隊がいた）。「スプリント」は、友軍の地上展開チームが敵に制圧される危険が迫っているときにのみ使用し、簡単に使えるものではない。上空高く飛んでいるAWACS（早期警戒管制システム）搭載機がすぐに応答し、近接航空支援の緊急要請がなされた。

攻撃機の到着を待つあいだ、偵察チームはサプレッサー付きMk12スナイパーライフルで、丘のふもとの挺身隊隊員に攻撃をはじめた。指令を発しているように見える隊員がいれば、まっ

アメリカ陸軍第5特殊部隊グループのGMV。イラク西部。50口径機関銃をかまえる銃手がかぶっているのは、軍のバイク用ヘルメットである点がめずらしい。またスイングアーム付きM240にエイムポント社のサイトが搭載されている。(CROSSSUD提供)

さきに狙う。一方、ODA525のリーダーは、兄弟チームのODA521とどうにか連絡がつき、ルトバの東にある疑わしい場所の検分を担当していたこのチームは、ODA525の応援に急行した。「スプリント」のコールを発信してからわずか数分後、F-16Cファイティング・ファルコンの第一陣が無線誘導され、丘をのぼってくる敵車両を攻撃しようと「どっとおしよせた」。

エマージェンシー・コール「スプリント」への対応のすばらしさには目をみはるものがあった。ODA525付きのETAC（末端攻撃統制官）は直接

アメリカ陸軍第5特殊部隊グループのGMVのアップ写真。ペイントされたM240機関銃、オレンジ色のVS-17敵味方識別パネル、特注のカムフラージュ・ネットが目を引く。(CROSSSUD提供)

AWACS機に連絡し、戦闘地域上空に飛来した攻撃機を旋回待機させると、それからふたり組の偵察チームが要請したターゲットに対する攻撃を航空機に割りふった。偵察チームのひとりが、通信状態が良好なMBITR（マルチバンド・インターチーム無線機）でパイロットに指示し、もうひとりはMk12で射撃を続け、挺身隊を狙い撃ちする。ある時点で4組もの攻撃機が上空を旋回して任務を待ち、空中給油が必要なほどだった。

偵察チームを包囲する挺身隊に4時間におよぶ断続的な空爆を行なったのち、ODA525および521の8台のGMVは、危険におちいった偵察チームをようやく回収した。B1-B戦略爆撃機までもが、チームの車両がルトバの南、ワジ（枯れ川）の川床にあるODB520の中間準備地域に戻るまで、護衛についてくれたのである。爆撃損害評価では、ひかえめに見ても、挺身隊に100人以上の死者が出ていた。ところで別のODAのオペレーターたちもまた、手いっぱいの状況になっていた。ODA525の側面攻撃を試みた別の挺身隊の車列が、近くにいたODA524とはちあわせしたのだ。

3時間の戦闘ののち、敵の4台の武装トラックが破壊され、グリーンベレーは、中隊規模とみられる敵歩兵部隊による地上攻撃を跳ね返した。ODA525のETACは、孤立した偵察チームめざして丘をのぼる挺身隊に全力を傾けながらも、攻撃機がODA524を支援するよう無線誘導した。

西では、ODA523がODA524の応援に移動をはじめていた。ところが幹線道路で2台の敵武装トラックに出くわしてしまう。しかしどちらも、地上機動車両（GVM）の攻撃で破壊した。イラク人の子どもたちを満載した民間のステーションワゴンが、激しい銃撃戦のなかをつっきってくるのが見えたときだけは、オペレーターは銃撃を中断した。さらにODA522は、この銃撃に反応した2台の挺身隊武装トラックが、幹線道路をODA523に向かってきて、急きょ車両による待ち伏せをはじめたのを確認した。ODA522にはまったく気づいていないイラク民兵に追いつくと、武装トラックをどちらも機関銃とグレネードランチャーで無力化し、黒ずくめの挺身隊隊員15人が殺害された。

H-3

敵の主要な補給ルートをつぶし、ルトバと、戦略上重要なH-3飛行場へのアクセスを断ち、その後、どちらの包囲網も狭める。それが特殊部隊ODAの戦略的意図だった。H-3はイラク軍の大隊が防御し、機動および固

図説現代の特殊部隊百科

タスクフォース64の、パトロール中のオーストラリアSASR。イラク西部。ペレンティーLRPVは重武装で、50口径および7.62ミリ機関銃と多数のM72 LAW対戦車ロケットが手近にある。兵士が頭のうしろにかけているのは、プラスティック製の「スケート用」ヘルメット。イラクとアフガニスタンでの戦闘経験から、こうした防弾性のないヘルメットは、AK-47の銃弾も止める装甲タイプのヘルメットに代わっていく。(オーストラリア国防省提供)

定対空砲が大量に配置されているとみられた。3月24日から、周囲のODAは、タスクフォース7(イギリスSAS)とタスクフォース64(オーストラリアSASR)の多国籍軍SOFに支援を受け、目標指示器SOFLAM(特殊作戦部隊用レーザーマーカー)を使って、H-3に対する24時間の断続的精密爆撃を要請した。空爆はうまくいったようだった。翌日には、爆撃が中断した短い時間に、イラク軍の2本の長い車列がH-3を出て、猛スピードで東のバグダードへと向かったからだ。

ODA521は幹線道路の一部区域を監視し、大あわてのイラク軍の車列に待ち伏せをかけようとしていた。そし

第3章 「イラクの自由」作戦

てこのグリーンベレーは、第一陣の先頭車両に向けてジャヴェリン・ミサイルを「トップアタック」モードでぶっ放し、トラック搭載のZU-23対空砲を破壊した。イラク軍の車列は、銃撃の発生位置をつかめずに列を乱したまま止まったため、ODA521は旋回中の攻撃機に、立ち往生した車列に対する爆撃を緊急要請した。ところが敵に運が味方したのか、突然砂嵐が砂漠を吹き抜け、航空支援は間をおかなければならなくなった。砂嵐にまぎれ、また信じられないくらいの幸運に助けられて、イラクの車列は砂漠にちり、八方にのがれた。H-3には敵兵士が見あたらず、翌日、ブラヴォー中隊と多国籍軍SOFのパトロール・チームが慎重に飛行場に入った。

隊員たちが見つけたのは、フランス製ローランド機動地対空ミサイル(SAM)システムや、およそ80のさまざまな対空砲や銃だった。追尾型、4連装のZSU-23-4シルカやSA-7グレイル携帯式SAMもある。それに膨大な量の銃砲弾がおかれていた。H-3はブラヴォー中隊の前線基地とされ、C-130貨物機(砂漠の滑走路に着陸可能)とMH-47Eチヌークが物資補給を行なった。ODA581の車両検問所では、H-3の指揮をとっていたイラク軍将軍を捕らえるのに成功した。将軍は民間人の服装で、タクシーの後部座席に座り逃亡をはかっていた。将軍はすぐに身柄を確保され、3月28日にはCIA SAD航空班の覆面リトルバードで移送されて、詳細な尋問が行なわれた。さらに、ODA523の特殊部隊オペレーターは、H-3の敷地にある研究所内で、化学兵器のサンプルと思われるものを発見した。

ルトバ

ブラヴォー中隊はすぐにルトバへと目を向けた。中隊についたSOT-A(アルファ支援作戦チーム)による通信傍受と、ベドウィン人とルトバの住民のなかに作った情報ネットワークにより、

砂漠の隠れ家にカムフラージュをほどこしたアメリカ陸軍第5特殊部隊グループの車両パトロール。ネットをかぶせたGMVは、無線アンテナでのみそれとわかるが、遠くからではそれも見えない。(CROSSSUD提供)

この町にはまだ約800人のサダム挺身隊が残っていることが判明した。挺身隊はまだときおり町の外をパトロールしていたものの、その大半は包囲したグリーンベレーのチームに攻撃を受け、捕虜となった。

ODAが、ルトバ郊外におかれた挺身隊の対空砲陣地に対して精密爆撃を誘導し、包囲網は狭まった。挺身隊の民兵集結地に向けた空爆では、これもトップアタック・モードでジャヴェリンが撃ちこまれた。この攻撃でイラク部隊は、砲を装備した、実際よりも大規模な部隊が町を包囲しているのではないかと思ってしまった。4月8日、ブラヴォー中隊の全9個ODAがルトバへと通じる主要道路を押さえ、最終空爆がはじまった。固定翼攻撃機とアパッチ攻撃ヘリコプターは、ほぼ終日攻撃を行なった。攻撃は、住民代表がアメリカの阻止陣地に近づいてきて、爆撃を止めるよう嘆願するまで続いた。グリーンベレーは住民と交渉し、翌日の0600時ちょうどにブラヴォー中隊が町に入った。

1機のB-52と2機のF-16Cファイティング・ファルコンがにらみをきかせて上空を旋回するなか、地上機動車両（GMV）が町に入ったときには、1発の銃弾も発射されなかった。この3機は、町の上空で「力の誇示」任務をくりかえし行なった（「力の誇示」とは、敵陣地の上空低く攻撃機がフルスピードで飛んで轟音を響かせ、敵の戦意を喪失させようとするもの）。驚くことに、サダム挺身隊の大半は町から逃げてはいなかった。プロの兵士と戦うよりも、民間人を痛めつけることのほうがずっと多いような輩ばかりで、残った挺身隊の兵士も、住民のなかにまぎれこもうともくろんでいたのだ。

ブラヴォー作戦分遣隊のチームはすぐに民生モードに移り、地元住民の指導者と協力して、ルトバの新市長を選出させた。特殊部隊のオペレーターは、旧バース党員に、古巣を倒すという書

陸軍第5特殊部隊グループの地上機動車両の詳細なショット。イラク西部。グリーンベレーの隊員がかぶっているのは一般的なMICHヘルメットではなく、ジェンテックス軍事バイク用ヘルメット。車両はカムフラージュ用ネットを装備しており、これをさっと車体にかけて車両の形をわかりづらくすることができる。（CROSSSUD提供）

第3章 「イラクの自由」作戦

2台の物資輸送車両、M1078 LMTV「ウォー・ピッグ」の横に立つグリーンベレーのチーム。イラク西部の砂漠にある制圧した飛行場にて。ZU-23-1対空砲、PKM機関銃およびイラク国旗はすべて、この飛行場の前の所有者から奪ったもの。(CROSSSUD提供)

類に署名する条件で、地元政府での地位保全を認めた(イラク全土で元反乱軍の活動を阻止、あるいはすくなくとも鈍らせる戦術)。これは賢明な措置だった。

ODAは地元の貿易商に衛星電話を貸出し、国境を越えてヨルダンに商品を注文できるようにした。すると数日で市場は活気をとりもどした。また電力網の60パーセントも数日で復旧し、給水施設は修理され、サダム・フセイン政権下にあったころよりも、生活環境は実際にかなり改善された。これは、対反乱作戦において経験豊富な部隊が行なった効果的な「民心獲得」工作であり、イラクのほかの地域でも参考にすべきものだった。

ブラヴォー中隊はこの地域で作戦を続け、ルトバをその基地として使った。ODA521と525はシリアから入ってくる外国人戦士を乗せたバスを数台止めた。これはよからぬことが起こるという兆候だ。オペレーターは外国人戦士の武器を奪い、パスポートの詳細を記録して、シリア国境に向けて送り返した。戻れば殺すという警告つきだった。5月初旬、第3装甲騎兵連隊の正規機械化部隊が到着し、ODAチームはようやくこの地でひと息ついた。

カルバラ

第5特殊部隊グループが遂行したもうひとつの重要な任務が、ODA551の潜入だ。カルバラ地峡に綿密な監視を行なう戦略的特殊偵察任務だった。この任務はグリーンベレーの部隊史上、最長期間におよび、歴史に残るものとなった。また、正規部隊(この場合は第3歩兵師団)がカルバラ地峡を通ってバグダードへと向かわなければならないため、戦略上、重要性が非常に高いものでもあった。地峡は、幅8キロ、ラザザ湖とカルバラのあいだに位置し、待ち伏せには絶好の場所だ。情報から判断すれば、サダム・フセインの部隊

による化学あるいは生物兵器の攻撃があってもおかしくはなかった。

3月19日の夜、ODA551は3機のMH-47Eヘリコプターで地峡に潜入し、2機のMH-60L DAPがそれに同行した。ヘリコプターは「衝撃と畏怖」作戦を続行するためにも、3000フィートより下を飛ばざるをえなかった。ところがニュース専門放送局CNNが、その前夜に、うかつにもこの作戦にかかわる内容をとりあげていた。アメリカ軍の退役将軍が、ほんとうはもっと口をつつしむべきだったのだが、世界の視聴者に向けて、地峡の戦略的重要性とSOFの偵察チームを送りこむ必要がある点を指摘したのだ。

予定した隠れ家からおよそ100キロの地点に着陸すると、チームは地上機動車(GMV)に乗りこんだままMH-47Eの後部ハッチから降りて、夜の闇に入っていった。おそらくは使われなくなった石切り場である選定地点に到着すると、オペレーターはGMVをカムフラージュし、監視所に入って監視をはじめた。そしてその直後には、付近の幹線道路を行き来するイラクの軍用車に対する空爆の要請を開始した。

オペレーターは、情報とは違い、その地域自体には大規模なイラクの装甲部隊がおらず、小規模なイラク陸軍駐屯隊と、地元のサダム挺身隊だけであることに驚いた。チームは当初、化学兵器が存在するという情報が正しい場合にそなえ、化学物質を「浴び」ないようにMOPP(任務志向防護態勢)スーツ(化学兵器用の防護服)まで身に着けていたが、その地域を民間人が自由に行き来しているのを見ると、それも脱いだ。サダム挺身隊は定期的にパトロールを行ない、チームの監視所から400メートルほどまで来ることもあったが、監視所が敵に気づかれることもなかった。

この任務中には、パトリオットSAM(地対空ミサイル)が誤って海軍F/A-18戦闘攻撃機を撃墜し、オペレーターには、FRAGO(分隊別命令)任務もまわってきた。可能であれば、ODAが撃墜されたパイロットの捜索を行なうのだ。3月26日には、第3歩兵師団(砂嵐のせいで遅れていた)に先行して地峡を探索したアパッチ攻撃ヘリコプターも、カルバラにいるイラク軍の大規模な対空防衛部隊に破壊された。

このアパッチの1機は対空射撃に撃墜されたが、イラクの農民が、これを旧式のボルトアクション式ライフルで撃ったと言った件は有名だ。ヘリコプターはカルバラの反対側に墜落し、不幸にも、ODAが手助けするにはあまりにも離れていた。第3歩兵師団の偵察要員の第一陣が数日後に到着しはじめ、ODA551は結局、3月30日に車

で隠れ家を出た（この時点では対空攻撃を受ける危険が高いと考えられていたので、ヘリコプターでは回収しなかった）。

ODA551はのちに捕虜になったイラク人の話から、地峡の重要性にふれたCNNリポートを見て、敵がそれをもとに行動していたことを知った。じつのところ、サダム挺身隊は活発にODAを探しまわっていたのだ。もうひとつ、イラクの部隊が石切り場に入ってこなかった理由にも驚かされた。そこは以前にはイラク軍の砲の試射場で、不発弾がゴロゴロしていたのだった。

バスラとナジャフ

南部では、第5特殊部隊グループの第2大隊が、ふたつの重要な役割を担っていた。チャーリー中隊は、南部の都市バスラ周辺の海兵隊とイギリスの戦闘グループを支援し、ブラヴォー中隊は第101空挺師団のためにナジャフ周辺で偵察を行ない、ターゲットを確認するのだ。ODA554は3月21日に国境を越え、アメリカ海兵隊の先行部隊とともに車でイラクへと入った。特殊部隊のオペレーターは、このあとイギリスの後続部隊が制圧することになる、ルマイラ油田の確保作戦を支援する予定だった。半個チームが、4人の

イラク人石油技師をひろうためバスラ郊外に車を走らせた。4人は以前にCIAに雇われ、油田が破壊されないよう守るのを手助けしていた。

ODA554の半個チームは技師との接触に成功して4人を海兵隊に渡し、うろついていたサダム挺身隊の一団と数度の銃撃戦をかわしたあと、もう半分のチームと再合流した。チームの新たな任務は、CIAが勧誘したシェイク（族長）とともに正体を隠して潜入し、イギリスの部隊がバスラ周辺のターゲットを確認するのを手助けすることだった。ところがチームはバスラで、挺身隊から驚くほど激しい抵抗にあった。

だがODAはその後すぐにシェイクの協力で情報者のネットワークを構築し、携帯式小型UAV（エアロバイロンメント・ポインター、AVPといわれる）を使い偵察任務にかかった。ODA554は最終的に、イギリス部隊を助けて、約170人のサダム挺身隊としぶといバース党員、それにバスラ内外のターゲットである指導者たちを捕縛した。チームはこのあとイギリスSASのG中隊に代わられた。ODA554が、この地域のイギリス正規部隊といくらか緊張状態にあったからだ（ODAのグリーンベレーが、イギリスの正規部隊に対して、自分たちの提供する情報に従わず、ターゲットが目の前にいても十分な対応をしないという

アメリカ陸軍グリーンベレーの地上機動車（GMV）。2003年3月、イラクのナジャフ付近。敵の精査中だ。このアングルからは、GMV後部のスイング式マウントにおいたM240機関銃がよく見える。（アメリカ特殊作戦軍提供）

不満をもったといわれている）。

ODA544はMC-130でワジ・アルキール飛行場に入り、ナジャフまで80キロ車を走らせた。ナジャフに到着すると、臨時VCP（車両検問所）の設置にかかり、地元の情報収集をはじめた。あとで判明したのだが、ナジャフに入った特殊部隊のチームは、これがはじめてではなかった。ODA572が座標の誤表示によって偶然この町に入っていた。しかしODA572は敵の迫撃砲攻撃を受けてすぐに撤退していた。一方、第3歩兵師団はカルバラに向かう途中でナジャフを迂回していたので、ODA544は、後続部隊のデイヴィッド・ペトレアス将軍率いる第101空挺師団と連携した。この師団がナジャフに入ったのは3月30日のことだった。

第101空挺師団はナジャフを制圧し、町にちった挺身隊とバース党の抵抗を排除するため、1個旅団をここに残した。ODA544は旅団ととどまって、地元で募集、編成した治安部隊が警官として活動できるよう手助けした。さらに、文民による自治体政府が機能する

第3章 「イラクの自由」作戦

よう力を貸した。ナジャフで展開中に、ODAのグリーンベレーは、のちにイラク南部では「凶暴」と同義になる人物と出くわした。モクタダ・サドルだ。サドルはナジャフで、特殊部隊が支援していた穏健派聖職者の殺害を計画した。

一方、ODA563はディワーニーヤ周辺の海兵隊を支援して活動した。ここでも（アフガニスタンでの経験をなぞるように）地元のシェイクとその民兵と協力し、海兵航空団のAV-8BとF/A-18攻撃機に支援を受けて、グリーンベレーはクワム・アル・ハムザの町を制圧した。翌日、ODA563と地元シェイク、民兵、そして少人数のフォースリーコンのチームはディワーニーヤに通じる橋を確保した。シェイクの民兵が町に入って敵陣地をつきとめると、海兵隊の攻撃機が、巻きぞえ被害を抑えるために500ポンドJDAMで攻撃した。

正確な爆撃が効果を上げ、イラク陸軍とサダム挺身隊は町からバグダードに向けて撤退し、海兵隊員がそれを追った。グリーンベレーはすぐに復興態勢に移行した。地元に警察を立ち上げ、2週間以内で町の電力の80パーセントを復旧させ、学校と病院を再開し、銀行強盗まではばんだ。ODA563の民生活動によって、ディワーニーヤはイラク内で最速の公共サービス復旧を果たし、イラク全土が見習うべき見本となった。

武装したM1078軽中型戦術車両（LMTV）。マザーシップ（補給船）「ウォー・ピッグ」に改修され、第5特殊部隊グループのODAをイラク西部の砂漠で支援している。（CROSSSUD提供）

図説現代の特殊部隊百科

ペレンティーLRPVに乗るオーストラリアSASRのオペレーター。2003年4月、イラク西部のアサド空軍基地のゲート前。（W・グスリー軍曹撮影、オーストラリア国防省提供）

ナーシリーヤ

　ODA553がナーシリーヤにはじめて潜入しようとした際、部隊が乗ったMH-53J輸送ヘリコプターの左前方のタイヤが町西部の砂丘にぶつかり、機体が反転してしまった。戦闘捜索救難（CSAR）チームがここに降りてチームのメンバーと搭乗員を回収したが、うち数人は負傷していた。そしてヘリコプターは、乗員の回収後に爆薬をしかけて破壊された。ODAはCSARによってクウェートに戻され、そこでメンバーや荷を再編成してから、今度はナーシリーヤ市外への配置に成功し、海兵隊の前進に先立って、町に続く橋の特殊偵察任務を遂行した。

　このグリーンベレーのチームはサダム挺身隊と数回の交戦後、陸軍および海兵隊の第一陣と連携して、町に入るこれら部隊の護衛を行なった。チームは、地元のバース党員と挺身隊を確認

追跡するため、地元の情報提供者のネットワーク構築にとりかかった。第5特殊部隊グループのこのほか4個ODAは、いわゆる自由イラク軍の訓練に忙しかった。自由イラク軍はクルディスタンに運ばれ、その後、ナーシリーヤ近郊にある制圧されてまもないタリル飛行場に空から入っていた。しかし予想どおりこの軍は、各部隊の能力の差が大きく、よせ集め状態だったのだ。

タスクフォース7および64

3月18日、イギリスSASのBおよびD中隊がオーストラリアSASRの1個中隊とともに地上と空から潜入し、西部の砂漠にあるH-2とH-3空軍基地をめざした。そして機動パトロール隊は秘密の監視所を基地周辺に設置し、空爆を要請して小規模なイラク軍の抵抗をつぶした。イギリス・オーストラリア合同中隊はH-2に直行したが、イラク軍はほぼ無抵抗だった。さらにレンジャーの1個中隊とイギリス第45コマンドー部隊の海兵隊員がヨルダンからH-2に飛び、ここを確保した。この後続部隊に引き継ぐと、SASのチームはつぎの目標に移動した。バグダッドとシリア、ヨルダンをつなぐ2本の主要幹線道路の交差部だ。

別のSASRのパトロール・チームは、スカッドB TEL（移動発射台）の探索を行なっていた。3月22日には、スカッドの指揮・管制サイトと思われる場所をSASRの大規模戦闘パトロールが急襲した。不意をつかれたイラク部隊は、SASRの6輪駆動LRPV（長距離パトロール車両）からの破壊的な射撃に撤退したが、逃亡しようとしたトラック1台が故障し、2台めは逃げたものの炎上した。そしてそこは、西部の砂漠にある全イラク部隊への主要な通信中継点の施設だと判明する。この施設は、パトロール隊が無線誘導した多国籍軍の攻撃機によって破壊された。ふたつめの通信施設も急襲には成功したが、あきらかに対特殊部隊を想定した、武装車両に乗ったサダム挺身隊が直後に到着し、DShK重機関銃とRPGでSASRのパトロール部隊を攻撃してきた。

SASRのオペレーターは反撃した。双方が銃撃を続け、戦闘は膠着状態になる。するとイラク部隊が、パトロール部隊の側面にまわりこもうとした。オーストラリアのチームはこのときはじめてジャヴェリン・ミサイルを戦闘に使い、挺身隊の武装トラック1台を破壊した。イラク部隊は急きょ、SASRが急襲したばかりの通信施設に引っこんだ。イラク部隊の迫撃砲チームがそこに迫撃砲のベースプレートを設置しようとしているうえに、トラッ

オーストラリア連隊第4大隊（コマンドー）のオペレーター（現在は第2コマンドー連隊）。イラク西部で、アサド空軍基地の掃討を行なっている。（オーストラリア国防省提供）

ク満載のイラク陸軍補強部隊が到着したため、SASR付きのアメリカ軍戦闘統制官が、付近のA-10A対地攻撃機のペアに攻撃を要請し、まもなく敵は制圧された。

数日後、6名のSASRオペレーターが2台のLRPVトラックに乗って、ヨルダンとの国境付近で車両偵察を実施中、2台の武装トラックが支援するイラク陸軍の1個歩兵部隊に出くわした。SASRオペレーターは歩兵を50口径重機関銃と40ミリMk19グレネードランチャーで制圧し、その後さらにジャヴェリンで武装トラックを破壊した。およそ12名のイラク兵がこの戦闘で死亡した。3月末の時点で、半個中隊のSASR機動パトロールが、バグダードからわずか80キロの地点に到達しており、さらに接近を続けていたと思われる。

4月初旬、オーストラリアSASRのパトロール隊は、バグダードの北西200キロにあるアサド空軍基地に向かって移動していた。アサド基地の南には、コンクリート造りの生産施設があり、SASRは、ここを40人ほどのイラク陸軍の小隊が守り、数人の民間人労働者がいることを確認した。できるだけ民間人に死傷者を出したくなかったため、SASRの指揮官はその施設の出

第3章 「イラクの自由」作戦

特殊舟艇隊（SBS）

　SASの海上版と目されることの多い特殊舟艇隊も、第2次世界大戦初期に創設された。1940年に隠密の破壊工作や急襲を行なう部隊として生まれ、フォルボートという折りたたみ式カヤックで敵の港に潜入する任務を担ったSBSは、当初はフォルボート・セクションとよばれた。1941年に特殊舟艇班と改名されて、中東や地中海の戦場で活動し、その後、創設まもないSASに組みこまれた。

　1943年には、SASとイギリス海兵隊コマンドーの混成部隊からSBSの新たな部隊が生まれ、ほかのSBSがビルマで活動する一方で、新設の部隊は地中海やバルト海で展開した。イギリスの特殊部隊で唯一ヴィクトリア十字勲章を受章したのが、SBSのアンダース・ラッセン少佐だ。戦後、SBSは、仲間である SAS同様、多数の「小規模戦争」に参加し、通常は隠密行動をとった。この部隊は再度、1970年代後半に特殊舟艇中隊と改名され、フォークランド諸島では、多くは劣悪な天候のなか、重要な長距離偵察の任務について手柄を立てた。

　1987年、SBSは特殊舟艇隊と改名され、北アイルランド、湾岸戦争、バルカン半島、東ティモール、シエラレオネ、アフガニスタンで展開した。SBSは現在SASに合わせ4個中隊の編成で、これが16人の小隊に分かれる。知名度の高いアメリカ海軍SEALsのように、SBSは伝統的な海上偵察や破壊工作および急襲任務にくわえ、地上でのあらゆる特殊作戦任務を担うことも増えている。

口をすべて封鎖して、上空を旋回する海軍F-14トムキャット戦闘機に、その施設に対する「力の誇示」を要請した。このプランは効き、駐屯部隊はあっさりと降伏した。SASRは同様の戦術で空軍基地自体も確保した。支給されたばかりのSR-25スナイパーライフルを使って銃弾がイラク兵をかすめるように撃ち、敵を戦意喪失させたのだ。さらにオーストラリア空軍（RAAF）の戦闘機、F/A-18ホーネットが精密爆撃を行なって、基地の外にある戦闘陣地を破壊した。SASRは管制塔を占拠すると、駐屯隊の残党や略奪者たちと何度か短い戦闘を行なった。4月中旬には、SASRの増強にオーストラリア連隊第4大隊コマンドー（4RAR）のコマンドー中隊が到着した。コマンドー中隊は基地を掃討し、そこでSASRが捕獲した50機ほどのイラク軍ジェット機とヘリコプターを守る任務をおった。

イラクで車両パトロールを行なうイギリスの特殊部隊。正体は不明だが、おそらくSBSだろう。発煙弾発射機など、多数の標準機能がないことから、このランドローヴァーは標準的なSAS砂漠パトロール車両ではない。(撮影者不明)

SBSの待ち伏せ

　西部に展開するイギリスとオーストラリアのSAS部隊にとっては、作戦はごく順調に進行したが、北部のSBS、M中隊は危険きわまりない状況におちいっていた。この中隊は3月初旬、少人数の偵察チームを、ホンダの全地形対応車(ATV)でヨルダンからイラクへと展開させており、その第1の任務はサハラにあるイラク空軍基地の偵察だった。チームは、サダム挺身隊の対特殊部隊の部隊に攻撃され、すんでのところで避難した。これはアメリカ軍のF-15E戦闘機とイギリス空軍(RAF)の勇敢なパイロットたちのおかげだった。F-15Eはチームが避難するあいだ上空で援護し、RAFのパイロットは、チームを回収するチヌークを、挺身隊の鼻先に降ろしてくれた。SBSのオペレーターは知らなかったが、この1件は、この先に起こる事態の予兆だった。

　SBSが受けもつ、第2のより大規模な作戦では、ヨルダンから、捕獲してまもないH-2基地を経由してイラク北部へと向かった。目標は2個あった。イラク陸軍の軍団の位置をつきとめ、交戦して降伏させること。もうひとつは、後続の部隊が使用できる、即席の着陸地帯を設けることだ。ランドローヴァー・ピンキーやホンダATVなど30台以上もの車両を投入した1個中隊は、イラク西部へと飛んだ。中隊の

第3章 「イラクの自由」作戦

グループはここを出発してクルディスタン北部へと向かい、なかなかとらえることのできないイラク陸軍第5軍団の位置をつきとめようとした。ところがティクリートをすぎたある地点で、中隊は、ひとりのヤギ飼いによって危険な状態におちいってしまう。

それでもSBSは数日間車両での前進を続けていたが、サダム挺身隊の、以前とは別の対特殊部隊要員が追跡していることに気づいていなかった。モスル付近の夜間陣地で、敵の罠が作動した。中隊はまず複数のDShK重機関銃で攻撃され、それにRPGの攻撃が続いた。SBSが反撃すると、さらに大規模部隊からの射撃がはじまった。イラク版T-72戦車を配備したイラク陸軍の装甲部隊が、挺身隊に手を貸し戦闘にくわわったと思われた。中隊のパトロール部隊はちりぢりになり、イラク陸軍の歩兵を引き離そうとした。だが歩兵たちは車両から降り、パトロール隊に迫りつつある。よくできた罠だった。

パトロール部隊のピンキーが次々と、ワジのそばのぬかるんだ地面にタイヤをとられ、オペレーターは車両を降りなければならなくなった。敵に奪われないように、車両には棒地雷をおく。しかし数発がなんらかの理由で爆発せず、2台のピンキーとすくなくとも1台のATV、それに1台のダートバイクがイラク軍に捕獲され、のちに、欧米の特殊部隊との戦闘における大きな勝利の証拠だとして、イラクのテレビで紹介された。SBSは明確に3つのグループに分かれた。ひとつは、数台のピンキーに乗り、イラクの追跡部隊に追われていた。ふたつめは、ほとんどが全地形対応車（ATV）を使用するグループで、隠れ家に身をひそめて回収を手配しようとした。そして3つめは、1台のATVに乗ったわずか2名のオペレーターで、ふたりはシリア国境まで急いだ。

ピンキーに分乗した主力チームはかろうじて緊急略号の「バトルアックス」を発することができ、上空には多国籍軍の攻撃機が飛来した。問題は、その機が、地上の友軍とそれを追う多数のイラク軍車両との区別をつけられない点だった。なぜSBSが赤外線ストロボを装備していなかったのかは説明されていないが、車両には、敵味方位置情報識別システムを利用するためのブルー・フォース・トラッカーが搭載されていた。このため、2番目のグループはどうにか位置確認ができ、RAFのチヌークに回収された。ひとつめのグループがなんとか緊急合流地点に向かうと、攻撃機は追跡するイラク部隊の上を低空飛行して「力の誇示」を行なった。そしてこのグループは、RAFのチヌーク1機に回収され

ポーランドGROMの特殊作戦オペレーターの有名な写真。ウムカスルで、敵の攻撃にそなえ警備任務を行なう。(アメリカ特殊作戦軍提供)

図説現代の特殊部隊百科

侵攻直前、クウェートにおいて砂漠パトロール車両（DPV）で訓練を行なうSEALチーム1のオペレーター。（アルロ・K・エイブラハムソン　PH 1（SW）撮影、アメリカ海軍提供）

た。SBSに死傷者が出なかった点は驚くに値する。

　およそ2週間後、3番目のグループの安否があきらかになった。シリアが2名のSBSオペレーターを拘束中であると認めたのだ。ふたりはどうにか国境を越えたものの、ATVが破損し、そこを出発しようとしたときにシリア軍に捕らえられてしまった。交渉によってふたりは解放され、この残念な作戦は幕を閉じた。これはSBSの、イラクにおける最後の大規模作戦でもあった。その後、当初は任務確保に苦労

したSASのG中隊が空からこの地に入り、帰国したBおよびD中隊に代わった。

ウムカスル

　海軍タスクグループは3月20日の夜、作戦を始動させた。タンカーに原油を積みこむ2基の海上プラットフォームが最初のターゲットだ。ミナアルバカル・オイルターミナル（MABOT）はSEALチーム8と10の隊員が確保し、ホールアルアマヤ・オイルターミ

ナル（KAAOT）はポーランドの特殊作戦部隊、GROMが受けもつことになっていた。SEALsのSDV（SEAL潜水兵員輸送艇）チームは作戦の数日前に、双方のオイルターミナルに対する隠密の偵察を、Mk8小型潜水艇を使用して遂行した。

MABOTプラットフォームの確保には、31名のSEALs、2名の海軍爆発物処理（EOD）オペレーター（石油リグに爆発物が設置されている場合にそなえて）、1名の空軍戦闘統制官と数名のイラク人通訳が参加した。GROMも同様の編成で海上のKAAOTプラットフォームを攻撃した。どちらのプラットフォームも、あっというまに抵抗もなく制圧されたが、爆発物が発見されたため、GROMのオペレーターが無効化した。

ウムカスルとアルファウ半島にある、各プラットフォーム用のポンプステーションも、SEALsとイギリス海兵隊の混成部隊によって確保された。ところでこの作戦は、クウェートを発った海兵隊のCH-46シーナイトが墜落するという悲劇のために、開始が遅れていた。シーナイトには第3コマンドー旅団偵察部隊7名と第29コマンドー砲兵連隊の隊員1名が乗っていたが、不幸にも、アメリカ海兵隊員4名をふくめ搭乗者のすべてが命を落とした。

ウムカスルの目標地点は、まずAC-130スペクターが準備攻撃を行ない、またA-10A攻撃機の一団が、付近のSAM（地対空ミサイル）設備と、応戦するイラクの機械化部隊を攻撃、その後SEALsとイギリス海兵隊がここに降着した。航空機はイラクの遮蔽壕2個を掃射し、数人のイラク兵士を殺害して、SEALsが施設を確保。そしてイギリス海兵隊は防御のため警戒線を敷いた。チーム付きの戦闘統制官はA-10の1機に、接近してくるイラク陸軍の車両1台への攻撃を要請した。イギリス海兵隊とSEALsは、アルファウ半島のポンプステーションにも潜入し、歩兵を乗せたイラク陸軍のトラックと交戦してこれを破壊すると、すぐにこの施設を制圧した。イギリス海兵隊第40および42コマンドーのメンバーが補強部隊として飛来し、施設の安全確保を担った。

海軍タスクグループの作戦には、GMVと独自のデューンバギー、砂漠パトロール車両を駆るSEALsの3個小隊も参加しており、ズバイル計量基地を占拠した。一方第1海兵隊遠征軍はアルファウ半島の北にあるルマイラ油田を攻撃した。アフガニスタンでKバーを指揮したSEALsのロバート・ハワード大佐は、ベトナム戦争中のどの時期よりも、イラク侵攻中にSEALsが展開する回数は多かったと述べている。

SEALsが主導する作戦はほかにもあった。SEALチーム5およびポーランドGROMのオペレーターが行なったもので、バグダードの北東約90キロにあるマカライン・ダムの確保だ。イラク軍が最後の防御手段として、首都に洪水を起こすことをはばむためのものだった。この潜入には6機のMH-53Jペイブロウ輸送ヘリコプターが投入された。先頭のヘリはSEALsの指揮および統制要員とSEALsの狙撃手6名を運び、2機めは20名のSEALs強襲要員と2名のEODオペレーター、3機めは約35名のGROM、4機めと5機めは砂漠パトロール車両（DPV）を運び、それぞれにSEALsのメンバーが1名乗る。そして6機めは、作戦がうまくいかない場合にそなえて戦闘捜索救難（CSAR）ヘリコプターとしての任務を担った。

1機めのペイブロウが3階建ての発電所の屋上におり、狙撃手が監視陣地についた。GROMとSEALsの強襲要員はファストロープで降下し、このときポーランド軍オペレーター1名が足を折った。DPVの乗員はダムのどちらかの端に降ろされ、ひとりは6人のSEALsオペレーターに支援され、もう一方には4名のSEALsオペレーターがついた。50口径とM60E4機関銃を装備したDPVは、ダムに近づく道をカバーする阻止陣地に入った。そしてSEALsとGROMの混成部隊は、海兵隊が到着して交代するまで、5日間にわたりダムを占拠した。

SEALsとGROMは、非常にチームワークよく行動をともにした。その後のバグダード侵攻時にもそれは続き、協力して急襲および対狙撃作戦を行なった。SEALsと特殊舟艇隊のチームもウムカスル付近の水上路を確保した。また、海上機雷を敷設しようとするイラク艦船を捕獲するため、さまざまなVBSS（海上船舶臨検）任務（SEALs用語では「アンダーウェイ」）を行なった。この任務を助けたのが、オース

イラク西部の砂漠で、第160特殊作戦航空連隊のリトルバードとともに行動するデルタフォースの貴重な写真。（撮影者不明）

第3章 「イラクの自由」作戦

目標地点コバルト、ハディサ・ダムを掃討するレンジャー隊員。暗視装置をとおして見た姿。2003年4月。(アメリカ陸軍特殊作戦軍提供)

トラリア海軍掃海潜水チーム3「バブリーズ」(海上EODおよび海岸・沿岸偵察を担う部隊)だった。

ウルヴァリン

デルタフォースのB中隊「ウルヴァリン」の隊員は、アメリカ軍特殊作戦部隊(SOF)でイラク西部に入った最初の部隊となり、サウジアラビア西部のアラルから車で国境を越えた。この部隊は特注の、ピンツガウアー6×6特殊作戦車両15台と、武装したピックアップトラックのトヨタ・ハイラックス数台で運ばれた。オペレーターの中隊は、空軍特殊戦術チーム、デルタの諜報およびターゲット選定チーム1個、数個の軍用犬チーム、通訳として志願した2名のアメリカ系イラク人をともなっていた。ウルヴァリンによるタスクフォース20の正式な役割は、化学兵器製造施設だと疑われる場所を最優先に要配慮個所探索(SSE)を行ない、その後ハディサ・ダム施設に向かうことだった。

途中、デルタは多国籍軍のSOFがH-3飛行場を確保するのを支援した。また、西部の多国籍軍の実際の配置について、イラク軍を混乱させるための多数の偽装作戦も行なった。一方、第75レンジャー連隊第3大隊のレンジャーたちは、3月24日、ハディサとルトバ間にあるH-1飛行場に戦闘降下を実施し、西部の作戦向け中間準備地域としてこの飛行場を確保した。

デルタ偵察チームのオペレーターは数夜にわたり、特注の黒塗りの全地形対応車(ATV)でハディサ・ダム周辺のイラク軍前線をつっきり、多国籍軍の空爆のターゲットになるものをマークし、結果、大量のイラク軍装甲車両や対空兵器の破壊につながった。デルタがダムの偵察を行なうと、ここの制圧にはいまよりはるかに大規模な部隊が必要だとわかり、このためフォートブラッグからデルタ中隊1個を、レンジャーの大隊1個につけて派遣する要請を行ない、これが承認された。さ

さらにタスクフォース20は、第70装甲連隊第2大隊C中隊のM1A1エイブラムス主力戦車の部隊をつけるよう要求して認められた。その後「チーム・タンク」とよばれるようになるエイブラムス戦車のチームは、タリルからH-1へ、さらに任務支援地点（MSS）グリズリーへとC-17輸送機で運ばれた。グリズリーはデルタフォースが設置した砂漠の飛行場で、ハディサとティクリートの中間にあった。追加のC中隊のデルタ隊員たちは、アメリカから直接グリズリーに飛んだ。

4月1日、デルタの中隊と第75レンジャー連隊第3大隊のレンジャーたちは、ピンツガウアーとGMVで、夜間地上強襲をハディサ・ダム施設に行なった。レンジャーの3個小隊が、目立った抵抗も受けずにダムの主要管理施設を制圧し、この間、2機のAH-6Mシックス・ガンが上空を旋回していた。夜明け後まもなく、ひとりのレンジャー狙撃手がダムの西側で、RPGをもった3人のイラク人を射撃し、東側では、レンジャー隊員がイラク歩兵を乗せたトラックを攻撃し、1時間の戦闘となった。

ダムの南側では別のレンジャー小隊が、敵の破壊工作にそなえて、ダムの発電所と変圧器を確保するのに奮闘していた。別の小隊はダム施設に通じる主要道路に阻止陣地を設置していた。阻止陣地は散発的な迫撃砲の攻撃を受けたため、AH-6Mが何度か銃撃を行なって迫撃砲陣地を黙らせた。別の迫撃砲チームがすぐに小島から砲撃をはじめたものの、さっそく反撃され、レンジャーのジャヴェリン・チームがこれをたたきつぶした。

ハディサ・ダムの確保から5日間、イラク軍はレンジャー部隊を悩ませたときおり砲や迫撃砲による攻撃を織りこみながら、いくどか阻止陣地に歩兵が反撃を行なうという手をうってくるこのダムでは、HIMARSロケットシステムがはじめて配備され、敵への反撃に使用された。4月3日、阻止陣地のひとつで、3人のレンジャー隊員が自動車爆弾（VBIED）によって殺害された。車は疲れきったようすのイラ

第75レンジャー連隊第3大隊、B中隊のいたずら書き。ハディサ・ダムにて。（アメリカ陸軍特殊作戦軍提供）

第3章 「イラクの自由」作戦

ク人妊婦が運転しており、この妊婦はレンジャー隊員に水を飲ませてほしいと頼み、その後車で自爆し、同乗していたもうひとりの女性と3人のレンジャー隊員を道連れにした。ふたりの女性はおそらく、「ヴァイキング・ハンマー」作戦からのがれてきた狂信的バース党員かアンサール・アル・イスラムのメンバーだったのだろう。

あるとき、民間人の服装をしたひとりのイラク人が、カヤックでダムの水に漕ぎ出したが、50口径の銃撃を受け、カヤックは沈んだ。観測手がこのイラク人から押収した手書きの地図には、レンジャー部隊の陣地が書きこまれていた。その男は前進観測手だったようだ。別の日には、さらにあやうい問題が生じた。イラク軍の砲弾が変圧器に命中し、ダムが停電したのだ。変圧器の修理がすむと、ダムのタービン5個のうち、1個しか作動していないことがわかった。さらに、ダムの弁もられていた。元特殊部隊の民生部門技師が、ダムのイラク民間人スタッフとともにMH-47Eヘリコプターでかけつけ、応急処置を行なった。これが当分のあいだ、大惨事の発生を防いでくれた。ののち、陸軍工兵部隊が到着して、施設の運転を安定させた。事前の予想とはことなり、イラク軍がダムを破壊して、カルバラを前進する第3歩兵師団に向け洪水を発生させる計画

はなかったようだが、これを阻止しようとするタスクフォース20の任務が、当初の意図とは違うが、事故を防いだのだった。

デルタはハディサのレンジャー部隊に任務を引き継ぎ、ティクリートの北の幹線道路で待ち伏せを行なうため、北部へと向かった。この地域のイラク軍の動きを封じ、シリアへと逃亡しようとする高価値目標を捕縛しようとする任務だった。「チーム・タンク」を見て、イラク軍将軍たちは、多国籍軍の主要部隊が結局は西部からくることを確信した。4月2日、ティクリート付近の交戦で、デルタを悲劇がみまった。ほぼ同じ地域でSBSが遭遇していたサダム挺身隊対特殊部隊班が、その事件の前触れだった。

デルタ部隊は6台の武装トラックと交戦し、2名のオペレーターが負傷し、ひとりは重傷を負ってしまう。中隊は航空機による至急の医療後送と、迅速な近接航空支援を要請した。イラク軍の補強部隊である、トラックに乗った1個歩兵中隊が到着したからだ。第160SOARのナイトストーカーズが要請に応じ、降下救難員のチームを乗せた2機のMH-60Kブラックホークと2機の武装MH-60L DAP（直接行動侵攻機）が飛びたち、90分後には、包囲されたオペレーターの陣地上空に到着した。DAPは地上のターゲット

に攻撃を開始し、その間にデルタのオペレーターは負傷者を緊急HLZに運び、ブラックホークもここに着陸することができた。オペレーターのひとり、ジョージ・「アンディ」・フェルナンデス曹長はすでに出血多量で息をひきとっており、星条旗に包まれて2機めのヘリに乗せられた。MH-60は離陸し、2機のA-10Aの護衛を受けてH-1基地に向けて戻った。DAPは攻撃態勢のまま上空にとどまり、迫撃砲と歩兵分隊数個を乗せたイラク軍のトラックを破壊した。イラク歩兵が、上空を通過するDAPに向かって小火器で銃撃をはじめたものの、デルタの狙撃手がこれを黙らせた。

さらに2機のA-10Aがまもなく到着し、DAPがこれをターゲットに先導した。1発の500ポンド爆弾の空中爆発によって、デルタ陣地から20メートルほどにも破片が飛んできたが、これがワジ（枯れ川）に集まっていた大勢の敵歩兵を倒した。DAPはさらに北に向かうために、デルタ中隊の援護をA-10Aに引き継いだ。燃料は少なくなったが、途中DAPは地上のコールサインを受けて敵部隊を数個発見し、30ミリ砲とミニガンで攻撃し、燃料が底をつきはじめてからようやくH-1に戻った。

MSSグリズリーを出たデルタは、バース党の高価値目標の逃亡をハイウェイ1上で阻止する作戦にとりかかった（西部の砂漠をつっきるハイウェイ2と4は、イギリスとオーストラリアのSASチームが押さえていた）。4月9日、合同チームがティクリート付近の別の飛行場を占領した。その夜間攻撃中に、「チーム・タンク」のM1A戦車が120センチほどの穴につっこんでひっくり返ってしまい、乗員のひとりが負傷した。動けなくなったこのエイブラムス戦車は、敵の手にわたらないよう、あとで仲間の戦車から2発の120ミリ弾で破壊された。4月なかばには、デルタはバグダードに進み、「チーム・タンク」のメンバーは親部隊へと戻った。

ジェシカ上等兵の救出作戦

アメリカ陸軍第507整備補給中隊所属の上等兵、19歳のジェシカ・リンチ救出につながる最初の情報をもたらしたのは、ODA533に接近していた情報提供者で、533がナーシリーヤで活動中のことだった。リンチは、任務についていた支援輸送隊が行方不明になってナーシリーヤで待ち伏せを受け捕虜となっていた。その情報はODA付きの特殊部隊連絡将校によってタスクフォース20まで渡された。そして、すぐに救出作戦の計画作成がはじまった。

第3章 「イラクの自由」作戦

その作戦では、隠密のSOF強襲部隊がPOW（戦争捕虜）の奪回任務を実行し、複数の部隊でこれを支援する必要があった。イラクのタリルにある、確保してまもない飛行場から出発するこの作戦には、第1および第2大隊の290名以上のレンジャー隊員と、DEVGRUからは60名程度の特殊部隊オペレーター、さらに第24特殊戦術中隊の降下救難員（PJ）と戦闘統制官、当時はナーシリーヤで戦っていたタスクフォース・タラワの海兵隊正規部隊、陸軍、海兵隊、空軍の兵士やパイロットがかかわった。

計画では、タスクフォース・タラワの海兵隊が偽装作戦を行なう必要があった。ユーフラテス川にかかる橋を占拠する任務を発動して、病院から敵の注意をそらすのだ。海兵隊航空隊のAV-8ハリアー攻撃機が橋のひとつを攻撃して敵を混乱させ、また上空を旋回する2機の海兵隊AH-1Wコブラ攻撃ヘリコプターが出す騒音で、SOFのヘリコプターの接近音を隠すことになっていた。空からの援護は1機のAC-130スペクター固定翼ガンシップが行ない、海兵隊EA-6プラウラーは、存在するはずの敵SAM（地対空ミサイル）システムを妨害する任務を負った。

欺瞞作戦の進行中に、SEALsとレンジャーの選抜メンバーは、4機のMH-60Kブラックホークと4機のMH-6リトルバードで運ばれる。そしてこれを4機のAH-6攻撃ヘリコプターと2機のMH-60L DAPが支援することになっていた（DAPはこの夜の戦闘のスターとなる）。レンジャー隊員は海兵隊CH-46とCH-53輸送ヘリコプターで飛び、病院の敷地周辺に警戒線を張り、周辺道路を立ち入り禁止とする。SEALsの強襲部隊本隊は、AGMSパンデュール装甲車両とGMVによる地上輸送部隊で到着し、人質救出要員は目標地点に直接、MH-6リトルバードで着陸することになっていた。

2003年4月1日0100時、海兵隊は、

武装したヒューズ500リトルバード・ヘリコプター。マークはないが、CIAのSAD航空班が乗っているはずだ。イラク西部、捕虜になったイラク軍将軍を回収中。（CROSSSUD提供）

救出部隊始動のタイミングに合わせて欺瞞計画を開始した。CIAの要員はヘリコプターが目標に接近すると、操縦士がHLZを明確に確認でき、町を真っ暗にすることで付近の敵が混乱するように、町を停電させた。敵がいればミニガンで制圧する態勢を整えてAH-6が先導し、すぐうしろにはMH-6が続き、強襲部隊の接近を援護すべく、タスクフォース20の狙撃手チームを病院とその周辺の戦略的地点に降下させた。DAPとAH-6は、MH-60Kが強襲部隊を病院の屋上に、さらに別のチームを玄関付近に降ろすさいに、これを援護した。地上からの強襲部隊の車列はベストタイミングで到着し、隊員は病院内へと走り、リンチ上等兵のいる2階へと進んだ。ショットガンがドアの鍵を吹き飛ばし、スタングレネードが夜の闇で大音響と光を発した。しんがりのMH-60Kは玄関付近に着陸した。リンチ上等兵を安全に移送するため、この機には降下救難員（PJ）のチームとSOARの衛生兵が搭乗していた。

レンジャーの阻止チームは最初に飛んだ3機の海兵隊CH-46ヘリコプターで運ばれ、病院の敷地外に降りて主要道路を封鎖し、病院内から逃げ出す敵にくわえ、かけつけることが予想される補強部隊を排除する任務を担った。CH-46とCH-53の第二陣は、第一陣のヘリがチームを降ろして再度タリルに向かってから数分後に到着した。レンジャー部隊の阻止陣地に向かって散発的な銃撃はあったものの、病院自体には銃手はおらず、それでもサダム挺身隊が病院の一部を基地に使用していたという証拠は残っていた。

強襲部隊の第一陣が病院に入ってから13分後、PJのチームとSOFの衛生兵がリンチ上等兵を病院の玄関から折りたたみタンカで運びだし、待機していたMH-60Kに乗せ、ヘリはあっというまに離陸して、タリルで待機中の医療用航空機との合流地点に向かった。ここからクウェートへ、さらにアメリカへと発つのだ。しかし、SEALsとレンジャーの仕事はまだ終わりではなかった。チームは最終的に、リンチの部隊の、殺害されるか負傷がもとで亡くなった8名の兵士の遺体を回収した。遺体はSOFの車両に乗り、強襲チームとともに飛行場に戻った。AH-6はその上空を飛んで、レンジャーの阻止チームが警戒線を解除し、海兵隊のヘリコプターでそこを離れるまで護衛した。

メディアはこれが茶番だとの報道であざけったように非難するが、タスクフォース20が、第2次世界大戦以降、アメリカ初のPOW（戦争捕虜）救出任務に成功したという事実を否定することはできない。こうした非難はまた、

捕虜の居場所がわかれば救出しようとするのが軍の役割だ、という事実を忘れているようにも見える。幸い、リンチの居場所はつきとめられ、救出任務が行なわれたのだ。この1件では、すべての兵士と海兵隊員が、政府は兵士を見すてることはない、と再確認することにもなった。

大量破壊兵器（WMD）の探索

情報から判断すると、化学および生物兵器が、ハディサの北にあるカーディーシーヤ研究所に保管されていると思われ、タスクフォース20のつぎの作戦が、2003年3月26日の夜に始動した。DEVGRUの強襲部隊を支援するのは、レンジャー連隊第2大隊のB中隊だ。

この作戦の、目標地点ビーヴァーというコードネームがついたターゲットはフセイン政権の宮殿のひとつで、カーディーシーヤ貯水池のほとりに建っていた。ここは研究所としての装備がほどこされ、住居と政府の建物のあいだにおかれていた。その夜離陸した強襲部隊には、2機のAH-6M攻撃ヘリコプターと2機のMH-60L DAPが参加し、また2機のMH-6Mが外装式ベンチにDEVGRUの空中狙撃手チームを乗せていた。

レンジャー部隊が先陣をきって4機のMH-60Kブラックホーク・ヘリコプターから目標地点周辺の阻止陣地に潜入し、数分後にそれに続いた2機のMH-47Eチヌークは、ターゲットである目標地点ビーヴァーのそばに、DEVGRUの強襲本隊を降ろすことになっていた。続くMH-47Eのペアは、レンジャーの迅速対応部隊（QRF）と、ヘリコプターの墜落にそなえた戦闘捜索救難（CSAR）専用の要員を乗せて付近を旋回する。作戦自体はスムーズに運んだが、第一陣のMH-60Kが割りふられた阻止陣地付近に着陸すると、付近の建物から敵の小火器による攻撃を受けた。だが1機のAH-6Mリトルバードが、発火炎をみつけて2.75インチロケット弾をそこに向け発射すると、小火器の攻撃はやんだ。2番手のMH-60Kも着陸時に小火器による攻撃を受けたが、これはすぐさまドアガンナーのミニガンで制圧された。すぐに、この場所が「チェリー」、つまりHLZの奪いあいになりつつあることがわかってきた。

空軍のA-10A対地攻撃機は、その地域を停電させようと変電所付近を攻撃した。それはうまくいったのだが、その結果何回もの爆発が起きて、変電所で火事が発生してしまい空を明るく照らし、敵の銃手は旋回するヘリコプターをとらえることができるようになってしまった。最後尾についた2機の

ブラックホークが阻止チームを降ろしたときには小火器による攻撃が増しており、レンジャー隊員ひとりがその戦闘による最初の負傷者となり、銃弾が背中を貫通し、肺が破れてしまった。

負傷したレンジャー隊員を運ぶヘリコプターは、乗員を降ろすとすぐに第160SOARの搭乗員とSEALsの衛生兵とともに出発し、衛生兵は負傷者の容体を安定させようと手をつくした。このMH-60Kは中間準備地域に急行し、そこで負傷したレンジャーは、アイドリングするHH-130輸送機で待機していた外科医チームに引き渡された。この機には、医療緊急時にそなえた装備がほどこされていた。

MH-47Eヘリコプターが強襲本隊をターゲットに近づけるあいだ、AH-6とDAPはターゲットの制圧を続けた。MH-6の外装式ベンチに座った狙撃手たちは、多数の敵銃手や車両を攻撃した。それでも続く敵小火器による激しい銃撃のなかを2機のMH-47Eは着陸し、このヘリの薄い機体を何発もの銃弾が貫通した。どうにか、どちらの機も強襲部隊を無傷で配置できたのは驚きに値する。しかし、離陸のさいにナイトストーカーズの搭乗員が顔を撃たれて銃弾があごに命中した。搭乗員のチーフとドアガンナーはすぐに応急手当をほどこして、失血を止めようとした。そしてMH-47Eは、中間準備地域に向けて、できるかぎりのスピードで飛んだ。

HH-130が待機する飛行場への途上で、負傷した搭乗員の呼吸は停止したナイトストーカーズの搭乗員はすぐにCPR（心肺蘇生法）の処置を開始し、5分続けたときに、呼吸は戻った。MH-47Eはその直後に着陸し、重体の搭乗員はHH-130へと移されて、この機は離陸した。機内では万全の態勢の外科医チームが治療にあたった。幸い、負傷者はどちらも命をとりとめた。

目標地点では、SEALsが早急に要配慮個所探索（SSE）を行なったが、阻止陣地では依然として応戦を続けた。目標の施設の規模の大きさや迷宮のような構造のせいで、SSEの任務には通常よりも時間がかかってしまった。AH-6と搭乗する狙撃手は敵銃手との交戦を続け、その間、DAPも出撃して、イラクの補強部隊が阻止陣地に近づくのをはばんだ。DAPの攻撃は、施設に向かうサダム挺身隊の武装トラックを多数破壊した。

最後に「任務完了」のコールが出されると、2機のMH-47E援護機がSEALsを回収するために着陸し、MH-60Kは阻止陣地のレンジャー部隊の回収に戻った。強襲チームが地上にいたのはおよそ45分だった。2名の負傷者のほかには、チームは無傷でそこを離れた。もっともヘリコプターの大

半には、銃弾による穴が多数空いていたが。のちに強襲部隊が回収した物質にテストが行なわれたが、目標地点ビーヴァーには化学および生物兵器の証拠は見いだせなかった。

第4章
対反乱作戦

アフガニスタン、2002-2009年
イラク、2003-2011年
フィリピン、2002年-

アメリカとその緊密な関係にある同盟国は、イラクに力を集中させていたが、テンポは遅くなり支援のレベルも低下してはいたものの、アフガニスタンでの作戦も続いていた。アメリカ合同統合特殊作戦任務部隊は、州兵特殊部隊グループ（NGSFG）をイラクに配置した常備軍と置き換えることを検討しはじめた（NGSFGと常備軍の双方と行動した者の多くは、どちらも同様に高く評価している）。特殊作戦部隊（SOF）のヘリコプターとISR（情報・監視・偵察）チームによる支援は減少し、隠密のSOF要員も、CIAとともに新しい戦場に向けたそなえに入り、縮小されたのである。

残ったSOFはアフガンの各州に散らばり、ほとんど足なみのそろわない対反乱任務を行なっていた。それにこの活動の大半も、地元タリバンとの消耗戦のなかで目についた人物や、高価値目標ではあるが優先度の低い人物の探索にかかわるものだった。2009年のスタンリー・マクリスタル大将の到着までは、アフガニスタンのSOFの活動の多くは、反政府武装勢力に対する直接行動であり、これでは対反乱作戦というよりも、対ゲリラ活動だった

『100の勝利（One Hundred Victories）』の著者であるリンダ・ロビンソンは、著書のなかでこう解説している。

2009年までは、アメリカの軍事活動のすべては、要注意人物とみなされる個人の探索に集中していたが、これは、軍事ドクトリンに沿ったものとはいえなかった。ドクトリンに従えば、対ゲリラ作戦は、状況に応じて異なるが、「対反乱」、「外国国

アメリカ陸軍特殊部隊のオペレーター。施設の掃討において、武装勢力を銃撃している。（アメリカ国防総省提供）

第4章 対反乱作戦

バグラムでHLZをの安全確保を行なうアメリカ空軍降下救難員。2010年。背後の、スモークグレネードが発した緑色のスモークは、着陸地帯の目印。この兵士がもつのはカムフラージュ用ペイントをほどこした、スペクター・サイト装着のM4A1カービン。左の手首につけた覚書に、航空機のコールサインとその他の情報が書かれている。(クリストファー・ボイツ2等軍曹撮影、アメリカ空軍提供)

内防衛」、あるいは「安定化作戦」といわれる、より幅広いアプローチの一部でしかないのだ。

従来型の対反乱作戦を行なうのは、一般にはごくかぎられた地域でしかなく、グリーンベレーのチームがアフガン民兵軍の徴募や訓練を主導し、作戦エリアに安全確保を提供するという形が多かった。その他の地域では民兵はほぼ攻撃部隊としてのみ徴募、維持された。これは、ベトナム戦争中にグリーンベレーが、ベトコンと戦うための地元の「ベトナム人」部隊を育成するという活動と同じ類のものだった。実際、CIA特殊活動部（SAD）は、ベトナム時代に「対テロリスト追跡チーム」とよばれたフェニックス・プログ

ラムを参考に、アフガンでもこうした部隊を数個育成している。

特殊部隊ODAは攻撃的な直接行動の役割にも、外国国内防衛（FID）の任務にも配置された。直接行動においては、地元で徴募した民兵とともに広範におよぶ州で、捜索および殺害部隊(ハンター・キラー)として活動した。FID任務では、アフガン陸軍大隊（Kandaks）と協力し、訓練および指導の役割をもった。このFID任務は成功し、2007年にはグリーンベレーのおかげで、2個のアフガン・コマンドー部隊が誕生した。しかし当然ながら、FIDよりも直接行動任務のほうが、はるかに多く行なわれたのである。

SOFも一般に、直接行動に傾注しすぎていた。とくに特殊部隊とSEALsは、高度な訓練を受けた「一撃をくわえて道を切り開く者(キック・ドア)」だという認識が、ブッシュ政権時にはホワイトハウスからアメリカ中央軍（CENTCOM）まで浸透しており、その結果、SOFのオペレーター自身もこうした考えに染まっていたのだ。とくに9・11直後の数年は、新たに宣言された「テロとの全面戦争」において直接行動が好んで用いられた。心理作戦、民生部門、外国国内防衛。こうした対反乱作戦における主要な要素は、最終的には、戦争においてすくなくとも直接行動と同様に重要なものと認識されるようにはなる。

しかし状況が変わるまでには何年もかかり、またそれにはペトレアス大将のような人物の着任も必要だった。当時、アフガニスタンの対反乱作戦は、直接行動任務への集中と、ペトレアス大将の言葉を借りれば、「殺しで勝利をつかむ」という方針に苦しんでいたのである。

アフガンでの任務を害していたのは、直接行動への集中ばかりではなかった。復興資金を利用でき、地方復興チーム（PRT）もできることはすべてやったが、資源の大部分はイラクに向けられていたのだ。これについても、ペトレアス大将指揮下でいわゆる「イラク・サージ」（イラクへの増派）が成功し、さらに対反乱作戦の手法が見なおされて、正規軍を不安定なアフガン南部州に投入する動きも出てきた。そしてようやく、ときに「忘れられた戦争」[アフガンでの戦争のこと]といわれるようになったものに、注意が向けられるようになったのだ。

国際治安支援部隊（ISAF）のパートナーたち

2002年以降は、国際治安支援部隊（ISAF）の加盟国が、NATO主導の安定化部隊に人員を派遣するようになった。そしてこうしたなかには特殊作戦部隊（SOF）もいた。ISAFのSOF

第4章 対反乱作戦

部隊の多くは、自国の交戦規則（ROE）にしたがって活動したが、自国のROEが、同盟国の一部のものより厳しいことも多々あった。SOFはまた、自国部隊の展開の時期と場所を制限した付帯条件にも制約を受けていた。ヨーロッパの加盟国の多くは、より安全なアフガニスタン北部および西部の州で活動するという条件で部隊を派遣していた。このためたとえば、アメリカのいちばん緊密な同盟国であるイギリスとカナダの部隊は、南部に派遣され、地方の反乱というよりも正規の戦闘といえるような状況に対処していたのである。

チェコ

2007年4月以降、チェコ憲兵隊の特殊作戦グループ（SOG）から35名が派遣されて、ヘルマンド州でイギリ

ペアを組みパトロール中に反撃を行なうグリーンベレーの少佐（アフガニスタン・コマンドーの記章をつけている）。クナル州での交戦で。このグリーンベレー隊員がきわだっているのは、2007年のイラクでの銃撃戦で片脚を失ってもなお義足で活動している点だ。2012年には第3特殊部隊グループとともにアフガニスタンで活動している。（クレイ・ワイス2等マスコミ特技兵撮影、アメリカ海軍提供）

ス軍の支援にあたり、ISAFの指揮下、さまざまな防御および直接行動任務を担った。チェコからの派遣は2011年に増加し、チェコ陸軍第601特殊部隊群をはじめとする特殊作戦タスクグループ1個を展開させ、これは新たに設置されたISAF SOF司令部の下におかれた。

フランス

フランスの特殊部隊オペレーターはISAFの参加当初からアフガニスタンに展開しており、2003年には、150名の特殊作戦軍団（COS）オペレーターがイタリア軍のISAF SOF派遣部隊と交代した。これも、おもに偵察と身辺警護任務を行なった。2003年から2007年にかけては、COSの200名の部隊が「アフガニスタン不朽の自由」作戦（OEF-A）本部の直属とされた。だが『アフガニスタンのNATO——共闘と、孤軍奮闘と（NATO in Afghanistan: Fighting Together, Fighting Alone）』の著者デイヴィッド・オズワルドとスティーヴン・サイドマンによると、その任務は「短期の対テロリズムと対武装勢力の急襲」に限定され、長期におよぶ特殊偵察任務はなかった。信じられないことだが、他国部隊と組んだ作戦遂行は認められなかったようだ。

制約があったにもかかわらず、フランスのSOFオペレーターは直接行動任務を遂行して多数成功した。この多くは、アメリカと、ときにはイギリスのSOFとの合同作戦だった。フランスのSOFによるよく知られた作戦（フランスのSOFの秘匿性は有名だ）のひとつでは、残念ながら、第1海兵歩兵パラシュート連隊（1er RPIMA）の2名の隊員が残酷な死を迎えた。この部隊はヘルマンド州で、待ち伏せを受けた工兵の車列を助ける迅速対応部隊にくわわっていた。負傷者を回収しようとしていたフランス部隊のオペレーターは多数のアフガン国軍（ANA）の兵士とともに捕えられた。そしてアフガン人捕虜の前で処刑されたのである。

フランスのSOFは、その役割について議論されたのち、2007年に派遣を終えた。だが150名のタスクグループは2009年にアフガニスタンに戻り、ISAFにおけるフランスの分担任務を担い、またアフガニスタンの治安部隊の指導という重要な任務を行なった。2012年に、フランスの全部隊が撤退した。

ドイツ

名目上は「不朽の自由」作戦（OEF）本部の下におかれたが、2005年以降、ドイツのコマンドー特殊部隊（KSK）は作戦上、ISAFのために活動しており、カブールのドイツ部隊が展開する付近で、多数の作戦を実行している。

第4章 対反乱作戦

たとえば2006年10月には、アルカイダの自爆テロリスト用セーフハウスを急襲して成功した。KSKのオペレーターはドイツのメディアに、ドイツの付帯条件により課された制約について語っており、タスクフォース・Kバーで活動した当時のように、アメリカ軍のために行動することのほうを好むと述べている。

ドイツの対テロリストのエリート部隊である第9国境警備隊（GSG9）も、カブール地域に展開し、ドイツの高官や施設に特殊近接保護任務を行なった。イラクでも同様の任務を実行した。

イタリア

イタリアはSOFに、第9パラシュート強襲連隊（世界的にはコルモスキンとして知られる。これは第1次世界大戦中、イタリアとオーストリアの有名な戦闘が行なわれた場所にちなんだ名）の混成強襲中隊と、海軍の襲撃作戦グループを展開させた。イタリアのSOFはアメリカ主導のOEF-A本部の下にはおかれず、イタリアのISAFタスクフォース・ニッビオを直接支援して、地元の部隊の警護と偵察任務を実行した。しかしコルモスキンのオペレーターは、2007年9月に、イギリスSBSとともにイタリアの2名のエージェント救出任務にもあたった。

ヘルマンド州ナデアリ郡での日中の急襲作戦を終えて、歩兵戦闘車両ストライカーに戻るレンジャー隊員。2010年の戦闘期間中の写真。レンジャー部隊は2005年以降、イラクとアフガニスタンで少数のストライカーを使用し、装甲に守られたこの車両を潜入と脱出の手段としている。レンジャー隊員は左手に排莢用の袋をつけている。これは空薬莢を入れて、戦場に落とさないようにするためのものだ。（ジョーゼフ・ウィルソン特技兵撮影、アメリカ陸軍提供）

「アフガニスタン不朽の自由」作戦
特殊作戦任務部隊の担当エリア、2010-2014年

「アフガニスタン不朽の自由」作戦任務部隊の担当エリア、2010-2
1. 西部——海兵隊特殊作戦コマン
2. ヘルマンド州——海兵隊特殊作ンド
3. 南西部——海兵隊特殊作戦コマおよび陸軍特殊部隊
4. 南東部——海軍 SEALs
5. 東部——陸軍特殊部隊
6. 南部——陸軍特殊部隊
7. 北部——第82空挺師団

リトアニア

リトアニア軍特殊作戦部隊（LITHSOF）は2002年11月に40名からなるグループをはじめて展開させた。このグループは特殊偵察任務や、墜落したUAV、MQ-1プレデターの回収任務にくわわった。2006年以降、LITHSOFはイギリス軍の部隊と南部で活動中だ。

オランダ

陸軍コマンドー部隊（KCT）のヴァイパー・チームは2005年、直接OEF-Aの指揮下におかれ、165名のKCTのオペレーターが4機のオランダ軍チヌークに支援を受けて活動した。ISAFの命令下、2006年にKCTはウルズガン州タリンコートに配置され、オーストラリア部隊と行動をともにし

た。KCT は、オランダ戦闘群と ISAF SOF 本部向けの、長距離偵察と特殊情報収集を行なった。

ノルウェー

ノルウェーの SOF は ISAF の指揮下、2001 年のアフガニスタン紛争開始当初から参加している。非常に小規模な分遣隊ではあるが、2007 年 7 月には、ロガール州で敵からの銃撃を受け、陸軍イェーガーコマンドー（HJK）の将校を失った。ノルウェーの対テロリスト部隊である国防特殊コマンドー部隊（FSK）は、2007 年 8 月、カブールで人質になった NGO 職員のドイツ人妊婦、クリスチナ・マイアーの救出を成功させた。1 発の銃弾も発射されておらず、人質犯は反政府武装勢力ではなく、犯罪者だったと考えられている。

ルーマニア

2006 年、およそ 40 名のオペレーターが第 1 特殊作戦大隊「イーグル」からアフガニスタンに配置され、OEF-A の指揮下におかれた。オペレーターたちは翌年、ISAF の指揮下に移り、アフガニスタン陸軍部隊の指導に大きくかかわった。ルーマニアのオペレーターは、最終的に 3 個 ODA 規模の部隊からなる 1 個特殊作戦タスクグループにまで増加した。合同パトロールなど、グリーンベレーの ODA と緊密に行動

タリバンの反乱軍に銃撃を行なうノルウェーの FSK 特殊部隊オペレーター。2012 年 4 月、カブールでの攻撃。FSK はこの直前、ニュージーランド SAS の分遣隊と交代したばかりだった。分遣隊は、アフガニスタンの対テロリスト SWAT チームである、アフガン危機対応部隊の指導を行なっていたのだ。撃った LAW ロケットの数は膨大だ。空の発射機の多さでそれはわかる。（撮影者不明）

図説現代の特殊部隊百科

ウルズガン州某所のターゲット群を掃討するオーストラリアSASR小隊の貴重な写真。2009年。頭にかぶっているのはそれぞれで、ヘルメットをかぶっているのはひとりしかいない。左手にある調理油の黄色の容器は、武装勢力がIEDを隠すのによく使われる。(オーストラリア特殊作戦コマンド提供)

第4章 対反乱作戦

することも多く、ルーマニアとアメリカのオペレーターによる混成ODAも展開した。

ポーランド

緊急対応作戦グループ（GROM）は、アメリカ特殊作戦軍（SOCOM）と非常に緊密な連携をとり、2002年年初に40名の要員をアフガニスタンに配置した。ポーランドはイラクでの展開初期にSEALsとともに行動して成功したのち、2007年には、第1コマンドー連隊とGROMの双方をカンダハルに配置した。この部隊は付帯条件にほとんど制約を受けず、唯一禁じられたのが、パキスタン国境を越えての作戦にかかわることだった。直接行動の成功とともに、ポーランド部隊は、パートナーとなったアフガニスタン国家警察の部隊の訓練と指導に、非常に力を発揮したとされている。

イギリスの特殊部隊

イギリスの特殊部隊は、OEF-A本部指揮下における活動も、独自の作戦も行なった。タスクフォース42とよばれた部隊は、おもに1個SBS中隊で構成され、特殊偵察連隊（SRR）と

出発の準備をするアフガン警察とアメリカ陸軍特殊部隊の合同パトロール隊。グリーンベレーは、大型車両では入れないところにも行けるためATVを好み、ピントルマウントに装着したMk46機関銃を装備している。特殊部隊は、だれもが知っている小道や通路を通らないことで、IEDの大半を避けるのだという。（カーメン・A・チェニー技能軍曹撮影、アメリカ空軍提供）

武装勢力の狙撃陣地に反撃するアメリカ陸軍グリーンベレー隊員。ワルダク州におけるアフガン第6コマンドー（Kandak）との合同作戦にて。カービンのバレルが短いため、200-300メートル程度の射程にしかならない。（カイリー・ブラウン2等軍曹撮影、アメリカ陸軍提供）

特殊部隊支援グループ（SFSG）のチームに支援を受けていた。2005年以降、アフガニスタンはおもにSBSが受けもち、陸軍のSASはイラクで戦った。

多国籍軍SOFとともに活動するアフガンの警察戦術部隊である、アフガニスタン州対応中隊の訓練、指導を行ないつつ、タスクフォース42は、2006年以降ヘルマンド州に配置されているイギリス戦闘群を直接支援する作戦を展開した。それにくわえ、ISAF SOF司令部の作戦および、高価値目標を追跡するアメリカ部隊（詳細は第6章で）の作戦にもくわわった。

草刈り

2002年から2008-09年にかけてアフガニスタンで合同統合特殊作戦任務部隊（CJSOTF）が行なった作戦の多くは、銃弾の押収や、タリバンが支配する村々の掃討を中心に展開した。こうした作戦は、武装勢力の「草刈り」といわれることが多かった。武装勢力が、従来の戦い方ではISAFの部隊には歯が立たないと気づきはじめると即席爆発装置（IED）の使用が増し、そのためSOFの作戦は、IED製造工場やIED製造の仲介役の急襲に向けられるようになった。IED製造には、爆発物に使う化学肥料を手に入れる者、簡単な配線や時計、タイマーを調達す

第4章 対反乱作戦

る者、それを組み立てる者がいた。2008年には、IEDの製造組織は新たな高価値目標になっていた。

この時期、グリーンベレーが典型的な急襲作戦を行なっており、アフガニスタンに何度も展開したアメリカ軍特殊部隊のオペレーターがそのようすを著者に説明してくれた。

　ANA（アフガン国軍）と行動するSF（特殊部隊）をトラック2台分用意する。それに諜報員や心理作戦を手がけるような支援要員もいる。ときには、プレデター（武装型UAV）やスペクター（固定翼ガンシップ）で監視することもあった。おれたちは標準的な防御線を設定した。監視（監視要員とDM［選抜射手］の陣地）と本部と統制、負傷者の回収向けの陣地、PUC［戦争抑留者］のための収容／検査エリア、それに心理作戦用スピーカーをおく放送陣地を設置することもあった。

　アフガン部隊がドアをノックして開けさせるだけのこともあったが、18C［グリーンベレーの爆破スペシャ

欧米のSOFの指導のもと、夜襲を行なうアフガン第8コマンドー（Kandak）。アフガン・コマンドーの兵士は、M203グレネードランチャー、ACOGサイトとAN/PEQ-2レーザー・ポインターを装着したアメリカ軍のM4カービンをもっている。これはアメリカの部隊とほぼ同じ装備だ。（海兵隊コミュニティサービス、ロバート・フルーゲル撮影、アメリカ国防総省提供）

リスト］がウォーター・チャージ［水の入ったIVバッグと導爆線を使った爆破装置］でドアを吹き飛ばす、なんてこともあった。ドアが開いたらアフガン部隊が入る。ルールみたいなものだ。SFのやつらはそのあとから入るんだ。それから、標準的な探索と、中庭に集めた人の検分にとりかかる。

　一度、高い塀で囲まれ、ごくふつうの前庭と金属ゲートのある建物を急襲したことがあった。おれたちはまず［メルセデス］ゲレンデヴァーゲンを塀の横にもってきた。その上にはしごをかけて、数人のアフガン兵とアメリカ兵ふたりを塀ごしに送りこんで、ゲートを開けさせた。かなり大胆な策だと思うがね。これとは別にも、兵士が（ドアの爆破に）爆発物をセットしていたら、屋根の上にいた悪人が、起き上がったかなにか来るのが見えたんだろうが、AKをもって、屋根の端のドアの上まではってきたんだ。そいつは侵入チームを狙って撃とうとしたんだが、DM［選抜射手］がしとめてしまった。

　急襲は、ヘリコプター強襲部隊が行なうこともあったし、地上強襲部隊が実行することもあった。それに両方が協力することもあった。アフガニスタンで多数の急襲を経験した陸軍特殊作戦部隊オペレーターが、開戦当初の急襲の模様を語ってくれた。

　陸軍レンジャー部隊（10から15名で中尉が責任者）、明確な理由がある場合は1から3名のOGA［その他政府機関、つまりCIA］、通信、爆薬、言語その他、任務に応じて高度なスキルをもつ2名から5名の陸軍特殊部隊隊員、5から8名のAMF［アフガン民兵軍］というのが典型的なチーム構成だった。第160［特殊作戦航空連隊］のヘリで高価値目標の居場所まで運んでもらい、攻撃したらまた運んでもらうか攻撃後、その場所の確保にレンジャーの増援を［AMFはヘリでの輸送が認められていなかったため］要請するかだった。

　あるいは、トヨタのハイラックスに乗ってAO［作戦エリア］までレンジャー抜きで行った（レンジャーはハンヴィーにしか乗らないし、ハンヴィーはアフガン北部の道路を走らせるには大型すぎるんだ）。このケースでは、十分な銃を確保するために、おれたちはSFやCAG［戦闘適応群、わかりやすくいうと、デルタフォース］のやつら、それにAMFの民兵で人数を増やして出かけた。

　ときには、強襲部隊が目的地に向か

第4章 対反乱作戦

う途中や、こちらのほうが多かったが、強襲の帰りに待ち伏せされることもあった。グリーンベレーのオペレーターが、タリバンに待ち伏せされたときの自分の「対処法」について説明してくれた。「Mk19であいつらを驚かせて、接触を断つんだ。敵を驚かせて危険地域(キル・ゾーン)から出る、というのがおれたちのSOP［標準業務準則］だった。絶対に必要な場合でなければ、降りて交戦、というのは認められていなかった。長時間銃撃戦をするだけの装備もなければ要員もいなかったから、そこから抜け出して、レンジャーにQRF［迅速対応部隊］を要請するか、ガンシップをよぶしかないんだよ」

CIAの待ち伏せ

CIAの特殊活動部門（SAD）も、戦争に大きくかかわっていた。パキスタン国境のすぐそばに位置するシュキンにある、へき地の前進作戦基地に本拠をおくSADの1個チームは、先鋒部隊のひとつとして活動した。2003年10月、元SEALsで伝説の元デルタ

アメリカ陸軍第75レンジャー連隊第1大隊のレンジャー部隊。CH-47Dチヌークが着陸して隊員を回収しようとするのを見守る。ガズニ州、2012年。（ペドロ・アマドール1等兵撮影、アメリカ陸軍提供）

地方の高価値目標への急襲
アフガニスタン某所

この図は、アフガニスタンの一地方の建物にある高価値目標に対する、多国籍軍 SOF の典型的な急襲の手順を示したものだ。奇襲効果と、多国籍軍の部隊が使用する暗視装置による技術的利点を最大限に生かすために、こうした作戦の大半は夜間に行なわれる。

▼できごと

6　文化上の問題を処理し、「地元の人間」が行なう作戦にするために、地元治安部隊が先導し、地上強襲部隊が迅速に広がって目標を掃討、確保する。計画的な攻撃で敵がいる可能性のある場所を制圧することで、急襲は成功する。青少年兵 [FAM] は一時的に後方にひかえて強襲部隊の警護を行なう。

7　急襲のターゲットは逃亡しようと必死の努力を行なうが、数名のSOFオペレーターによって攻撃され殺害される。自爆用ベストやその他のブービートラップをもっていないか死体を調べ、建物のほかの場所の捜索と確保が終わると、その死体の写真を撮り、SOFチームがつれ帰りDNA判定を行なう。要配慮個所探索（SSE）もまたこのチームが実行し、その場所になんらかの情報がないか捜索し、回収する。

8　SSEが完了すると、地上車両またはヘリコプターが到着して急襲部隊を回収する。阻止陣地や監視所においた安全確保チームは、防御線を解いて最後に搭乗するのが一般的だ。

▼できごと

1 阻止陣地および監視所を設置して「スクワーター（逃げてくる敵）」や敵補強部隊から守る。下士官が指揮する機関銃のチームと選抜射手がここに配置される。安全確保隊と強襲部隊は全員、イントラ・チーム無線をそなえ、つねにコミュニケーションがとれるようにしている。

2 この建物の北の角に別の安全確保用陣地を設置し、ターゲットのこの側を警護できるようにする。最初の陣地と同じ武器を配備する。

3 武装UAVとMH-60L直接行動侵攻機が上空を旋回し、敵の補強部隊や、あるいは遮蔽壕や防御拠点があれば、これを攻撃できるそなえをする。航空機の狙撃手チームも通常は遮断グループとして配置されている。

4 C3（指揮、統制、通信地点）を建物の屋上のこの地点に設置する。C3グループには、地上強襲部隊を指揮する将校、無線オペレーター、グループ付きの統合戦術航空統制官、特殊部隊の衛生兵およびふたり組の安全確保要員がいる。C3グループは地上作戦のあらゆる要素を調整し、ここは負傷者の回収地点となり、また戦争抑留者の取り調べまでの一時拘留地となる。人身取引チームや女性戦闘チームが、ターゲットの建物内の人物に質問するため待機している場合もある。

5 SOFチームはウォーター・チャージで建物の中央ゲートを突破している。これは、火工剤を使用しない手段としてよく用いられる。ふたり組の安全確保要員1個チームが侵入地点を援護している。どちらも、必要であればもち出せるよう、侵入手段（MOE）ツールを携行している。この手順は、通訳が拡声器でHVTの説得を試みたあとにとられる手法でいちばん多いものだ。

陸軍特殊部隊のパトロールにつく、統合攻撃統制官のアメリカ空軍技能軍曹ケヴィン・ワーレン。隣にはMk19オートマティック・グレネードランチャーがある。2003年、アフガニスタン東部の悪名高きガヤン渓谷にて。この写真が撮影されてまもなく、このパトロール隊は用意周到な待ち伏せにつかまった。ワーレンはMk19で多数の敵の射撃位置を攻撃したが、敵の銃撃を受けて銃を6度も撃たれ、銃は故障した。Mk19を修理しようとするあいだに、ワーレン自身にも3発も命中した。1発は左腕にあたったが、幸い、ほかの2発があたったのはボディアーマーのプレートとガーバー・マルチツールだった。GMVに飛び降り傷に包帯を巻こうとして、ワーレンは自分のいちばん重要な役割に立ち返り、近接航空支援を要請し、それによって待ち伏せ攻撃は制圧された。ワーレンはほかの負傷者が回収されるまで撤退しようとはせず、パトロール隊の安全が確保されるまで、上空の近接航空支援を続行させた。この行動によって、ワーレン軍曹は銀星章を授与された。（アメリカ空軍提供）

隊員、ウィリアム・「チーフ」・カールソンを擁する1個チームが、アフガン民兵の部隊とともに出発した（CIA対テロリスト追跡チームの歴史のはじまり）。軟化装甲のハンヴィーとトヨタのハイラックス・トラック混成の車列が任務を開始してから3時間、曲がりくねった山道にかかったとき、このチームは待ち伏せ攻撃を受けた。

RPGとPKM機関銃で攻撃されると、アフガン兵が乗る1台のトヨタがあっというまにRPGの砲撃で故障し、チー

第4章　対反乱作戦

フ・カールソンのハンヴィーは、RPGの空中爆発による破片を浴びた。ハンヴィーは煙を吹き出し、さらに敵の機関銃の攻撃を受けた。カールソンは、元SEALsの衛生兵をはじめとする乗員が車両を出て、車体をいくらかでも遮蔽にできるよう、どうにかトラックの向きを変えた。だが残念なことに、その間にカールソンは機関銃の銃撃に身をさらし、命を落としてしまった。

　車列は分断されて、多数のアフガン兵が重傷を負った。だがひとりの元SEALs隊員が、どうにかアフガン兵を集めて敵の射撃地点に反撃をはじめさせ、銃撃の混乱のなかに飛び出し、負傷した数人のアフガン兵の救出に向かった。このSEALs元大尉のマーク・ドナルドは、それからアフガン兵に指示して負傷者を攻撃から遮断し、まだ動くトラックで数百メートル後退し、敵の銃撃を遮蔽してくれる地点へと向かった。

　第10山岳師団の歩兵とアフガン民兵からなるQRFがまもなく到着し、戦闘にくわわった（この部隊は、別の元SEALs SADオペレーター、クリストファー・ミューラーが率いた）。そしてアパッチ攻撃ヘリコプターも上空に飛来し、尾根にある敵の陣地を攻撃した。QRFは、敵を一掃しようとさらに山道を前進して負傷者の回収を助けたが、再度敵と交戦することになった。元SEALs指揮官のミューラーは、残念ながら銃撃戦で亡くなった。結局、空軍A-10A対地攻撃機の援護によって、アフガンとアメリカの混成部隊は敵との接触を断ち、シュキンに撤退した。1名をのぞき全員が負傷し、2名が命を落とした。マーク・ドナルドはのちに、待ち伏せのさいの行動に対し、海軍十字章を授与された。

「レッド・ウィング」作戦

　SEALsはアフガニスタン各地で活動し、ときには特殊部隊ODAと行動をともにすることもあったが、多くは遠隔地のパトロール基地に配置されてパトロールや情報収集、また、地元住民がいるなかでさまざまな制約を受ける対反乱作戦などを行なった。さらに、正規の地上部隊からの要請によるものや、これを支援するための作戦を行なうことも多かった。こうした作戦のひとつが、書籍[『アフガン、たった一人の生還』高月園子訳、亜紀書房] や映画[『ローン・サバイバー』(2013年、アメリカ)] にもなっている「レッド・ウィング」作戦だ。

　「レッド・ウィング」作戦は、アフガニスタン東部のコレンガルおよびマタン渓谷の武装勢力をターゲットとした、海兵隊による大規模作戦の一環だった。目標は、武装勢力の指揮官を確

「レッド・ウィング」作戦のただひとりの生き残り、マーカス・ラトレル（左から4人め）と、倒れたSEALsメンバーたち。SEALチーム10とSEAL輸送潜水艇チーム1および2の混成部隊だった。この写真のメンバーは、ラトレル以外は全員、本来の任務である4人組偵察チームの行動中に地上で命を落とすか、QRFヘリコプター「タービン33」が武装勢力のRPGに撃墜されたときに亡くなった。（アメリカ海軍提供）

認して、後続の部隊がこれを殺害あるいは捕獲できるようにすることだった。ターゲットの確認のため、SEALチーム10の4人組のチームが、この地域に潜入した。SEALsの任務は、本来は海兵隊が行なうべきものだったが、海兵隊の立案者は第160SOARのMH-47Eチヌークの投入を望んだ。この機を使用するためには、任務にSOFの地上要員を必要としたため、SEALsがこの作戦にくわえられたのだ。

チームは、その地域に潜入した直後に、アフガンのヤギ飼いによってやっかいな状況におちいり、まもなく数で圧倒する武装集団に攻撃されてしまう。海軍の事後報告書（AAR）には、20から30人の武装集団（映画では50人以上、書籍では140から200人となっているが、AARが、さまざまな意味でいちばんありそうな数字だ）だったと書かれている。銃撃戦は長時間におよび、SEALsは、自分たちをとり囲むようにしてRPGとPKM機関銃を撃ってくる敵をなんとかくいとめようと

した。

だがM4カービンとMk12特殊目的ライフルのみの携行だったチームは、人数も武器もたりなかった。チームリーダーのマイケル・マーフィー大尉（のちにこのときの行動によって名誉勲章を授与された）はすでに重傷を負っていたが、遮蔽を出て高地へ向かい、衛星電話でSEALsのQRFを要請しようとした。電話は通じたものの、それはマーフィーの命とひきかえだった。チームのほかの2名のメンバーも激しい銃撃に命を落とし、1名は気を失って、そばに落ちたRPGで溝に吹き飛ばされた。

8名のSEALsと8名の第160SOARの陸軍飛行士からなるQRFは、MH-47E「チヌーク」ヘリコプター（コールサインは「タービン33」）でこの地域に急行し、4人組チームの当初の潜入地点に到着したのだが、武装勢力の待ち伏せを受けてしまう。ヘリコプターが着陸のため降下中に、RPG弾が後部の開いたランプから飛びこんできて、数名のオペレーターがチヌークから吹き飛ばされた。第160のパイロットは果敢にヘリコプターを空中にとどまらせようとしたものの、それは負け戦だった。MH-47Eは、山腹に墜落して爆発し、搭乗者は全員死亡した。当時それは、1度の戦闘によるアメリカ海軍特殊戦コマンドの損失において

は、ノルマンディ上陸作戦以降最悪のものとなった。しかし残念ながら、2011年のCH-47チヌーク（コールサイン「エクトーション17」）の墜落による損失は、この数字を上まわってしまった。

生き残ったSEALs隊員はどうにか追手からのがれた。そして同情してくれた地元の村人が傷の手あてをし、タリバンからかくまってくれた。それは、本人とその家族の生命を危険にさらす行為だった。負傷した隊員が携帯するPRC-148緊急無線のビーコンをたどり、陸軍レンジャーのパトロールが5日後にこの隊員をみつけた。そしてレンジャーがHH-60Gペイブホーク救助ヘリコプターを飛ばし、唯一の生き残りは安全な場所へと運ばれたのである。

集落安定化作戦

2008年と2009年には、アフガニスタンにおける指揮官となっていたスタンレー・マクリスタル大将が、アフガニスタンのSOFの再編と任務の優先順位の再考に着手した。ここにきてはじめて、特殊部隊が先導する、統合型の対反乱構想が実行されることになったのだ。アフガニスタン合同統合特殊作戦任務部隊（アフガニスタンCJSOTF）にはふたつの主要な任務が

第4章　対反乱作戦

アフガン警察が新たな検問所を設置するさい、M4A1カービンで監視任務を行なうアメリカ陸軍グリーンベレー。(ジョーゼフ・スワフォード2等軍曹撮影、国際治安支援部隊提供)

アフガンのコマンドー部隊と協力する合同作戦において、ほぼ舗装されていない山道を走るアメリカ陸軍特殊部隊のM-ATV（MRAP全地形対応車）。2014年、カピサ州にて。M-ATVは、装甲を強化したM1114ハンヴィーに代わる車両として設計されたもので、より機動性が高く、操縦しやすいMRAPだ。このグリーンベレー型の車両は、CROWS遠隔操縦銃架に50口径M2重機関銃をのせたものを搭載している。（コナー・メンデス特技兵撮影、アメリカ陸軍提供）

あたえられた。のちに集落安定化作戦（VSO）といわれるようになる地域防衛構想と、アフガンの治安部隊と協力して行なう外国国内防衛（FID）だ。おおまかにいうと、「アフガン人による解決」を行なえるよう、グリーンベレーが力をそそぐことになったのだ。地元警察と民兵を組織して武装勢力の影響から村を守らせ、また、欧米の部隊に頼らず、自力で作戦の立案実行ができるよう、アフガン国軍（ANA）の訓練、指導を行なうのである。

直接行動作戦は、地域レベルではアフガンが主導し、アフガン全土レベルでは隠密のSOFが行なった。任務は、不正規戦闘と外国国内防衛の2点に再度しぼられた。陸軍特殊部隊の本業だグリーンベレーの任務の多さを考慮して、他のSOFが手助けを行なった。なかでも中心となったのが、本来は対人的な交渉・指導などを専門に行なうとは見られていないSEALsと海兵隊特殊作戦大隊（2014年に、第2次世界大戦時に活躍した急襲部隊に敬意

第4章　対反乱作戦

を表して、第1海兵急襲支援大隊と改名)の海兵隊員たちだった。

元SEALs隊員で、イラクのアンバール県におけるSEALsの活動を詳細にとりあげた『ラマディの保安官(The Sheriff of Ramadi)』の著者でもあるディック・カウチは、「今日でさえ、派遣数は増えたといっても、陸軍特殊部隊はイラクに千人超の専門家を維持するのにも四苦八苦している。だが人数はあまりに少なく、さらに彼らの才能を必要とする場はイラクだけではないのだ」と解説している。

この再編までは、アフガニスタンでの対反乱作戦の大半は、地方レベルのプログラムだった。アフガン公衆保護プログラムといった大規模プログラムは、当初はうまくいったものの、汚職や、プログラムの管理が正規部隊に引き継がれたさいのプログラムの水準低下によって、必然的に運用が阻害されることになる。さらに、地元の反タリバン活動の主導者の多くが、土地や政治的影響力をめぐる、昔からの民族間紛争におちいってしまうこともたびたびだった。

著名ジャーナリスト、ケヴィン・マウラーは、グリーンベレーODAの従軍記者時代になかなか鋭い記述をなしており、『いかれたやつら(Gentlemen Bastards)』で、簡潔にこう述べている。

イラク戦争までは、特殊部隊は軍の対反乱作戦の専門家だった。また長年外国の軍隊を訓練し、北部同盟の戦士を指導してタリバンを打倒した。しかしそれ以降、特殊部隊は急襲に力をそそぐようになった。だがアフガニスタンでの残り時間がわずかとなったいま、特殊部隊は再度本来の立ち位置に戻りつつあり、アフガンの治安部隊を訓練し、村ごとに自治政府をおくことに力を入れはじめている。

デルタ出身で、マクリスタルの元副官だったスコット・ミラー准将は、アフガニスタンCJSOTFを率いるために、2010年初頭にアフガニスタンに赴任した。ミラーはマクリスタルの支援を受け、実質、アフガニスタンの全SOFを新たな対反乱任務につけるという、物議をかもす措置をとった。これは、アフガン地方警察／集落安定化作戦(ALP/VSO)プログラムとして知られるようになる。例外は唯一、JSOCのタスクフォースがアフガン軍の部隊に協力して作る訓練チームだった。

ローリング・ストーン誌記者の問題記事が発端となったマクリスタルの不運な辞任のあとは、ペトレアス大将がアフガンの戦場指揮を引き継ぎ、ALP/VSOプログラムの支援を続けた。アフガニスタンのSOFは、大隊レベ

MARSOC、西部特殊作戦任務部隊の海兵隊隊員。2012年、ファラー州でのパトロール中に、タリバンの射撃陣地と交戦。グリーンベレーと同様、MARSOCはカワサキ製全地形対応車をよく使用している。機関銃を搭載し、非常に険しい地形でも走行できるからだ。このパトロール隊は、M-ATV MRAP（右）と装甲を強化したGMV（左手にわずかに見える）も使っている。（ピート・ティボードー軍曹撮影、アメリカ海兵隊提供）

ルの特殊作戦任務部隊（SOTF）のなかに編入されて地域ごとに分かれた。そして海兵隊特殊作戦コマンド（MARSOC）はアフガニスタン西部とヘルマンド州、第1特殊部隊グループは南西部を受けもつことになった。SEALsは南東部、グリーンベレーは南部と不安定な東部だ。最終的に北部は、正規部隊である第82空挺師団が担当することになった。

こうした各地域のSOTFは担当地域内で、プログラム実行にふさわしい集落を選ぶ任務があたえられた。目標は2点あった。1点は、特殊部隊オペレーターを集落に送りこんで、地元の防衛部隊を立ち上げること。2点めは、選定した町の周囲にさらに安全な地域を増やすことだ。オペレーターは、民兵の訓練、指導を行ないつつ、道路建設、井戸の掘削、診療所や学校建設などの民生部門のプロジェクトも実行することになった。

ALP/VSOプログラムは、多くの地域で成功した。ジャーナリストのリンダ・ロビンソンは、取組みがうまくいくか失敗するかは、次のような要素によるという。選定した集落に対するタリバンの影響力の大きさ。適切な長老

かなり独特の武装をほどこしたポラリス全地形対応車に乗るふたり組のグリーンベレー。2009年、ジャルレスにて。前方の武器はMk47ストライカー、オートマティック・グレネードランチャー。後部、40ミリ弾薬箱の横に座るオペレーターはMk11/SR-25選抜射手用ライフルを携行している。この銃にわずかな改良をほどこしM110としたものを、アメリカ陸軍正規部隊が採用している。（テディ・ウェード軍曹撮影、アメリカ陸軍提供）

第4章　対反乱作戦

射撃陣地をとろうと移動する南部特殊作戦任務部隊のグリーンベレー隊員。アフガン・コマンドー部隊とパートナーを組んで行なうパトロール中の写真。2011年、カンダハル州。この隊員は、右肩にアフガン・コマンドー部隊の記章をつけ、右手首にはガーミンGPSを装着している。(ベン・ワトソン軍曹撮影、アメリカ陸軍提供)

を交渉相手にすること(イギリス部隊は以前にヘルマンド州における作戦で、その州の大半が不信感をいだき嫌う長老と提携し、その結果は予想されるものとなった)。そしてSOFの配置が、アメリカの部隊に頼るのではなく、地元住民の力で集落の防衛を行なうことが期待できる内容でなければならない。とくに、アフガン陸軍特殊部隊がアメリカの部隊とともに配置されている地域でこうした要素がそろえば、うまくいく場合が多い。

一部には、担当地域内で治安を向上させるために、革新的な方法をあみだした部隊もあった。ウルズガン州コラ地方のあるSEALs中隊は、イラクのバグダードでの成功例をとりいれ、自分たちが担当するVSO集落の周囲500メートルにHESCO(ヘスコ)防壁を建設した。武装勢力に集落を迂回させる策だ。防壁は顕著な成功例となり、最終的に集落の住民がそれを維持することになった。SEALsとその他のSOTFは直接行動作戦も行なったが、その場合もつねにアフガン軍部隊と行動をともにした。こうした作戦は、まったく損失がないというわけにはいかなかった。ウルズガンのSEALsは、武装集団がはびこるシャワリコット渓谷で合同作戦を行なったが、敵の

ナンガルハル州で行なうアフガン・コマンドー部隊とアメリカ特殊部隊の合同パトロール。ATV、ピックアップトラック、MRAP（耐地雷・伏撃防護）といった車両に乗り、パトロール基地を出発する。（パトリシア・バロウ軍曹撮影、アメリカ陸軍提供）

RPGが命中し、ブラックホーク1機を失った。この機の墜落で、アメリカ兵7名、アフガン兵4名の計11名が亡くなった。

特殊部隊オペレーターも、「アフガン治安部隊の兵士による多国籍軍兵士の殺害」[「グリーン・オン・ブルー」とは、アフガン部隊の緑色の制服と、アメリカ軍の青色の制服から生まれた表現]という事態をまぬがれることはできなかった。MARSOCのチームは数人の負傷者を出し、2012年3月にはグリーンベレーのODAも同様の被害をこうむった。アフガン兵と行動をともにした部隊でさえ、被害にあっている。ジャーナリストのリンダ・ロビンソンによれば、たとえばパクティカ州では地元のアフガン地方警察（ALP）に在籍していたがタリバンに「ねがえった」者が、ともに活動する仲間に薬をもり銃で撃ち、9人全員を殺害したことがあったという。だが合同作戦を行なった状況の大半は、30人のアフガン兵小隊に2名か3名のアメリカ軍の兵士がつくという構成で、幸い、こうした問題はほとんどなかった。

国際治安支援部隊（ISAF）のSOFもこのプログラムに大きくかかわった

第4章　対反乱作戦

多国籍軍の大半は、オーストラリアSASRがウルズガン州即応中隊と組むといったように、パートナーとなる部隊とともに配置され、またその訓練を担った。アメリカ陸軍レンジャー連隊は、概して捕獲または殺害任務を担ったが、アフガンの対テロリスト部隊の育成も行ない、この部隊は当初は、婉曲的にアフガン・パートナー部隊（クテ・カス、つまりダリー語で「特殊部隊」と改名された）とよばれた。この部隊は統合特殊作戦コマンド（JSOC）タイプの指揮系統で、それぞれに諜報機能をもつ4個中隊からなった。2012年末までに、アフガニスタン南部における作戦の4分の3以上が、アフガン部隊による計画、主導および実行となっており、この事実が、SOFによる訓練の成功の大きさを物語っている。

元JSOCおよびSOCOMの司令官であるウィリアム・マクレイヴン海軍大将は2013年のインタビューで、「特殊作戦部隊の対反乱作戦」（SOF COIN）活動の重要性を語っている。「アフガニスタンにおけるSOFの圧倒的多数の活動は、現在、集落安定化作戦とアフガン地方警察の育成を通じた、地元住民の保護と地元の能力向上に向けられている。つまりは、住民や、集落で

車両パトロール中のオーストラリアSASRをとらえたすばらしい1枚。2009年、ウルズガン州の夜間泊用隠れ家。斥候役のSASRのオペレーターは、暗視ゴーグルを装着している。背後に見えるのは、ペレンティーLRPVとブッシュマスター歩兵機動車両（IMV）。おそらく、コマンドー部隊とSASRの合同任務だ。（ポール・ベリー兵長撮影、オーストラリア特殊作戦コマンド提供）

アフガンの建物の屋上から監視任務を行なうMARSOCの海兵隊員。M4A1カービンのほかにも、その射程外のターゲットを狙う場合にそなえ、そばにはスナイパーライフルが置かれている。(アメリカ特殊作戦軍提供)

左ページ上部:アフガニスタン某所をパトロール中のMARSOC。2010年。装甲をほどこしたGMVには、O-GPK銃塔に装着した50口径M2重機関銃と、後部荷台のスイング式マウントに装着した2基のM249軽機関銃が見える。グリーンベレーでは、一般に後部に1基のM240を装備している点が異なる。(ブライアン・ケスター軍曹撮影、アメリカ海兵隊提供)

MARSOC（海兵隊特殊作戦コマンド）

海兵隊は精鋭部隊に対して長く不信感をいだき、特殊作戦軍の創設から10年経つまで、海兵隊の参加を受け入れなかった。政治上、特殊作戦部隊（SOF）は新たに編成し、予算を配分する部隊だった。さらに海兵隊は、たとえばフォースリーコンというすでに立派に磨き上げた特殊部隊をもち、統合本部に提供するにはそれで十分だという考えがあったのだ。

MARSOCの中核をなすのは海兵隊の3個大隊であり、これを軍用犬ハンドラーや戦術的情報の専門家、EODチームが支援している。こうした大隊は4個中隊に分かれ、各中隊は4個海兵隊急襲チームからなっている。この14名編成の海兵隊急襲チーム（MRT）は、さらに2個の7人編成戦術班に分かれている。MRTは陸軍特殊部隊を想定して編成されたもので、直接行動および特殊偵察を行ない、さらに、外国国内防衛を実行するための、言語、教育および文化的スキルを有する。

2007年のMARSOCのアフガニスタン配置当初には、部隊のフォックス中隊の行動が物議をかもして苦境におちいり、本国に戻されて指揮官も解任された。VBIED（車両爆弾）による自爆や小火器による攻撃など手のこんだ待ち伏せ攻撃を受けたこの中隊が銃撃したことにより、19人もの民間人が巻きぞえになったのだ。MARSOCの海兵隊員が、敵の銃撃配置地点を制圧しようとして、民間人を殺害したのだといわれている。

アフガニスタンへの配置初期から、MARSOCは特殊作戦軍（SOCOM）内の強力な一員となり、あらゆる領域の特殊作戦を行なう能力があることを証明している。MARSOCは、VSOプログラムのもと長期にわたる対反乱作戦を遂行し、ときには複雑な直接行動任務を実行して集落の安定化にも尽力している。

行なわれている改善を守ることを目的とした、アフガン治安部隊の訓練だ」。マクレイヴン大将はさらに、直接行動、つまり殺害や急襲捕獲が、地方のCOIN活動の成功に直結した、とも言う。「われわれの壊滅作戦は、VSO/ALP活動に貢献し、これを補完するものであり、敵のネットワークに混乱を生じさせる。敵の混乱により、…アフガニスタンにおけるVSO/ALPの拡大をおしすすめる余裕が生じるのだ」

作戦の大多数は、地方レベルで承認、実行されたが、夜間急襲だけは、上層部の認可を必要とした。隠密のSOFとぶつかる事態を避けるためと、裁判所の令状発布といった、アフガン政府の必要事項を満たすためだ。いわゆる夜襲は、長く、ISAFとアフガン政府とのあいだの不協和音の原因となった。ハーミド・カルザイ大統領は、とくに政権後半においては、こうした作戦がアフガン国民にとって無礼であると非難することもしばしばだった。こうした例はかなりまれではあったのだが、民間人がJSOCの襲撃によって殺害されると、カルザイは国内の政治事情のみを考慮した発言を行なう。カルザイは、ISAFおよびアメリカを支援しつ

独特なAOR2カムフラージュ戦闘服を着たアメリカ海軍SEALs隊員。南西部特殊作戦任務部隊に配置され、ウルズガン州の村の子どもたちにあいさつをしている。(ジェームズ・ギンター3等マスコミ特技兵撮影、アメリカ海軍提供)

第4章　対反乱作戦

つ、国民にはアフガニスタンにとっての必要事項を最優先させているとみなされるよう、バランスをみながら慎重に進む必要があったのだ。

アフガン治安部隊の訓練を担当するチームは、作戦遂行のさいには戦場まで同行している。ときには双方が組んで作戦を行ない、欧米のSOFがその計画の大半を受けもつこともあるが、アフガン部隊が主導し、欧米部隊のアドバイザーは同行しても、必要に応じて戦術的助言をあたえるだけ、という例が増加している。勇敢さをたたえ、MARSOCのある1等軍曹に死後に授与された海軍十字章も、こうした作戦における行動に対するものだった。これはアメリカで2番目に高位の勲章である。

あるときアフガン陸軍コマンドー部隊のパトロール・チームが、強固に防御した多数の建物にこもる武装集団から待ち伏せを受けた。3人のアフガン兵士が小火器で撃たれたため、2名の海兵隊員、ジョナサン・ギフォード1等軍曹とダニエル・プライス1等軍曹は全地形対応車（ATV）に向かって急ぎ、敵からの直接射撃のなか、負傷者を救出しようとした。ギフォードと

CH-47Dチヌークが背後に着陸するあいだ、周囲を監視するアメリカ陸軍レンジャー。2012年、アフガニスタン、バルフ州。（スティーヴン・クライン特技兵撮影、アメリカ陸軍提供）

渓谷にある遠く離れたターゲットに対し、無誘導70ミリ、ハイドラ・ロケットを放つ第160特殊作戦航空連隊のMH-60L直接行動侵攻機（DAP）。ハイドラ・ロケットは非常に効果が高く、とくに対人のフレシェット弾の威力は大きいが、広い範囲にばらまくために、友軍の周囲も危険になる。現在、レーザー誘導タイプが開発中だ。（アメリカ特殊作戦軍提供）

プライスは、安全な回収が可能なHLZまで負傷者をつれていき、その後戦闘に戻った。

ほかのアフガン・コマンドーたちは激しい銃撃に身動きがとれないため、ギフォードとプライスが先頭にたち、すぐに敵陣地への強襲にとりかかった。激しい近接戦闘が続くなか、このふたりはどうにか武装勢力が占拠する建物の屋根にのぼり、ギフォードが煙突に手榴弾を投下することができた。ギフォードとプライスに敵のPKM機関銃による銃撃が命中して、ふたりが命を落としたのは、その直後のことだった。

プライスはその日の行動に対して銀星章を受章した（その数年前に、プライスは銅星章を受章していた。ファラー州の銃撃戦において、車両が破壊されたあとも数時間にわたり、GMVに装備したMark 19グレネードランチャーで攻撃を続けた功績によるものだった）。

イラクの復興

アラビア半島合同統合特殊作戦任務部隊（CJSOTF-AP）は2003年5月に設立され、イラク侵攻中にSOFを指

第4章　対反乱作戦

揮した2個合同統合特殊作戦任務部隊（CJSOTF）と海軍タスクグループの後任となった。主要な戦闘作戦が終結し、SOFの人員のおよそ80パーセントが交代したが、タスクフォース20の要員は残り、JSOCの指揮下、元バース党員の高価値目標の追跡に移った。2003年以降、CJSOTF-APは第5および第10特殊部隊グループを中心にしており、7か月ごとのローテーションで配置され、ほかの特殊部隊グループの多数の要員がこれを支援している場合が多い。人数でいえば、2008年のイラク増派のさなかには、CJSOTF-APとJSOCタスクフォースもふくめ、およそ5500人のアメリカ軍SOFが戦場に配置されていた。

CJSOTF-APの多くは、おもに、地方のイラク部隊への訓練と助言という、特殊部隊の中核スキルに力をそそいでいた。こうしたイラク部隊からは最終的に、直接行動SOF部隊として発展し、デルタフォースと同類ともいえるイラク対テロ部隊（ICTF）や、レン

第9地方コマンドー大隊のイラク軍コマンドー兵。イラク特殊作戦軍が海軍SEALsに近接戦闘の射撃指導をうけているさいの写真。2006年、アンバール県。このコマンドーの武器はアメリカ製M4A1で、EO Tech社のホログラフィック・サイトを装着している。ヘルメットの頭頂部に、コマンドー部隊の記章をつけている点が通常と異なる。夜間に空から友軍を確認できるよう、赤外線で「光る」マーカーを、面ファスナーで接着するのが一般的だからだ。（ブランドン・ボムレンケ軍曹撮影、アメリカ陸軍提供）

イラクに短時間立ちよったエアフォース・ワン（大統領専用機）の護衛任務につくSEALチーム4のオペレーター。2007年。このSEALsが乗る海軍タイプGMVは、後部荷台部分に装甲プレートがくわえられている。（シェリー・A・サールビー2等軍曹撮影、アメリカ空軍提供）

ジャー連隊にちかく、3個大隊が生まれたイラク特殊作戦部隊（ISOF）も育った。ICTFは、デルタをモデルにしたオペレーター訓練課程も有している。当初はヨルダンで行なっていたが、2006年以降はイラクに本拠をおく90日間の訓練課程だ。ICTFは複雑な人質救出も数回成功させており、2004年のファルージャでの作戦以降、主要な作戦には実質すべてかかわった。

アメリカ特殊作戦軍（SOCOM）の機関紙「特殊戦（Special Warfare）」において、ケヴィン・ウェルズ准尉は、外国国内防衛（FID）と不正規戦（UW）という、陸軍グリーンベレーの活動の二面性についてこう回想した。「表面上は、UWはFIDとは対極にあるように見えるが、FID任務は、UWの訓練と思考によって強化される。武装勢力をいちばん混乱させ、おそれさせるものは、自分たちを追跡し、計画を邪魔し、民衆を反対勢力へと変える別の武装勢力の存在だ。大規模な正規部隊は…武装勢力にとって大きな脅威となるわけではない。そうなるのは、彼らの裏庭で展開する者たちなのだ」。ウェルズは続ける。イラクでは、「各ODAがすぐにこの任務に取り組み、どのようなものであれ、ISF［イラク治安部隊］にできることはすべてやらせ、同時に彼らを訓練しつつ、ターゲットをみつけ追跡した」。このプロセスを、ウェルズは「戦闘FID」とよんだ。

第4章　対反乱作戦

フセイン政権崩壊後の混乱状態においては、幅広い安定化作戦は必要性が高く、その一環として、特殊部隊は地方のイラク部隊の訓練をはじめた。それは、当初はおもに、国の安定化を支援できる治安部隊のようなものを育成しようとする、まとまりのない活動だった。アメリカ軍の部隊は、戦争終結直後の状況においては、あきらかに不利な立場にいた。正規部隊であれ非正規部隊であれ、アメリカとイギリス軍の兵士は、イラクで絶対的に必要とされる、法執行や民生部門の復興といったタイプの訓練は受けていなかったからだ。そうしたなか、連合国暫定施政当局（CPA）が行なった、イラクの軍事および治安組織を解散させるという決定はあきらかに不合理なものだった。これに不満をいだく者を急成長する武装勢力のグループに向かわせ、その反面、イラク国民は、秩序を維持する警察をもてないという結果をもたらすものでしかなかったからだ。

多国籍軍に対する勢力は、旧体制分子（FRE）といわれる、サダム挺身隊の残党や、イラク陸軍将校、犯罪者（のちには誘拐で稼げることに気づいた）、不満をいだく徴兵適齢男性などのよせ集まりからはじまった。皮肉にも、イラクにはもともと外国人戦士やアルカイダの戦士はいなかった。こうした兵士たちは、2003年以降、シリアやイランからイラクに入りこみはじめたのだ（イラクにおける「ヴァイキング・ハンマー」作戦で壊滅状態になったアンサール・アル・イスラムは例外）。

安定化計画は、おもに対外防衛のために、イラク陸軍の3個軽師団の育成を必要とした。そしてまとまりがなく支援も手薄なイラク警察が、武装集団に対する前線となる予定だった。警察の訓練は民間軍事会社のコントラクターが行なうことも多く、コントラクターはスキルや熱意のレベルがさまざまだった。一方特殊部隊ODAは、地方のイラク警察の特殊火器戦術部隊（SWAT）と組んで、戦術的スキルを教えた。イラク対テロ部隊（ICTF）は、前政権の崩壊後まもなく訓練をはじめた。多民族からなるICTFはイラクの対テロ部隊として、テロリストの脅威に対し一方的行動をとる部隊だという位置づけだった。ICTFは2006年までは、作戦上CJSOTF-APの管理下におかれたが、この年、新しく創設されたイラクテロ対策局（CTS）の指揮下に入り、この部隊の指揮および統制はイラクに渡された。

イラクのSOFではこのほかにも、グリーンベレーの支援もあり、SOCOMタイプの司令部が設立された。ICTF、第36コマンドー大隊、偵察大隊、イラク特殊戦学校、支援大隊を指

グリーンベレーが訓練したイラク対テロ部隊（ICTF）。2009年、人質救出をシミュレートした訓練。多くのイラク兵と違って、こうしたICTFのオペレーターは、行動も戦術も欧米のSOFとほぼ区別がつかない。当然のことながら、ICTFは多国籍軍の撤退後も、イスラム国とよく戦っている。（トマス・アヴィルシー大尉撮影、アメリカ陸軍提供）

揮するものとして、第1イラク特殊作戦旅団（ISOF）が創設されたのだ。同様に、イラク警察の特殊作戦司令部である緊急対応旅団が、地方のイラク警察SWATから生まれ、6個SWAT大隊という編成となった。

だがイラク陸軍とイラク警察内部の派閥主義と汚職は、依然として大きな障害だった。アメリカ陸軍のデイブ・バトラー少佐がある特殊部隊の将校にインタビューしたさい、将校はこう答えた。「ターゲットがシーア派の人間だとしたら、そいつが下っ端でないかぎり、［テロ対策局は］行動を起こそうとはしないだろう」。バトラーは、カルザイが夜襲に反対するようになったあとにアフガニスタンで採用されたのと同様の、令状制度が生まれたことについても述べている。これには、ターゲット設定のプロセスにおける汚職対策として、司法による独立した認可を必要とした。しかし残念ながら、認可のプロセス自体が汚職を生み、ターゲットが政治的、部族的、あるいは倫理的理由で却下された。また、認可されるものには作戦上の機密がふくまれることも多く、そのプロセスにかかわる部族グループのメンバーが、ターゲットが知りあいであれば、こっそりと情報をもらすこともあった。

第4章　対反乱作戦

「ファントム・フューリー」作戦

アメリカ軍SOFの全要員は、2004年のファルージャ侵攻におけるふたつの大規模攻撃作戦にかかわった。ファルージャは、イラクの都市部の人ならほぼ、危険な僻地だとみなす土地柄で、昔からシリア、サウジアラビア、ヨルダンへと潜りこむルートにあった。また地方の部族が治め、いまだにサダム・フセインに熱心な忠誠を誓っていた。この独裁者はつねにファルージャを優遇してある程度の自治を認め、その見返りに、ファルージャ出身者はフセインの軍事および諜報機関内で、重要な地位のかなりの部分を占めた。また、ここはイスラム教の一派で保守的なスンニ派の集結地だともみなされていた。

「イラクの自由」作戦はファルージャをほぼ迂回しており、侵攻直後には、ここは治安の真空地帯だった。この町は、フセイン政権の崩壊後は独自に評議会を任命し、多国籍軍からは展開を優先すべき地域ともみなされていなかった。問題が生じたのは、2003年4月末に、第82空挺連隊がこの町に配置されてからのことだ。空挺隊員は、小学校を暫定的なパトロール基地とした。このほぼ直後に、小学校を再開させたい民間人とのあいだで衝突が起きたのだ。険悪な雰囲気のなか、空挺隊員たちは抗議の声を上げる群衆のなかにひそむ銃手に銃撃された。これに反撃したために、デモ中の17人が死亡し、大勢が負傷する事態となった。さらに、この騒ぎでアメリカ部隊の兵士

パトロールで武装勢力の武器庫捜索を行なうイラク警察SWAT。この隊は、アメリカ陸軍特殊部隊、アルファ作戦分遣隊9522に指導を受けた。2008年、イラクのニナワ県西部。先頭車両には、手製のケージ装甲と対PKM銃撃シールドが装着されている。(トッド・フラントン2等マスコミ特技兵撮影、アメリカ海軍提供)

には負傷者が出なかったことも、火に油をそそぐ結果につながった。

数日後の抗議行動はさらに悲劇を生んだ。装甲車両部隊の隊員が、群衆を盾にした武装勢力の銃手に反撃し、デモ隊の3人が死亡したのだ。アメリカ部隊との接触ははじめてといえるこの地方の武装集団と元バース党員は、すぐに敵対行動を拡大させ、ハンヴィーの車列が待ち伏せされて、ファルージャではじめてアメリカ兵が死亡する事態におちいった。そしてアメリカ部隊のパトロールとイラク警察に対する攻撃は増し、状況はさらに悪化した。

イラクに外国人戦士を運ぶ「抜け道（ラットライン）」に近いために、ファルージャはアルカイダと、その指導者であるヨルダン人の前科者、アブ・ムサブ・ザルカウィの本拠となっていた。ザルカウィはファルージャ地域の武装集団との連携を確立させており、配下の外国人戦士たちはファルージャ市内のセーフハウスを利用して、戦士をイラクやその他の地方に移動させたり、またここを物資補給の中継拠点にしたりしていた。アルカイダの存在が地方の武装集団に勢いをつけた。アルカイダが、IED製造についての助言をはじめ、さまざまなスキルや装備を手渡したからだ。

ザルカウィはすでに統合特殊作戦コマンド（JOSC）タスクフォースの重要な高価値目標となっており、タスクフォースはザルカウィとその部下の追跡のため、ファルージャに多数の作戦を展開していた。ザルカウィのグループが人質にした外国人が、ファルージャに捕らわれているともみられていた（現在では、アメリカ人ジャーナリスト、ニック・バーグとイギリスの民間人技師ケネス・ビグリーの斬首はファルージャで行なわれたのではないかといわれている）。2004年3月後半にはデルタフォースの地上強襲部隊が、ファルージャ市内のターゲット地点から撤収するさいに待ち伏せされた。オペレーターがパンデュール装甲車両を遮蔽にしなければならないほどの激しい銃撃を受け、拘束した武装勢力のひとりが逃亡するという混乱状態におちいった。

その後ファルージャの担当はアメリカ海兵隊に移った。前任の陸軍部隊はファルージャが武装集団に占領されないよう全力で戦っていたが、海兵隊はそうした行動とは距離をおくという理性的な判断をくだした。海兵隊は、以前のデモ中に民間人が死亡した件を遅ればせながら償おうとし、さらに海兵隊のウッドランド迷彩カムフラージュ戦闘服とパトロール用のキャップを身に着けて、第82空挺連隊との差別化をはかった。しかし反乱の種はすでに開花し、民間人の多くにとっては、そうした努力はあまりにささいで、遅き

第4章 対反乱作戦

外国人戦士の潜入ルート（抜け道／ラットライン）、イラク、2005年

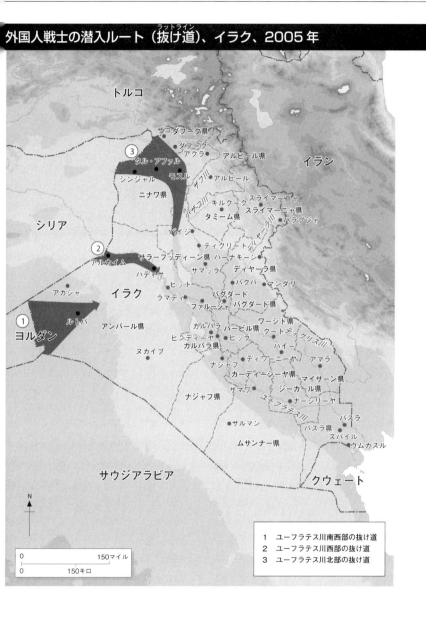

1 ユーフラテス川南西部の抜け道
2 ユーフラテス川西部の抜け道
3 ユーフラテス川北部の抜け道

西部特殊作戦任務部隊のアメリカ陸軍特殊部隊兵士。ハディサでの作戦にそなえ、GMPの準備中。2007年。オペレーターはACU迷彩と3色迷彩の砂漠用カムフラージュ戦闘服を着ている。(エリ・J・メデリン2等マスコミ特技兵撮影、アメリカ海軍提供)

に失したものだった。

　海兵隊が我慢の限界に達したのは、民間人契約者(コントラクター)を護衛していた民間軍事会社ブラックウォーターの4名の社員が待ち伏せされ、命を奪われたときだった。彼らは、ファルージャが緊張に包まれていることを重くみていなかったようだ。4名は非装甲車両である三菱パジェロSUVに乗っているときに待ち伏せされ、遺体は火を放たれ、無残にも、ユーフラテス川にかかるふたつの橋のひとつ、オールド・ブリッジからつりさげられた。殺害された軍事会社社員は、全員が元レンジャーおよびSEALs隊員だったという事実に、海兵隊の憤りは増した。この件は、1993年にソマリアのモガディシオで、デルタ狙撃手の遺体がたどった陰惨な運命をほうふつさせて不気味だった。

　これには即時対応が必要であり、海兵隊は、ファルージャへのそれまでの穏当なやり方に反する対応を命じられた。SOFはすぐに戦闘に入った。海兵隊フォースリーコンは偵察を主導しデルタはオペレーターを単独またはふたり組で海兵隊の小隊に送りこみ、通信、強襲および狙撃の専門スキルを、若く、経験の浅い海兵隊に提供した。結果も十分に検討されないまま、「ヴィジラント・リゾルヴ(油断のない決意(とき))」作戦が急きょ計画された。この作戦は、イラク全土の武装勢力と、スンニ派、シーア派双方に対する鬨の声となった。ニュース・メディアは、海兵隊がモスクを爆撃している(実際には、海兵隊は戦闘中に砲を撃ってはいない)という武装勢力の偽情報をくりかえし流し、さらに敵の怒りをあおっ

第4章 対反乱作戦

デルタ・オペレーターのベテラン兵3名。ドン・ホレンボー曹長と故ラリー・ボイヴィン最上級曹長もいる（もう1名は名前が不明の海兵隊員）。2004年、ファルージャの建物の屋上で戦闘直前に撮った写真。ホレンボーはこの戦闘で、名誉勲章についで高位の殊勲十字章を、故ボイヴィン最上級曹長は銀星章を受章することになる。（撮影者不明）

た。

このさなかに、多国籍軍とイラクの政治家たちが攻撃をやめるよう要請し、結局、ジョージ・W・ブッシュ大統領はこれに同意するほかなかった。海兵隊は攻撃作戦を中止し、ファルージャから撤収する計画を立てた。治安はファルージャ旅団という組織に引き継がれたが、これは地元で徴募した民兵組織で、武装勢力のメンバーだと疑われる者もなかにはいた。4月下旬、ファルージャからの全面撤退の直前、少人数のデルタフォースのチームが海兵隊の小隊とともに、監視所として利用していた2軒の建物に入った。デルタのオペレーターは海兵隊に、新タイプのAT-4（M136）、対構築物無反動砲の使用法を教えるために同行していた。

しかし、アメリカ部隊の位置はすぐに敵につきとめられ、まもなく大勢の武装集団が付近に到着しはじめた。狙撃手の射撃からその位置をつきとめた

ファルージャの建物の屋上で戦闘中のデルタ・オペレーターを撮影した非常にめずらしいショット。AT-4（M136）を撃っているオペレーターは、おそらく故ボイヴィン最上級曹長。手前のオペレーターは、ドン・ホレンボー曹長だろう。2004年4月の戦闘において、2名のオペレーターと海兵隊の小部隊は、300人もの武装勢力に包囲された。（撮影者不明）

特殊作戦部隊（SOF）の兵器

特殊部隊オペレーターはつねに、作戦上必要とされる最適な武器を使用している。サプレッサー付きデ・リーズル・カービン、第2次世界大戦中のFP-45リベレーター拳銃から、今日の特注のライフルにいたるまでさまざまだ。だから、一般的なSOFでいちばんよく使われている武器が、アメリカ軍の多くで標準採用されているM4カービンであることは驚きだろう。

M4あるいはその選抜射手向けタイプのM4A1は、特殊作戦軍（SOCOM）の全部隊と、SASR、フランスのCOS、あるいはニュージーランドSASなど、多くの多国籍軍で使用している。イギリスが使用するのは、M4のカナダ・タイプであるディマコC8だ。デルタフォースとDEVGRUでさえも、M4をベースとしたヘッケラー＆コッホ416を使う。これはM4をガスピストン作動方式に改修したものだ。

カービンは、近接戦闘（CQB）向けのウルトラ・ショートバレルのものもあれば、さまざまな電子サイト、不可視赤外線や可視レーザービームを発する装置などを利用できるようにもなっている。多くのオペレーターは、40ミリM320などのグレネードランチャーをカービンに装着している。DEVGRUなど一部部隊では、いまも旧式のM79グレネードランチャーを使用しているが、切りつめて大型拳銃のようにしている場合が多い。

5.56ミリカービンと同様の用途で、大半の部隊はヘッケラー＆コッホMP5とMP7という短機関銃（SMG）も使用している。これは多くはサプレッサーを装着し、CQBで用いる。SMGはかつてはSOFでよく使用される武器だったが、コンパクトな5.56ミリカービンと、ショートバレルからの発射でも威力を失わない特殊弾の開発で、現在では使われることがかなりまれになっている。都市部では、DEVGRUはいまもMP7A1短機関銃をサプレッサー付きで使用している。

拳銃も同じような状況だ。戦場で使用

敵は、RPGを撃ってきた。武装集団が利用する情報源は、これが海兵隊の小隊と数人の特殊部隊オペレーターによる単独の行動ではなく、ファルージャへの第2の攻撃の開始なのだと報告していた。RPGにくわえPKM重機関銃による攻撃もはじまり、300人ほどの武装勢力が、2軒の建物に襲いかかった。

海兵隊員が負傷したため、デルタ衛生兵のダン・ブリッグズ2等軍曹は小火器による銃撃に身をさらしながら、建物間の通りを6回は行ったり来たりして、重傷の海兵隊員たちの治療にあたった。37名のうち25名が負傷し、1名が亡くなった。2名のデルタ・オペレーター、ドン・ホレンボー曹長と

第4章 対反乱作戦

されているのは、ほぼグロックとSIGザウエルだ。伝統的な9ミリ、新興の40口径、45口径という3種の口径もよく使用されている。40口径はイラクではじめてデルタが使用した。45口径ではイラクの細かい砂にはうまく対処できないとわかったからだ。実地試験では、グロックが環境に左右されず、操作も問題がなかった。このため、部隊の多くはグロックに変更した。グリーンベレーでも、以前のベレッタではなく、グロック19を携帯する兵士が多かった。

第321特殊戦術中隊のアメリカ空軍戦闘統制官。陸軍グリーンベレーのODA配属で、ブラックホークに乗り上空からの監視を行なっている。かまえているのは、5.56ミリMk12特殊目的ライフル。この統制官がつけている地域別に作成した記章は「タスクフォース・カピサ」のもので、カピサとは、展開するアフガンの州の名だ。記章にはどの部隊にも使われるパニッシャー・スカルの髑髏と、この写真でははっきりとは見えないが、配属のODAの番号(この場合はODA0115)が描かれている。(ケヴィン・ウォレス技能軍曹撮影、アメリカ空軍提供)

ラリー・ボイヴィン最上級曹長は、2名の海兵隊員とともに3階建ての建物の屋上に陣取って、敵の猛攻をはばんだ。しかし、2名の海兵隊員と、すでに砲弾の破片で負傷していたボイヴィンは重傷を負ってしまった。負傷者を撤退させると、ホレンボーはひとり屋上に残った。

ホレンボーは撃っては走り、位置を変えては撃ち、そして敵に向かって手榴弾を投げた。途中、ホレンボーに向かって重機関銃が火を噴いたこともあった。しかしホレンボーはそれを、すくなくとも一時的には、M4カービンからの狙いすました数発で黙らせた。その後敵のPKMが攻撃を再開すると、

AT-4の最後の1発を発射し、PKMを使用不能におちいらせた。ホレンボーは、ハンヴィーが負傷者を運び出すまで銃撃を続けた。ようやく、海兵隊の大尉が階段を駆け上がってきて、残っているのはホレンボーだけだ、もう引き上げるときだと告げた。このときデルタ曹長ホレンボーのライフルのマガジンに残っていた銃弾は、ちょうど最後の1発だった。

若い海兵隊員たちを救おうとした功績により、3人のデルタ・オペレーターたちは勲章を授与された。ボイヴィンは銀星章、ホレンボーと勇気ある衛生兵のブリッグズは殊勲十字章だ。これは名誉勲章に次ぐ高位の勲章だ。残念なことに、ボイヴィン最上級曹長は、デルタを除隊後アメリカに戻ってから、2012年に不慮の踏切事故で亡くなった。

デルタとJSOCタスクフォースは、「ヴィジラント・リゾルヴ」作戦から、のちに「ファントム・フューリー」作戦とよばれるものが発動されるまでのあいだ、ザルカウィとその補佐官の追跡を続けた。「ファントム・フューリー」作戦（あるいは、アラビア語で「新たな夜明け」を意味する「アル・ファジール」作戦）は、2004年10月にはじまった。タスクフォースは、ファルージャ市内で数日ごとにターゲットを、おもに精密爆撃によってつぶしていった。地上強襲部隊の投入を検討

するには、あまりに危険が大きかったからだ。ファルージャの武装勢力は、多国籍軍がかならず攻撃してくることを理解しており、流入した外国人戦士の指導のもと、市内全域に防衛ネットワークを構築しはじめていた。

市内の防衛には、要塞化した建物、塹壕、装甲車両をはばむ防壁などさまざまなものを利用し、さらに、戦略的に車爆弾をおき、IEDを数珠つなぎに設置し、また舗道に埋めて反乱軍が上からアスファルトを張って隠したものまであった。武装勢力はまた市内の一部の家に大量のIEDをおいて、殉教者がおとりとなってアメリカの部隊を引き入れ、その周辺の建物を爆破しようとする策まではじめた。

防壁付近で偵察を行なうSEALsは、武装集団が暗視装置まで装備しているという報告の真偽を確認した。通りに赤外線ケミカルライトを投げると、すぐに小火器による攻撃がはじまった。すくなくとも敵の一部は、なんらかの暗視装置をもっているという証拠だった。のちにあきらかになったことだが、外国人戦士のなかには、イラク陸軍兵士をよそおい、旧式のアメリカ軍のチョコレートチップ迷彩の戦闘服を着た経験豊富なチェチェン人もいたのだ。武装勢力の陣地の多くからは、アンフェタミン（覚せい剤）の液体も発見された。敵戦士はこれを摂取し気分を高

第4章　対反乱作戦

ポーランドGROMとアメリカ陸軍特殊部隊との合同パトロール。2007年、イラクのディワーニーヤにおける「ジャッカル」作戦中に武装勢力と交戦中の写真。(ロブ・サミット軍曹撮影、アメリカ陸軍提供)

武装勢力の陣地まで前進するポーランドGROMとグリーンベレー。GMVを遮蔽にしている。2007年イラク、ディワーニーヤ。このGMVにはFRAG装甲キットがそなわり、市街戦にそなえ、さらに装甲プレートと強化ガラスが荷台部分に装着されている。(ロブ・サミット軍曹撮影、アメリカ陸軍提供)

揚させて、激しい銃撃を行なうのだという話だった。

「ファントム・フューリー」作戦始動前の、海兵隊による最後の脅威評価には、こう書かれている。市内には約「306基の頑丈な防御陣地があり…その多くは即席爆発装置（IED）がとりつけられている。情報では、ファルージャの72のモスクのうち33が、武装勢力の会合や武器や銃弾の保管、拉致被害者の尋問や拷問、またイスラム法による違法な裁判に使用されている」

JSOCのチーム、SEALs、第5特殊部隊グループおよび海兵隊フォースリーコンは、作戦始動までに計画の練りあげに大きくかかわり、11月7日、多国籍軍正規部隊が市内へと入った。SOFが練った作戦計画には、海兵隊

が行なう高度な陽動作戦もあり、これは敵に最終的な強襲目標を知られないためのものだった。さらに敵戦力を可能なかぎり確認する近接偵察や、物資補給の拠点やIEDの工場をターゲットとした直接行動任務も行なうことになっていた。そして11月7日の夜、防壁は突破され、多国籍軍がファルージャ市内に入った。

海兵隊の中隊の多くに配属されたのがSEALsの狙撃チームで、おもにSEALチーム3、5、10の狙撃手がこの任務にあたった。海兵隊のある中佐はこう解説した。

> われわれはナジャフで同じことを経験済みで、それはファルージャでもとてもうまくいった。参加した狙撃チームの能力は非常に高かった。みな、統合戦術航空統制官（JTAC）の資格をもち、航空機への攻撃要請もできたからだ。そこでわれわれは狙撃チームを中隊につけ、非常に高い建物や射撃に向いた立地など、要所要所でチームを降ろしてそこに配置した。遮蔽を利用してチームを陣地に入れて、彼らの安全を確保する。狙撃チームに迅速対応部隊（QRF）の役割をもたせ、チームが敵との接触を断つ必要があるときには、再合流すればいいのだ。

こうしたSEALs狙撃班のなかに、映画『アメリカン・スナイパー』（2014年、アメリカ）で有名になった伝説の狙撃手、クリス・カイルもいた。カイルは任務を迅速にこなしてアメリカ軍で最高の狙撃数を達成しており、ファルージャではさらに狙撃数を19増やした（カイルの狙撃確定数は160であり、自身は、海軍除隊までに255をあげたと主張した。残念なことにカイルは2013年にアメリカで殺害された）。カイルとその他のSEALsは、2名の狙撃手と2名の観測員に安全確保要員1名という少人数のチームで活動した。

デルタと第5特殊部隊グループのグリーンベレーのオペレーターも、多くは3から4名のオペレーターからなる少人数のチームに分かれ、海兵隊と陸軍歩兵部隊に組みこまれた。これらチームは、以前に「ヴィジラント・リゾルブ」作戦中に確立された活動を参考にした。高度な通信や、狙撃、強襲経験を提供し、市内の家から家へと戦っていく歩兵部隊兵士や海兵隊員の指導を担ったのだ。海兵隊フォースリーコンは市内に潜入し、作戦開始数日前に隠れ家を設置して、砲撃と空爆を要請できるようにした。ファルージャでの作戦もまた、創設されてまもない、海兵隊特殊作戦コマンド（MARSOC）第1分遣隊の海兵隊員が参加した初期の戦闘のひとつとなった。

第4章 対反乱作戦

イラク陸軍偵察部隊を指導するSEALs。2007年、ファルージャ。(エリ・J・メデリン2等マスコミ特技兵撮影、アメリカ海軍提供)

イラクのSEALs

イラク侵攻に続き、SEALsの小隊はイラク全土をまわり、アメリカ部隊とイラク部隊のパトロール向けに監視をし、地方のイラク軍部隊に直接指導を行なった。また問題が確認されている地点では、監視と狙撃任務も行なった。2004年9月、SEALsの狙撃班が、バグダードでも非常に治安の悪いハイファ・ストリートに対する監視所設置と監視の任務を負った。イギリスSASが北アイルランドで最初に用いたテクニックを使って、SEALsは大隊規模の機械化部隊のなかに潜りこんだ。この部隊が狙撃班を目的地につれていってくれるのだ。ブラッドレー歩兵戦闘車両(IFV)に乗った正規部隊が注意を引きつけているうちに、狙撃手たちがひそかに付近の建物に入って、隠れ家を設置する、というわけだ。

この場合は、まったく計画どおりの展開にはならなかった。ブラッドレーが立ち去って数分後、SEALsは攻撃されたのだ。だれかが建物に入るチームを見かけ、そのことが敵に伝わったのだろう。SEALsは、自分たちがまぎれこんでいた第9騎兵連隊に知らせ、反撃を開始した。ブラッドレーは方向転換して隠れ家の位置まで戻った。だ

SEALsに訓練を受けるイラク陸軍偵察部隊。実弾射撃による近接戦闘訓練を行なっている。2008年。この兵士は、アメリカ軍の旧タイプ、3色迷彩の砂漠用戦闘服を着ている。顔をおおうバンダナにはスカルの絵も見える（このスカルもSEALsが一般につけるもの）。ほかのふたりの仲間は、どちらもマスクをつけている。兵士の家族が武装勢力による暴力のターゲットにされることも多いため、マスクで顔を隠すのは常識となっていた。（ダニエル・T・ウエスト軍曹撮影、アメリカ陸軍提供）

が、騎兵連隊の騎兵たちが到着し、車両の周囲の安全確保を行なおうとしたそのとき、猛スピードで角をまわってきた1台の民間車両が、ブラッドレーの後部に追突して大爆発した。このときブラッドレーに駆け上がって仲間を助けた兵士は、銀星章を授与された。驚くべきことに負傷者は1名も出ず、SEALsは別のブラッドレーに援護されて撤収した。

2005年以降、SEALsはイラク西部アンバール県での活動に大きくかかわった。アンバールにはふたつの主要都市がある。ファルージャとラマディだ。ファルージャは、ここを奪回するためにふたつの大規模攻撃を行なわざるをえない状況まで事態は悪化し、また海兵隊もラマディで手一杯の状態だった。すでに大きな問題をかかえていたラマディだったが、イラクのアルカイダ（AQI）の戦士がファルージャからラマディへとのがれてくると、さらに混乱の度合が増したのだ。1個SEALsタスクユニット（任務隊）が海兵隊とともにアサド空軍基地に配置され、ラマディとハッバニヤーに要員を送り出

第4章　対反乱作戦

した。SEALsは、当初は海兵隊のためにターゲットを見つけ、狙撃手による監視でパトロールを援護する任務を負っていた。だがSEALsはすでにハッバニヤーでイラク陸軍部隊を訓練しつつあったため、この年の後半までは、外国国内防衛がSEALsの主要任務となった。

SEALsタスクユニットは通常はSEALsの2個小隊で編成される。各小隊は、7人の分隊2個で構成、下級士官が指揮する。こうしたタスクユニット3個（4個の場合も多い）が特殊舟艇チーム分遣隊と本部チームとともに、海軍特殊戦中隊を編成した。本部チームには、情報統合、ターゲット選定、EODの要員がいた。

元SEALs隊員で作家のディック・カウチによると、SEALsがFIDに本腰を入れはじめた時点では、イラクの2個部隊と一緒だった。従来の偵察任務を行なう陸軍偵察部隊と、地元で編成され、のちにSEALsとともに戦うことになる特殊任務小隊（SMP）だ。訓練は、パトロールや少人数部隊戦術といった、基本的な歩兵のスキルを中心に行なわれた。SEALsは狙撃や対IEDテクニックといった高度なテーマを扱うことを避けた。指導する自分たちへの忠誠心がどの程度か、まだ把握しきれてはいなかったからだ。もともともっているスキルのレベルが低いこととならび、イラク軍や役人に力のある下士官（NCO）クラスの人材がおらず、政治任用職に毛がはえた程度である点にSEALsは悩まされた。

カウチは、訓練任務に対するSEALsの当初の感情にかんして、イラクで活動したSEALsの大尉の発言を紹介している。

　［SEALsにとって］DA（直接行動）がなければ、やる価値がない。それがオペレーターの気持ちだった。われわれが訓練任務についたとき、期待と現実の大きなミスマッチにぶつかったんだ。だが、それが任務で、われわれは指導者だ。それにわれわれが戦場に出るつもりなら、自分たちが訓練したイラク兵たちと行動することになる。そう考えると、隊員たちは、訓練任務に少しだけ精を出すようになったんだ。

だがこうした任務が実を結ぶまもなく、SEALsはアメリカとイラクの混成チームで合同作戦を行なうことになった。たとえば特殊偵察任務は、2名のアメリカ兵と8名のイラク兵の合同チームで行なう。初期には、このチームが任務のうち監視部分を受けもち、アメリカ陸軍の正規部隊や海兵隊の部隊が急襲や逮捕の任務を行なった。そしてSEALsがラマディに向けて前進

しつつあるころ、イラクのアルカイダ（AQI）がこのエリアに侵入しはじめた。地方のシェイクをターゲットにして、聖戦士と地元部族との婚姻を認めさせ、この地に確固とした支持基盤を作ろうとしたのだ。その結果、こうしたやり方に抵抗するシェイクはアルカイダから残虐な仕打ちを受け、斬首されて遺体はそのシェイクの居住地域にすてられた。アルカイダはラマディに、イスラム法による影の地方政府をおこうとした。アフガニスタンの紛争地でタリバンが統治したのとほぼ同じやり方だが、しかし、それがのちにAQIの失脚につながるのだ。

2006年前半、SEALsは、アメリカ軍第1機甲師団第1旅団戦闘団と行動をともにすることが増えた。この師団は、ラマディでの正規部隊による大規模な攻撃を計画していた。SEALsはイラク陸軍偵察部隊と特殊任務小隊（SMP）とともに、偵察、監視および狙撃手による監視任務を行なう予定だった。SEALs自体も、組織をターゲットとするのにくわえ、地方の武装勢力指導者たちの急襲にも取り組んだ。第1旅団戦闘団が一斉攻撃を開始してラマディのAQI戦士を掃討すると、

アルカイダの外国人戦士組織をターゲットとした作戦に向かう準備をするSEALチーム10の隊員たち。2007年、イラクのファルージャ。左のオペレーターのボディアーマーの背に描かれたカエルのエンブレムは、有名なパニッシャー・スカルとともに、SEALsがよくつけているものだ。（エリ・J・メデリン2等マスコミ特技兵撮影、アメリカ海軍提供）

第4章　対反乱作戦

アメリカ海軍SEALsの下士官、マイケル・A・モンソール。Mk46SAWを携行し、ラマディでのパトロール中の写真。モンソールは敵が投げた手榴弾におおいかぶさり命を落とした。これがチームメイトの命を救い、死後、名誉勲章を授与された。（アメリカ海軍提供）

およそ1100人の武装勢力が殺害されたが、この3分の1は配属されたSEALsの狙撃手によるものだった。

このとき、2名のSEALsオペレーターが戦闘で命を落とした。ラマディにおけるSEALs初の損失だった。下士官マイク・モンソールは、屋上での銃撃戦で、敵が投げた手榴弾におおいかぶさって亡くなった。仲間のSEALs2名は手榴弾の破片で重傷を負い、イラクの偵察兵たちは、遮蔽となる建物に逃げこんでしまった。もうひとりのSEALs隊員は、軽傷だったので仲間に無線連絡し、おじけづくイラク偵察兵たちを叱咤して反撃させた。別の監視陣地にいたSEALsの1班が敵による一斉射撃のなかを、息絶えようとしているモンソールと仲間のもとへかけつけた。ブラッドレーIFV（歩兵戦闘車両）が負傷したSEALsをひろって撤収させたものの、残念ながらモンソールには手のほどこしようがなかった。モンソールは、これ以前にもファルージャ市内の戦闘で、負傷した

SEALsを救助した功績で銀星章を授与されており、それにくわえ名誉勲章も受章した。

正規部隊とSEALsがラマディで成果をあげ、さらにはAQIがとった戦術が残忍だったこともあり、地方警察主導の採用も増加した。地方のシェイクの民兵をイラク治安部隊の制服兵として組織に組みこむプログラムも生まれた。こうした民兵のうち志願者が地方レベルで活動し、アルカイダから地元社会を守るのだ。これについてはシェイクが気前のよい支給金を受け、アメリカの民間軍事会社から契約の誘いを受ける機会もあった。転機となったのは、2006年8月のシェイク・カリッドの拉致と殺害だった。1か月後、シェイクたちはAQIと戦うことに同意する宣言に署名し、2006年末には、元武装勢力の兵士までもが、駆け出しの地方警察に参加しつつあった。のちに「アンバール覚醒評議会」といわれるようになるものの誕生だった。

隣接するファルージャでは、SEALsタスクユニットも戦闘に大きくかかわっていた。AQIの指導者を捕獲するある合同作戦では、先頭に立って建物に入ったイラクの偵察兵が命を落とした。偵察兵とともにいたSEALsは重傷を負い、その他のSEALs2名が反撃して、左右に分かれて即刻突入した。左手の部屋に入ったマート・デール上級上等兵曹は、至近距離から撃ってくる3人の武装勢力兵士とはちあわせした。このとき玄関を入ってきたSEALsのチームメイトはAK弾で頭を撃たれ、即死してしまう。別の銃弾がデールの親指の先にあたり、Mk18カービンを吹き飛ばした。だがデールはすぐにSIGザウエルP226拳銃にもち替えて、敵と交戦した。デール上級上等兵曹は27発もの銃弾をくらったが、そのうち11発はボディアーマーのセラミックプレートがくいとめた。デールはP226の銃弾がつきるまで撃ち、敵を3人とも倒した。デール上級上等兵曹は全快したのち、SEALsでの軍務に戻っている。

部隊の状況

マクリスタル大将のJSOCタスクフォース起用法がうまく作用していると思われたため、陸軍特殊部隊は結局、直接行動に再度力をそそぐようになった。マクリスタル大将は、公然(ホワイト)と活動する特殊作戦部隊(SOF)を、タスクフォースの作戦にさらに組みこむことを進め、これを実現させた。大将はまたタスクフォース17を立ち上げた。これは「対イランの影響力」SOFで、おもに陸軍特殊部隊ODAで編成され、当初はグリーンベレーの将校が指揮した(資源について衝突したあとは、デルタ将校

がこれに代わった)。またグリーンベレーによるイラク特殊作戦部隊（ISOF）の指導が成功したということは、つまり、グリーンベレーがイラクで行なってきた従来タイプの対反乱活動も残り少なくなったことを意味した。グリーンベレーはISOFの部隊に組みこまれてともに生活し、任務に同行し、実質、イラク・アメリカ混成の特殊作戦チームを形成するようになっていた。そして陸軍特殊部隊は、地位協定にもとづきアメリカ軍がイラクから最終撤退を行なうまで、イラクの特殊部隊とともに展開を続けたのである。

「不朽の自由」作戦
──フィリピン

テロとの全面戦争のはじまり以降、もうひとつ、あまり知られてはいない作戦がある。「フィリピン不朽の自由」作戦（OEF-P）だ。その名でわかるように、フィリピンのテロリズムと戦うために立案された作戦である。フィリピンは長期にわたって、モロ民族解放戦線を中心とする、ミンダナオ島のイスラム教徒による反乱に苦しんできた。モロは訓練キャンプを運営し、ここは、1980年代をとおして、アフガニスタンの聖戦にくわわろうとする大勢の聖戦士を受け入れた。このアラブ・アフガンたちとの接触により、のちにアルカイダの主要メンバーになる人物たちとのつながりが築かれたのだ。

ここではふたつのテロリスト・グループが形成された。まず、ソ連・アフガン紛争から戻った聖戦士からなるアブ・サヤフ・グループ（ASG）。そしてジェマー・イスラミア（JI）だ。どちらの組織も、この地域で欧米人やアジア人をターゲットにテロ攻撃をはじめた。9・11以降および、ハリド・シェイク・モハメドとJIが活動するようになってから、アメリカはフィリピン政府に軍事支援を申し入れ、感謝をもって受け入れられた。

「フィリピン不朽の自由」作戦は、アメリカ特殊作戦軍（SOCOM）の用語で「全局面配置および戦闘」を行なうべく、2002年に設けられた。端的にいえばOEF-Pは、アメリカ軍が、フィリピン警察とフィリピン陸軍の特殊作戦および情報部隊との、長期にわたる協力作戦に力を入れるものだ。OEF-Pはまた、こうした地方の部隊に専門的能力の開発を提供し、とくに対ASGおよびJIに必要なスキルを育成している。たとえば、暗視ゴーグルを利用したヘリコプターの操縦、戦術的情報収集および探索、近接戦闘のスキルなどがあげられる。

任務と作業の大半は、アメリカ陸軍グリーンベレーの、とくに第1特殊部隊グループの肩にかかっている。

外国国内防衛の一環として、小火器の訓練を行ないフィリピン陸軍を支援する海兵隊特殊作戦コマンドのオペレーター。「フィリピン不朽の自由」作戦でのひとコマ。(トロイ・ラサム1等マスコミ特技兵撮影、アメリカ海軍提供)

SEALsとアメリカ空軍特殊部隊グループも、フィリピンに長期駐留している(フィリピン空軍は、旧式のOV-10対地攻撃機から誘導弾を投下する能力を身に着けた。これはCIAのSAD航空班とアメリカ空軍による支援の成果だ)。アメリカの全SOFはフィリピン統合特殊作戦任務部隊のもと、アフガニスタンやアフリカの角でみずからの組織が行なったのと同様のやり方で活動している。指導および合同訓練にくわえ、特殊部隊は、対テロ目的のプロパガンダ活動のために辺鄙な村々に診療所をおくなど、多数の対反乱活動を実行している。

グリーンベレーとSEALsがそれぞれ行なった合同作戦で、詳細の確認がとれているものはほとんどない。だがどちらの部隊も、フィリピン陸軍と警察SOFと組んでいる。ここ何年も、オーストラリアSASRが直接行動任務についているといううわさも多いが、

第4章 対反乱作戦

残念ながら、これはどれも裏がとれていない。SASRの1個小隊が、バリのナイトクラブ爆破事件の実行犯2名を追跡する合同作戦を行なっているともいわれている。

公式には、特殊作戦任務部隊は「戦闘作戦にはかかわらず、場所に関係なく活動することはない」。つねに地元のSOFと同行し、防衛の場合のみ、それも非常時にのみ銃撃は認められる。アブ・サヤフに拉致されたアメリカ人宣教師夫婦の救出にかかわるうわさもある。2002年6月に行なった救出作戦は失敗し、集中攻撃のなか宣教師のひとりと別の人質が命を落としたが、これはフィリピンのSOFではなく、地元の準軍事組織の部隊が実行したものだった。また、うわさでは、待機していたのはDEVGRUのゴールド中隊で、この地方のSOFの支援や、必要であれば一方的作戦を実行するために前方展開していたという。これが事実なら、この中隊に作戦実行の承認が下りなかったのは不運だった。

「フィリピン不朽の自由」作戦に配置されたSEALsを支援し、高速でボートを走らせる特殊船艇チーム。このボートには、複数の連装M240機関銃、M134ミニガンなど、驚くほどの火力を搭載している。こうしたボートは近年のハリウッド映画『ネイビー・シールズ』（2012年、アメリカ）にも登場している。

南部の都市ザンボアンガで起きたテロリストによる爆破では、1名のグリーンベレーが亡くなり、何年も活動が続くうちに、負傷した特殊部隊やSEALs隊員の話も聞こえてくる。これは、彼らがときには直接行動にごくちかいことを行なっている証拠だろう。アメリカ人の人質をとったアブ・サヤフの指導者、アブ・サバヤの待ち伏せ作戦には、フィリピンではない国の部隊がかかわった。救出作戦が失敗したあとまもなく、アメリカのISR（情報収集・監視・偵察）チームのメンバーがテロリスト指導者の居所をつきとめた。そして高速RIB（リジット・インフレータブル・ボート、複合艇）に乗ったSEALsの支援を受けたフィリピン海軍特殊作戦グループが、サバヤを待ちかまえたのだ。

　アメリカ軍のプレデターUAVは、密輸船で逃亡をはかるターゲットに「レーザーを照射」して、フィリピンの特殊部隊オペレーターのためにターゲットをマークした（赤外線レーザーは、暗視ゴーグルをとおしてのみ見える）。アメリカ陸軍ナイトストーカーズのMH-47Eヘリコプターもこの作戦には参加し、フィリピンのオペレーターが銃撃するあいだ、ヘリコプターに搭載したサーチライトでターゲットの船を照らし出した。テロリストの指導者は殺害され、その他4人のテロリストも捕縛された。

# 第5章

産業対テロ

イラクにおけるアルカイダ捕獲作戦、
2003-2012 年

「大勢のやつらがここをいみ嫌っているのはたしかだ。だが、早朝、陽がのぼると、気温もほどよく上がり、空は澄みきって…住民についてはなんとも言えないな。交流といっても、午前2時に家におしかけるくらいだし、相手はひどくおびえているのがふつうだから」アメリカ陸軍レンジャー、イラク。

イラク侵攻以来、統合特殊作戦コマンド（JSOC）のタスクフォース20は何度も名称変更をへている。当時の名称があまりに有名になり、メディアが書きたてたからだ。当初、アフガニスタンとイラクで活動するタスクフォースは2個あり、関連はあるものの、別個の名をもっていた。それぞれ、タスクフォース5（旧タスクフォース11）とタスクフォース20だ。このふたつは2003年7月に合併してタスクフォース21、さらにはそののちタスクフォース121と改名された。

タスクフォースの名の寿命は、数か月から1年、あるいはそれ以上とさまざまだ。タスクフォース121も、タスクフォース6-26、タスクフォース145となり、さらにタスクフォース88と変更された。中央軍（CENTCOM）の記者会見では、タスクフォースの作戦の結果が報告されることもあるが、タスクフォースがかかわっていることを隠して、「OCF」とか「ほかの多国籍軍部隊」とよぶ。イラクに配置された正規部隊とほかの特殊作戦部隊（SOF）でさえ、「タスクフォース」というそっけない名でしか彼らのことを知らない。

タスクフォースの本部と支援チームは当初はバグダード国際空港（BIAP）におかれ、キャンプ・ナマとよばれていたが、その後バラドのキャンプ・ア

イギリス特殊部隊支援グループ（SFSG）オペレーターの貴重な写真。2006年ころ。SFSGは直接行動任務も地方の治安部隊の訓練も、どちらも行なった。当時はめずらしかったクレイ・マルチカム迷彩の戦闘服を着て、L85A2アサルトライフルと、改良型L110A2ミニミ・パラトルーパー軽機関銃、サプレッサー付きH&K417マークスマンライフルを携行している。この後まもなく、L85A2は、ほかのイギリス特殊部隊に合わせディマコC8カービンに代わった。（撮影者不明）

第5章　産業対テロ

アメリカの特殊作戦部隊。詳細は不明だが、おそらくグリーンベレーと思われる。イラクにおける作戦中。後方には隠密捜査官がいる。（撮影者不明）

ナコンダの空軍基地に移った。作戦要員は地域をもとに4個に分けて配置され（5個めが2006年2月にくわわり、タスクフォース・イーストとなった）、1個をのぞき、すべてアメリカ陸軍および空軍のSOFで編成されていた。

タスクフォース・セントラルはデルタフォースの1個中隊を中心にレンジャー連隊の小隊が警護および即応部隊としてくわわり、バグダード中央部に本拠をおいた。タスクフォース・ウエストはDEVGRUの1個中隊からなり、これもレンジャーの補強小隊が支援し、ティクリートに本拠をおいた。タスクフォース・ノースはレンジャーがデルタの駐屯隊の小グループとともに活動し、本拠は北部の都市モスル郊外だった。どの地域別タスクフォースも、第160特殊航空連隊（SOAR）、ナイトストーカーズのヘリコプター搭乗員が支援していた。

アメリカ軍の部隊ではない唯一のタスクフォースがブラックで、イギリスSASセイバー中隊と特殊部隊支援グループ（SFSG、またはタスクフォース・マルーン）のパラシュート兵の小隊が交代で配置されていた。陸軍情報軍団の統合支援グループ（JSG）の少人数のチームがそれにくわわり、非常に隠密性の高いJSGは、特殊部隊のための人的情報ネットワークを運営し、「使徒」（最初は12人だったため）とよばれる地元民のグループに仕事を課した。このグループはJSGとSASから、監視と都市偵察のテクニックの訓練を受けていた。そして「使徒」は、JSGや特殊偵察連隊（SRR）さえも予想もしなかったような場所の偵察を行なった。

イギリスの特殊部隊の本拠は、バグダードの、ステーション・ハウスとよばれた建物内のデルタの隣の部屋におかれていた（ふたつの部隊のあいだで簡単に意思の疎通をはかれるように、デルタとSASの隊員があいだの壁を壊した）。SASが本拠地としたタスクフォース・セントラルの居場所は、コードネームをミッション・サポート・

サイト（MSS）フェルナンデスといい、これは、ティクリート付近でタスクフォース・ウルヴァリンと作戦を行なったさいに命を落としたデルタの曹長にちなんだ名だった。この建物の前においた即席の着陸パッドには、第160SOARのヘリコプターが着陸し、強襲部隊をひろって夜間の急襲に運べるようになっていた。

　アメリカ軍第160SOARのヘリコプターに往復輸送してもらうことはたびたびだったが、SASはイギリス空軍特殊部隊飛行班のチヌークと、多目的ヘリコプター、リンクスを飛ばす陸軍航空隊第675中隊の支援を受けていた。この任務のもっとあとには、SASはイギリス空軍のヘリコプター、ピューマからも支援を受けることになる。

　JSOCタスクフォースのために活動するアメリカの部隊は、通常は3か月交代の勤務だった。非常に速いテンポで、かつ危険な性質の作戦であったためだ。タスクフォースで数回任務についたレンジャー隊員はこう語っている。「正規部隊の日常的業務は知らないが、おれたちがやっていることを12か月続ければ消耗してしまう。疲れきって無関心になり、命を落とす者が続出するだろう」。SASは、タスクフォースにくわわった最初の2年は4か月交代だったが、その後は6か月にのびた。心身ともに厳しい任務ではあったが、これによってイギリスのオペレーターは敵の理解を深め、各中隊の戦闘配置の間隔がのびるという利点もくわわった。

　イラクにおけるタスクフォースの任務は、急速に勢力を拡大しつつあるスンニ派の武装勢力を倒すことだった。手はじめに、タスクフォースは旧バース党の党員（サダム・フセインの政党）をターゲットにした。まだ経験は浅いものの、多国籍軍に対する武装抵抗グループを組織しており、これは旧体制分子（FRE）といわれるようになっていたからだ。オペレーターたちには、サダム・フセイン政権上層部にいた将軍や将校で、まだ行方が判明しない者を描いたトランプが配られた。だがスンニ派の武装勢力の勢いが増すと、アメリカの部隊はスンニ派の兵士や、イラクに入ってくる外国人戦士をターゲットにしはじめた。そしてイギリスの部隊はおもにFREのターゲット・リストに追いやられ、「古いターゲット_{オールドマン}」を追跡することに不満をもった。

　レンジャーの隊員たちは独自の急襲を計画し、実行して、またデルタなど、特殊な任務を遂行する部隊の護衛も行なった。レンジャーのベテラン兵はこう述べている。「おれたちがやるのはおもに急襲だ。［空軍特殊戦術チームを守るために］CSAR［戦闘捜索救難］作戦につく中隊も2個あるし、もちろん

第5章　産業対テロ

タスクフォース・ブラックに配属されたイギリスSASのオペレーター。2005年ころ。バラクレイト・ボディアーマーには、ひかえめにユニオン・ジャックが縫いつけられている。チェストマウントの拳銃ホルスターと、さまざまなカムフラージュ戦闘服を身に着けている。SASはまもなく、デルタフォースに合わせマルチカム迷彩に変更する。(撮影者不明)

めずらしい日中の急襲に出発するデルタフォース。2003-2004年ころ。M4A1カービンはまだH&K416に代わっておらず、「ZAP」ナンバー(オペレーターを識別する数字と文字の組みあわせで、通常はパッチ)もつけず、旧式のウッドランド迷彩のポーチをもっている。(撮影者不明)

CAG［デルタ］やDEVGRUといったトップクラスのSOFも支援する。SEALsと統合任務部隊も編成している。どちらも海外で同じような任務［直接行動］を担うからだ。隔離や安全確保任務、襲撃をSEALsと交代でやるんだ」

タスクフォースはこれまでにいくつか作戦を成功させていた。たとえば2003年4月19日に、バグダッドでパレスティナ人テロリスト指導者のモハメド・アッバスを捕獲しているし、4月25日にはイラク副大統領タリク・アジズを逮捕した。タスクフォースは

めずらしく、単発の任務も数回実行した。のちに隠密作戦に使用するために、敵のヘリコプターMi-17ヒップを回収したこともある。さらに、4月はずっと、大量破壊兵器（WMD）の保管場所と疑われる場所の急襲を続けた。陸軍の正式なWMD SSEチーム——第75探索タスクフォース——の到着より数時間早く実行したこともある。

また、逃亡するバース党員の阻止（戦闘地域へ向かう途上の敵部隊や物資を遅延させたり、妨害したり、破壊したりする）任務を担い、この地域でいくどか大きな成功をおさめた。2003年6月18日の夜には、シリア国境付近で、AC-130スペクター固定翼ガンシップがタスクフォース20のオペレーターに誘導され、シリアへと逃亡するバース党員の車列を攻撃した。情報から判断すると、車列にはフセインや、その息子のウダイとクサイがふくまれている可能性があった。また、それが石油密輸業者の車列だという報告もあった。

AC-130が機銃掃射して車列を破壊すると、タスクフォース20は付近の建物にヘリコプターからの空挺強襲を行なったが、そこは、前政権のメンバーに国境を越えさせるための、バース党のセーフハウスだということが判明した。またシリアの国境警備隊がタスクフォースに銃撃をしかけてきたものの、タスクフォースからの一方的な銃撃戦になってシリア人数人が死亡するという事態も発生した。17人ほどのシリア国境警備隊は捕らえられたが、すぐに解放された。そのなかには負傷者が5人おり、シリアに戻る前にデルタの衛生兵の治療を受けた。イギリスの特殊部隊、タスクフォース・ブラックはデルタのB中隊とともに最初の作戦を行なった。ティクリートにあるターゲットに、ヘリコプターと地上から襲撃をかけたのだ。デルタもトランプの上位から4番目の重要人物を捕縛した。6月に急襲したセーフハウスに身を隠していたのは、イラクの将軍、アービド・ハーミド・マフムード・アル・ティクリーティだった。そしてデルタが次に公にできる手柄は、フセインのふたりの息子、ウダイとクサイの捕獲となる。

ウダイとクサイ

フセインの残忍な息子たちの首にそれぞれ1500万ドルの懸賞金がかけられると、前政権のメンバーがふたりを売り渡すのに時間はかからなかった。まず通報者から第101空挺師団に情報がよせられ、それが師団の特殊部隊連絡係にわたり、そこからタスクフォース20に連絡がいった。ウダイとクサイは、クサイの14歳の息子とボディ

第5章　産業対テロ

ウダイとクサイ・フセインをかくまうセーフハウスに向けて、第101空挺師団のハンヴィーから発射されるTOWII対戦車誘導ミサイル。サダム・フセインのふたりの息子は、デルタフォースの最初の襲撃をはねのけてモスルにいた。（アメリカ特殊作戦軍提供）

ウダイとクサイ・フセインのセーフハウスに命中するTOWIIミサイル。デルタのオペレーターは、暗いオリーブ色のヘルメットでそれとわかる。右手にいる茶色のTシャツを着た人物は通訳で、そばの地面には拡声器が放置されている。（アメリカ特殊作戦軍提供）

ガードとともに、モスル郊外のファラーにある、情報提供者の家に身を隠していると思われた。

2003年7月22日、第101空挺師団の数個小隊がターゲットの家の周囲に警戒線を敷いた。1個デルタ強襲部隊がこの建物の入り口付近に待機し、建物内にこもる人々に、デルタの通訳が拡声器で投降をよびかけた。情報提供者とそのふたりの息子が、事前の打ちあわせどおり両手を上げて建物から出てきたが、フセイン兄弟からはなんの反応もなかった。強襲部隊は爆薬で玄関ドアを突破し、スタングレネードを撃ってから、慎重に建物内に足をふみいれた。だが1階の廊下に入ると、小火器の一斉射撃を受けてしまう。

オペレーターが1名腰に銃撃を受けて負傷し、遮蔽物に運びこまれた。数人は、建物から撤退するさいに、手榴弾の破片で軽傷を負った。建物にこもる人々は、2階の屋内バルコニーから強襲部隊に向けて手榴弾を投げていた。2度めの突入が試みられたものの、再度銃撃と手榴弾にはばまれた。チームは、2階へと上がる内階段に、急襲をはばむため家具その他でバリケードが張られていることをつかんだ。そこに

図説現代の特殊部隊百科

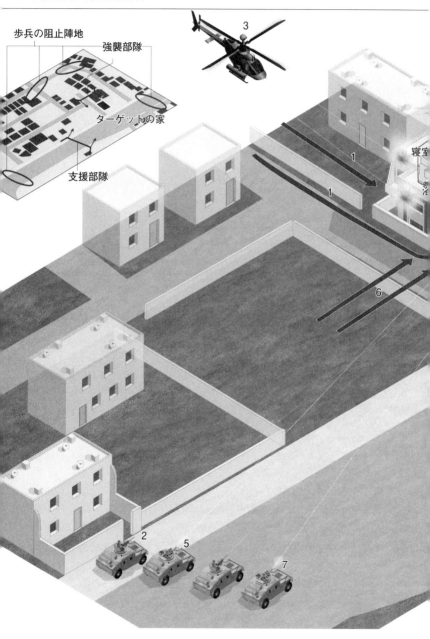

224

第5章 産業対テロ

ウサイおよびクサイ・フセインの殺害
2003年7月22日

▼できごと

1　デルタフォースの1個地上強襲部隊がマークのない車両で到着し、通訳が家にこもる人々に「よびかけ」を行なう。家の所有者［フセイン兄弟を売った人物だといううわさだ］とその息子が家から出る。デルタの強襲部隊が突入しようとするが、小火器と手榴弾で撃退され、数人のオペレーターがそれにより負傷。

2　再度突入を試みる前に、ターゲットの家の周囲の外側警戒線についていた正規部隊が、家にこもる人々を「弱体化させる」よう指示を受け、TOW II 対戦車ミサイルの一斉射撃を行ない、50口径機関銃の銃弾を浴びせる。

3　カイオワ武装偵察ヘリコプターも空から、ロケット弾と機関銃で建物に猛攻をかける。

4　1機のMH-6リトルバードがターゲットの建物の平坦な屋根に短時間着陸し、別のデルタ強襲部隊を潜入させる。そのチームが屋上から突入しようとするが、再度はばまれる。

5　警戒線についた部隊のハンヴィーが、路上から再度突入を試みるチームのために、建物に攻撃準備射撃を行なう。

6　デルタが3度めの突入を試みるが、銃撃によって再度押し返される。

7　しかしさらに攻撃準備射撃が建物に行なわれ、TOWミサイルも発射される。

8　ようやく、1個デルタ・チームが建物に突入し、残った敵を殺害する。

建物が掃討されたときのチームや人の位置

図説現代の特殊部隊百科

デルタフォースのオペレーターによってセーフハウスから運びだされる、サダム・フセインの長男ウダイ・フセインの死体。2003年7月。この戦闘中、数人のデルタのオペレーターが負傷し、デルタの軍用犬が死亡した。(撮影者不明)

兄弟が隠れていると思われた。

一方別の強襲グループは、ホバリングするMH-6リトルバードから建物の屋上にファストロープで降り、爆発物で屋根から突破できないか調べた。動きまわって調べているあいだに、この強襲部隊は、上空を旋回中のOH-58カイオワ武装偵察ヘリコプターにあやうく攻撃されそうになった。自分たちを敵のもとに運んでくれた機だ。

第5章 産業対テロ

最終的に、重火器で攻撃し敵を減らしてから、再度突入を試みることになった。第101空挺師団に、50口径重機関銃とM136使いすて式対戦車弾で建物を攻撃するよう命令がくだされた。そして3度めの突入が試みられたものの、強襲チームはまたも建物内部からの銃撃で押し返されてしまう。兄弟はかなり手ごわい敵だった。

その後正規部隊が、ハンヴィー搭載のTOW II対戦車誘導ミサイルを使用するよう要請を受けた。10発のTOWミサイルが建物に発射され、それに続きOH-58ヘリコプターも銃撃をくりかえし、建物に50口径機関銃と2.75インチ無誘導ロケット弾を浴びせた。そこでようやくデルタは建物への突入を果たし、2階へと上がると、クサイとボディガードはすでに息絶えていた。TOWかヘリコプターからの一斉射撃が命中したようだ。クサイの10代の息子ムスタファはベッドの下に隠れ、オペレーターが部屋に入ってくると銃撃してきた。オペレーターは反撃するしかなく、ムスタファは射殺された。ウダイは最後に発見され、重傷を負いながらもまだ武器をもち浴室を動きまわっていた。デルタのオペレーターのひとりがウダイを射殺し、ようやく凄惨な仕事は終わった。

スンニ派の武装集団は勢いを増しつづけていたため、デルタとの合同作戦を行なうSASは、まず、旧体制分子（FRE）のターゲット・リストはおき、それ以外のテロリストに狙いを定めたが、すべてが計画どおりにいくというわけにはいかなかった。2003年10月の「アバローネ」作戦は、西部の都市ラマディに本拠をおく、スーダン人聖戦士の仲介者をターゲットとした。この男とその仲間は、4軒の隣りあった家にいると思われた。A中隊の2個強襲チームがターゲットの2軒の家を受けもち、デルタは別の2軒を担当した。外の警戒線は、M2A3ブラッドレー歩兵戦闘車両（IFV）を装備する地元の地上待機部隊が受けもった。

SASの突破チームが枠状爆薬を爆発させたとき、ターゲットの建物内部から武装勢力の銃撃を受け、1個突入チームのメンバー全員が最初の一斉射撃で撃たれてしまう。そのひとり、チーム付きのSBS伍長は命を落としてしまった。その他の負傷したSASオペレーターが激しい銃撃下で回収されると、ブラッドレーが前に出て、建物内から銃撃するテロリストたちを制圧した。その後デルタ班が強襲を成功させ、建物内部にいた数人のテロリストを殺害した。SASが、最終目標とするターゲットを確保したのち、航空機は負傷したSASオペレーターの医療後送を行なった。強襲部隊が警戒線を解除したときには、近隣の建物から小

火器による散発的な銃撃がはじまっていた（ごくあたりまえに起こることだ。どの急襲作戦においても、警戒線の担当チームは、近隣からかけつける敵補強部隊と、ターゲットとする場所内からの逃亡者(スクワーター)を念頭においた）。

「赤い夜明け(レッド・ドーン)」作戦

タスクフォースは旧政権のメンバーをターゲットにして成功を続けたが、その第1のターゲットはいまだに捕獲をのがれていた。独裁者フセイン当人だ。バース党元党員から情報を得、ISAによる通信傍受の支援を受けて、タスクフォースはようやく、ティクリートの南の、人里離れた農場の建物にフセインがいることをつきとめた。2003年12月14日の夜、「赤い夜明け(レッド・ドーン)」作戦が発動された。この名は同じ名前のアクション映画からとったもののようだ。

アメリカ陸軍第4歩兵師団第1旅団戦闘団からなる正規部隊は周辺に警戒線を設置し、デルタC中隊のオペレーターがその地域の、ウルヴァリン1と2という、それなりのコードネームがついた目標2か所を捜索した（映画『レッド・ドーン』に登場するのが、ウルヴァリンという10代の英雄的なパルチザン戦士だ）。その場所をひととおり捜索したときには不審なものはみつからず、そこは「空井戸(ドライホール)」だと断定された。オペレーターは捜索を終えヘリコプターが要請されていたのだが強襲部隊のひとりがふと床材をわきにけると、地面に偽装蛸壺(スパイダーホール)が掘ってあるオペレーターは、武器に装着されているライトを点けたが、なにも見えないそこで、武装勢力のトンネル網につながっている可能性を考慮し、穴に破片手榴弾を落とそうとした。

すると突然、髪がぼうぼうに伸びたひげ面が地下壕から現れた。その男はあっというまにデルタのオペレーターに銃尾で打ちすえられ（オペレーターがもつM4カービンの銃尾でなぐった）、弾は入っていないものの、正常に機能するセレクティブ・ファイア機

タイム誌に掲載された有名な写真。デルタフォースと情報支援活動部隊のメンバーによって偽装蛸壺(スパイダーホール)から引き出されるサダム・フセイン。2003年、イラク。フセインを抑えているのは通訳。（アメリカ国防総省提供）

第5章　産業対テロ

情報支援活動部隊

　情報支援活動部隊（ISA）は、統合特殊作戦コマンド（JSOC）部隊のなかでも非常に秘匿性の高いものだ。さまざまな名でよばれ、作戦上の機密維持のため、定期的に呼び名は変わる。ISAは近年、任務支援活動部隊といわれるようになっていると思われる。これまでには、トーン・ヴィクター、セントラ・スパイク、イントレピッド・スピア、グレイ・フォックスといった、エキゾティックな名をつけられていた。JSOC内では、タスクフォース・オレンジや、簡単に活動部隊(アクティビティ)とよばれている。

　ハリウッドめいたコードネームにくわえ、ISAはハリウッド映画そのものの特殊任務も実行している。本来はアメリカ陸軍情報保全コマンドの小部隊であり、潜入が困難な地域で実用的な情報収集を行なうものとみなされているが、ISAは2003年にJSOCの下に移った。バルカン半島やソマリア、コロンビアでたびたびJSOCの任務の支援活動を行なったあとのことだ。

　ISAのメンバーは、戦術的情報収集を行なうための訓練と装備をそなえており、収集はおもに、電子的手段や通信傍受、または古典的な、地元の人材を育てて人を介する手法で行なわれる。2000年代後半のソマリアでは、ISAは情報提供者の大きなネットワークを作り上げたが、その何年も前の1993年にも、タスクフォース・レンジャーを支援するのに同様の手法を使っていた。

　ISAは、JSOCや特殊作戦軍（SOCOM）がリースまたは購入している航空機を利用でき、それにより、アルカイダやその下部組織が活動している地域で、有人偵察や通信傍受を行なう。ISAのチームは、ターゲット選定に生かす情報を得るために、JSOCのタスクフォースとともに配置されることも多い。ISAはテロリストの衣服に隠した小型の盗聴器を追跡したり、衛星電話の会話を聞いたりもできる。また、疑わしい人物の衣服や車両に不可視塗料をつけて、反乱軍を追跡することも可能だ。

構のグロック18Cを奪われた。その銃は、のちにオペレーターからジョージ・W・ブッシュ大統領に贈られた。マクリスタル大将の自伝によると、銃に対する処置には失望したようだ。それがあまりに大統領に「こびへつらった」行為に思えたからだという。フセインは穴からひきずり出され、大勢のデルタとISAのオペレーターの足もとにいる有名な写真が撮られた。グロックのほか、地下壕からはAK-47とアメリカの紙幣で75万ドルが回収された。

　独裁者の捕獲は、タスクフォースが

左上:イラクのデルタ・オペレーター、2005年ころ。標準的な3色迷彩の砂漠用BDU、MICHヘルメット、パラクレイト製ベストを身に着けている。すくなくともひとりのオペレーターはドロップ・ホルスターだが、ほかはプレートキャリアにホルスターをつけている。(撮影者不明)

右上:デルタのオペレーター3人組。建物の強襲作戦で目標を確保したあとの写真、2007年ころ。全員、ヘッケラー&コッホ416アサルトライフルを携行している。これはH&K社とデルタが共同開発した銃だ。オペレーターが着ているのは、マルチカム迷彩、3色迷彩の砂漠用戦闘服とそれぞれで、また個々人にぴったりのボディアーマーと最新の装備を身に着けている。(撮影者不明)

その捜索に数か月ついやしたことを考えると、いくらかあっけない幕切れに思えた。フセインはおとなしく投降し、激しい銃撃戦で血を流したふたりの息子にくらべると、抵抗らしい抵抗もしなかった。第160SOARのMH-6リトルバードで運び出され、バグダード国際空港に正式に収監されてその後イラクに引き渡されたのだが、2度の裁判ののち、独裁者が絞首刑になったことはよく知られている。

ザルカウィ

サダム・フセインの捕縛後、タスクフォースが追う最大のターゲットが、ヨルダン人テロリストのアブ・ムサブ・ザルカウィだった。ザルカウィは母国ヨルダンの町のごろつきから麻薬の売人になり、服役をへてパレスティナのテロ組織に入り、イラク北部の組織アンサール・アル・イスラムへとたどりついた。そして「イラクの自由」作戦の初期に行なわれた「ヴァイキング・ハンマー」作戦では、ザルカウィはすんでのところでここから逃亡した。

このいまいましいことこのうえない凶漢は、殺人の残忍な手法によって、「ふたつの川のあいだの土地」のアルカイダ、つまりはイラクのアルカイダ(AQI)の指導者にのぼりつめた。ザルカウィは、シーア派の人々を根絶す

るという明確な目的をもち、スンニ派とシーア派間の内戦を起こして大量虐殺を行なおうとした首謀者だった。さらにハリド・シェイク・モハメド殺害の残忍な先例に従い、欧米人人質を斬首し、殺害のようすを録画したものを聖戦士向けの多数のウエブサイトに流すという風潮を世に広めた。この種の行動は今日、シリアとイラクのIS（イスラム国）でも続いている。ISはAQIの主張が具現化した最新の組織であり、ザルカウィなら全面的に支援しただろう。

　事実、ムスリムの民間人をターゲットにした爆撃や、シーア派の人々に対する残忍な殺害など、ザルカウィが病的な非道行為をみせたことから、アルカイダ中枢の指導者は、この元麻薬売人のことを憂慮するようになった。ビン・ラディンはザルカウィに対し、暴力はもっと妥当なターゲットに向けるよう要請する手紙を出している。ザルカウィのいきすぎた行為がアルカイダのイメージをそこなっていたからだ。ザルカウィには2500万ドルの懸賞金がかけられた。これはビン・ラディンの懸賞金に匹敵する額で、それも、ザルカウィとアルカイダ総司令部とのあいだの緊張が解けない要因だったのはまちがいない。これにもかかわらず、2004年10月、ザルカウィはビン・ラディンとその組織に正式に忠誠を誓い、ビン・ラディンから祝福を受けてアルカイダという名称を使用することになった。

　タスクフォースは、ザルカウィとその仲間の捜索と、ナショナリストのシーア派およびスンニ派の武装勢力組織に対する攻撃を行ないつつも、イラクにおける人質救出任務も担っていた。

第160特殊作戦航空連隊とともに訓練を行なうタスクフォース・セントラルに配属されたアメリカ陸軍レンジャー隊員。リトルバードは黒く見えるが、実際には暗いオリーブ色（オリーブドラブ）だ。（撮影者不明）

バグダードでは多国籍のチームが立ち上げられており、人質救出合同作業部会と名づけられていた。このタスクフォースは法執行機関と情報機関の捜査員と、特殊部隊の連絡将校からなる、報告および計画立案組織だった。

このタスクフォースの役割は、ナショナリストの武装勢力や犯罪者、アルカイダに捕らわれた人質救出のための、情報統合組織としての活動だといえた。欧米人人質、とくにアメリカまたはイギリス国民に対しては、アルカイダから高額の身代金の提示がなされ、多くの犯罪者がその行為に加担して、人質を聖戦士に売りはらった。実際に、ある犯罪者が人質を売り渡そうと計画しているという情報があれば、それは攻撃を実行するに十分なものだった。人質がいったんテロリストの手にわたると、その運命は決まったも同然だったからだ。

目標地点メドフォード

タスクフォース初の人質救出は、2004年6月に行なわれた。民間軍事会社の4人のイタリア人が4月に捕らわれていたが、その後まもなくひとりが、だれが見てもそうだとわかるように殺害され、その模様は犯人である武装勢力兵士が録画した。さらに、ポーランド人社員が6月はじめに拉致されて、人質はひとり増えた。拉致犯は、イタリアが多国籍軍への貢献から手を引かなければ、次の人質を処刑するという声明を出した。しかしそうは問屋がおろさず、いくどかの急襲と断固とした探索作業で得た情報が、デルタフォースA中隊のメンバーによる白昼の劇的急襲につながった。ターゲットはラマディ付近の孤立した建物で、ここに目標地点メドフォードというコードネームがつけられた。この作戦にはMH-60LブラックホークとMH-6リトルバードが4機ずつ投入され、強襲部隊と空からの狙撃チームを運んだ。

1機のMH-60Lが、1100時に着陸したさいに、ターゲットの建物の塀にぶつかって軽く損傷した。デルタのオペレーターは建物を襲撃し、両手をあげてあっけなく投降した数人の拉致犯を捕獲した。そして4人の人質が隣接する部屋にいることを即座につきとめ、ボルトカッターで拘束具を壊してつれだすと、ブラックホークが4人を乗せて飛び立った。作戦中、オペレーターのヘルメットにつけたカメラで映し出された粗い画像から、ふたつの点に注目が集まった。オペレーターたちが建物を掃討するさいのスピードと攻撃性それに、救出チームが来たとわかったときに人質たちの顔にはっきりと浮かんだ安堵の色だ。

第4章に書いたように、ファルージ

第5章　産業対テロ

タスクフォース・セントラルで、MH-6リトルバードからファストロープの訓練を行なうアメリカ陸軍レンジャーの隊員。バグダードのMSSフェルナンデスにて。（撮影者不明）

ャでは、「ヴィジラント・リゾルブ」と「ファントム・フューリー」の両作戦で、統合特殊作戦コマンド（JSOC）が陸軍と海兵隊の正規部隊とともに展開した。タスクフォースの作戦構成は、のちの作戦を成功に導く手本となった。とくに、ISRの有人および無人航空機からの動向分析により、IED製造工場といったテロリストの拠点を確認したうえでターゲットにできる点が評価された。特殊部隊が正規部隊に対して行なう近接支援は、よそよそしい印象もあたえる特殊部隊オペレーターによるよい宣伝活動の場ともなり、また、おそらくは将来活動をともにする部隊との絆を強めたのである。

BBCのベテランリポーター、マーク・アーバンは、イラクにおけるイギリスの特殊部隊をとりあげた『タスクフォース・ブラック——イラクの隠密特殊部隊の真相（Task Force Black: The Explosive True Story of the Secret Special Forces War in Iraq)』という力作を刊行している。そのなかでアーバンは、JSOCがファルージャに全力をそそいでいるときに、イギリスのSASはそれにかかわることを禁じられていたと述べている。アラブのメディアが民間人の被害を一斉に過大報道したため、「ファントム・フューリー」作戦がメディアの攻撃対象になることを、ホワイトホール（イギリス

図説現代の特殊部隊百科

ISR

ISRは、「情報収集・監視・偵察」を意味する。イギリス版はISTARで、「情報収集・監視・目標捕捉・偵察」だ。どちらも、情報収集テクニックとそのプラットフォーム（基盤）に関連するものだ。ISRテクニックにおいては、通信傍受やビデオ監視といった技術的手法が中心となる。ISRプラットフォームとは、情報収集可能な地上拠点や航空機をいい、UAVや、U-28AあるいはRC-12などの有人偵察機、または地上センサーや監視装備などがある。特殊偵察チームも、ISR資源のひとつだと考えられる。

ISRはおもにイラクとアフガニスタンでの戦争で大きく成長した。とくに特殊作戦部隊（SOF）はISR発展の最前線にたっている。JSOCのために開発した機密扱いの行動の多くはそうだ。現場の指揮官にとって、ISRの利点は、戦場の現状把握のレベルが大きく上がることにある。指揮官は地形を見、あるいは突入しようとする家に武装勢力がいるという情報を得てから、決定をくだすことができるのだ。

ISRは捕獲または殺害任務という局面でも本領を発揮している。グローバルホークやセンチネルといった長時間飛行型UAVの利用で、ターゲットを長時間、ひそかに追跡することが可能になる。ターゲットの会話やEメールはISRプラットフォームで傍受が可能だ。さらにターゲットに対して強襲部隊を発動させる機会が生じると、人的ISRがチームのもうひとつの目となり、ターゲット・エリアに補強部隊や逃亡者が接近する可能性があれば、知らせてくれるのである。

政府）がおそれたからだ。通常は依然としてバース党員の追跡捕獲に追いやられていたが、SASは2004年2月にザルカウィとニアミスしていた。襲撃チームがバグダードのとあるセーフハウスを攻撃したときのことだ。情報分析によって、のちに、わずかの差でザルカウィを逃していたことが判明した。

バグダードと、のちにはバラドの収容所における拘束者の扱いをめぐっては、イギリスとアメリカのあいだには摩擦も生じた。マクリスタル大将は、収容所で多数の拘束者がずさんな扱いを受けているという主張に対して調査を行ない、多数のオペレーターが懲戒処分を受けた。申し立てにあったのは、組織だった拷問ではなく、抑留者に対する身体的暴力（マクリスタルによると、あるアルカイダのメンバーには、テーザー銃が使用されたという）と脅しがほとんどだった。これを、たんに「捕獲されたショック」を大きくするための手段だとみなす人もいた（捕獲直後の期間は、いちばん情報を白状し

第5章 産業対テロ

「イラクの自由」作戦
統合特殊作戦コマンド任務部隊の担当地域、2006-2007年

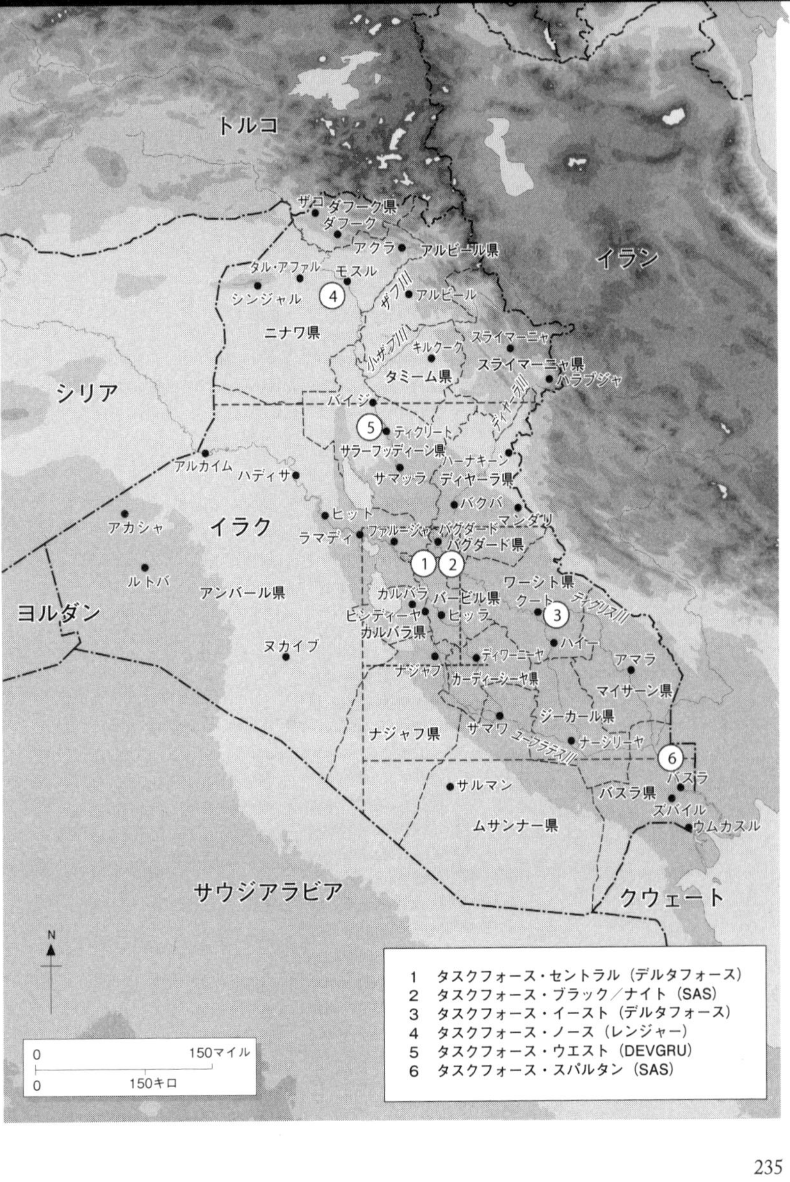

1 タスクフォース・セントラル（デルタフォース）
2 タスクフォース・ブラック／ナイト（SAS）
3 タスクフォース・イースト（デルタフォース）
4 タスクフォース・ノース（レンジャー）
5 タスクフォース・ウエスト（DEVGRU）
6 タスクフォース・スパルタン（SAS）

残念ながら解像度が低いが、タスクフォース・ナイト（旧タスクフォース・ブラック）の写真。バグダードの悪名高いアサシンズゲートの下で、チーム写真を撮影。マルチカム迷彩服と民間人の服装の隊員がいる点が目を引き、トヨタのピックアップトラックと戦闘犬も見える。（撮影者不明）

やすい）。だが施設内での待遇が改善されないかぎり、イギリス政府は、SASからアメリカ部隊に拘束者を引き渡すのを快く思わなかったのである。

SASは2月の急襲で、ふたりのパキスタン人ナショナリストを捕獲していた。このときには、ほかにふたりの聖戦士を射殺し、一方でSASの軍曹がAK-47で顔を撃たれたものの軽傷ですみ、軍曹は戦地に戻って中隊で活動した。こうした危険な急襲によって、イギリスとアメリカの部隊のあいだに横たわる別の大きな相違点も浮かび上がることになった。交戦規則（ROE）の違いだ。マーク・アーバンが解説するように、「アメリカ軍は、建物の強襲でいくどかなりの犠牲をはらったため、情報によって、なかにいるのが殺人を犯した過去があるか、殺人を犯す危険がある人物だと判明していれば、建物への爆弾投下や…ヘリコプターから車両への機銃掃射も行なえるとしていた」。イギリスのROEはのちにいくらかデルタに合わせたものには変更されたが、アメリカ軍がもつほどの柔軟性は認められていなかった。

タスクフォースが実行したたえまなく続く急襲では多数の兵士が負傷し、テロリストの爆撃では死者もひとり出た。2004年12月には、イラク陸軍の制服に身を包んだサウジ出身のアンサール・アル・スンナのテロリストが、ボールベアリングが入った自爆用ベストを、モスルの前進作戦基地（FOB）の食堂で爆発させた。この爆発で22名のアメリカ軍兵士が亡くなり、そこには情報支援活動部隊（ISA）のオペレーターもひとりふくまれていた。

第5章　産業対テロ

急襲

　アメリカ人のロイ・ハラムスも、武装勢力に捕らえられた人質だった。2004年11月に拉致され、拘束期間は311日という長期におよんだ。抑留者への尋問で得た情報をもとに、デルタの強襲部隊がリトルバートで、バグダード郊外の人里離れた農場へと降りた。チームは建物の掃討にかかったが、犯人たちは、先頭のヘリコプターの音を聞きつけてすでに逃亡していた。建物内を捜索し、家具を移動させるとそのうしろから隠しドアが現れ、地下の小部屋にハラムスとその仲間が拘束されていた。ひとりのデルタ隊員が、ロイ・ハラムスかと聞き、そうです、と

いう答えが返ってきた。そこでオペレーターは、チーム全員とバラドの本部に「ジャックポット」という略号を送った。人質は救出された、という意味だった。

　こうした急襲でどれだけのことが行なわれていたか、特殊部隊オペレーターは語っている。

　部隊でX地点、Y地点、オフセット着陸とよんでいるものがある。X地点着陸はターゲットの上に、Y地点は約500メートル以内に着陸するもの。そしてオフセットは着陸してから徒歩でターゲットをめざすもの。たいていはターゲットから3から6キロ程度で、ヘリコプターの存

イラクのバクバで、ISOFの第8地域コマンドー大隊とともに急襲作戦を行なうアメリカ陸軍特殊部隊の兵士たち。強襲部隊が任務を完遂するまで、オペレーターたちが道路両脇に広がって、安全確保を行なっているのがわずかに見える。（エマニュエル・ライオス2等兵曹撮影、アメリカ海軍提供）

図説現代の特殊部隊百科

イラクで、アルカイダのメンバーをターゲットに急襲を行なうタスクフォース・レッドのレンジャーたち。2006年。(アメリカ特殊作戦軍提供)

第5章 産業対テロ

イラク某所で安全確保のための警戒線を解くレンジャー隊員たち。2007年ころ。ACU迷彩の戦闘服を着用。左のレンジャーはマルチカム迷彩のアサルトパックを携行している。(アメリカ特殊作戦軍提供)

在を隠すためだ。ふつうはなんらかの監視と背後の安全確保要員をおいて、それから1個分隊が実際に家を掃討する。

　急襲といっても、うるさいものでは（かならずしも）ない。全員がICOM無線［タリバンもよく使用した、業務用のウォーキートーキー・タイプの無線機］とMBITR［マルチバンド・インターチーム無線機］をもっているから、なかの人間を起こさず家中を調べまわることもできる。「うるさく」したり、大声を上げたりする

必要はないわけだ。おれたちは「ソフト・ノック」と言うんだが、玄関まわりを調べ、窓からのぞいてから部屋に入る。入る前にできるだけちゃんと調べるんだ。そこからは、典型的なCQB［近接戦闘］みたいになって、すみずみまで掃討する。おれの仲間もかなり騒々しかったが、もっとひどいのになると、ドアを爆破して、閃光弾を使うんだ。

　ターゲットの建物で手際よく敵を掃討し、要配慮個所探索（SSE）に入れ

る段階になると、「目標確保」と無線で報告される。それからヘリコプターか地上強襲部隊に、回収を要請する。SSEが完了すると、証拠物や拘束者はヘリコプターや車両に乗せられ、ターゲット周囲の内側警戒線を解いて、強襲部隊は基地に向かう。

　掃討がすんだら、外の安全を確保してターゲットの建物を隔離する。たぶん屋上に機関銃をおくことになる。それから建物のSSE、拘束者の尋問などだ。そのあとリトルバードをよんで、拘束者も証拠もいっしょにヘリに乗りこんで離陸。おれたちはヘリボーンも地上からの潜入もやる。たいていは空から監視してもらう。ふつうはDAP［MH-60L直接行動侵攻機］だが、AH-6［武装型リトルバード］のときもあるし、場合によっては、もっと大型機が必要なときは、スペクター・ガンシップだ。

　2005年2月、ザルカウィはふたたび、JSOCのヘリコプター強襲部隊がターゲットにした建物から逃げ、すんでのところで死または捕獲をのがれた。ザルカウィの車両はレンジャーの阻止陣地を迂回した。上空ではプレデターUAVのカメラがザルカウィの逃亡を追い、情報を地上部隊に送っていたのだが、これがまさにその瞬間に故障してしまい、つまり、タスクフォースはターゲットを見失ったのである。

ユーフラテス川西部の抜け道（ラットライン）

　アルカイムの町は多国籍軍が「ユーフラテス川西部の抜け道」とよぶ地域にあった。ここを通れば、外国人戦士がかんたんにシリア国境を抜けてイラクへと入れたのだ。バグダードでは外国人聖戦士による自爆テロが大幅に増加したため、イラクに入ってくる自爆者の主要通路を封じるためにデルタが再配置された。このために、マクリスタル大将はオペレーターやヘリコプター搭乗員、情報分析官などの作戦要員をさらに必要とした。将軍はさらに1個デルタ中隊をフォートブラッグから、少人数の補強チームをDEVGRUからよびよせた。

　アルカイムでの作戦には「スネークアイ」というコードネームがつけられた。この町の敵は、訓練を受けSOFの戦術とテクニックを完璧に理解している聖戦士であり、かならずくる多国籍軍との決戦にそなえていた。ザルカウィの指紋は、この地域のいたるところに残されていた。「スネークアイ」作戦初期の、イラクのアルカイダ（AQI）の要塞化したセーフハウスに対する襲撃では、経験豊富なデルタのオペレーター2名が命を落とした。こ

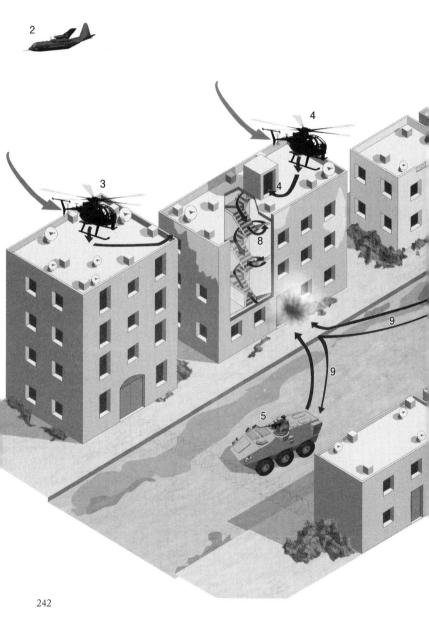

第5章　産業対テロ

市街地における高価値目標の急襲
イラク某所

図は、イラクにおける高価値目標に対する典型的な急襲手順を説明するものだ。この図では、バグダドやモスルのような建物が混みあった地域で、地上とヘリコプターからの強襲部隊が共同で、3階建ての建物を急襲している。こうした作戦の大半は、特殊作戦部隊にできるかぎり有利になるように、夜間に行なわれる。

2　「シックス・ガン」の上空に飛ぶのはAC-130スペクター固定翼ガンシップ。敵補強部隊がいれば、40ミリ砲と105ミリ榴弾砲で攻撃する。さらに、暗視ゴーグルを装着したオペレーターにのみ見える赤外線サーチライトで、広域を「照らす」。また、ターゲット周辺域に疑わしい車両や人物がないか、センサーで監視する。

3　1機のMH-6「シックス・バックス」リトルバードが、4人組狙撃監視チームを周辺でいちばん高い建物の屋上に降ろす。ふたり組の狙撃チームは、建物から逃亡しようとする敵兵や補強部隊はもらさず攻撃する。狙撃チームがライフルで狙いをつけているあいだ、ふたり組の安全確保チームが全方位の安全を確保し、護衛する。

4　1機のMH-6「シックス・バックス」が4人組の突入チームをターゲットの建物の屋上に降ろす。このオペレーターたちは最上階に突入してターゲットを掃討し、その間、地上突入部隊が上階へと向かって突破、掃討を行なう。双方のチームはその途中で合流する。

5　路上では、地上強襲部隊が到着して阻止陣地を設置。作戦遂行中の、民間人の歩行者や車両の立ち入りを禁止する。阻止陣地チームは鉄条網やアラビア語の夜光標識、懐中電灯などを使用し、通訳に拡声器をもたせて、民間人の野次馬に近づかないよう警告を発する。それでも近づこうとする者がいれば、スタングレネードを使用し、また警戒線を破ろうとする者がいる場合には警告射撃が認められている。最終的には、疑わしい車両や人物が、チームにとって脅威となった場合には攻撃する。

6　ふたつめの阻止陣地を設置し、ここにも7.62ミリMk48中機関銃を装備したふたり組の機関銃チームを配置。

7　バンデュールとよぶ6輪駆動装甲車両はデルタフォースが利用している車両で、厚い装甲に守られてターゲットに接近できる。IEDの危険がある環境では、こうした車両が不可欠だ。銃手はバンデュールのなかで待機し、援護を行なう。

8　地上突入部隊は玄関を突破し、まず戦闘犬を放ってブービートラップやひそんでいるテロリストがいないか捜索させてから、1階の掃討にとりかかっている。犬は、背中に装着したビデオカメラから、ハンドラーと地上突撃部隊の指揮官にリアルタイムの映像を送る。また、武装したテロリストを攻撃する訓練も受けている。地上強襲部隊は、各部屋を手順に沿って掃討し、鍵のかかったドアはショットガンで吹き飛ばし、スタングレネードを、突入前に部屋に投げ入れる。チームは最後に、屋上からの強襲チームと連携して目標を確保する。

9　負傷者や拘束者はすべて、装甲車両で遮蔽された場所につれていき、安静に保ったり、尋問したりする。緊急を要する負傷者はバンデュールの1台にそのまま乗せ、上空のガンシップの援護を受けて高速で運ぶ。あるいは、小型のMH-6が路上に着陸できれば、これで負傷者を回収する。SSEが完了したら、強襲チームはバンデュールに乗りこんで撤収し、阻止陣地もたたむ。屋上の安全確保チームはMH-6に回収される場合が多い。作戦は数分で終了するのが一般的だ。

▼できごと
1　AH-6リトルバード「シックス・ガン」が最初にターゲット上空に到着し、敵が、小隊を輸送する非武装型MH-6リトルバードを待ち伏せで待機していないか確認。AH-6は脅威にそなえ、ロケット弾とミニガンで武装している。

243

陣地にレンジャーの屋上チームを降ろすMH-6リトルバード。訓練中の光景。イラクでは、リトルバードは突撃チームや監視チームを屋上に潜入させる場合によく使用された。(アメリカ国防総省提供)

の数週間前には、別のベテラン・オペレーターも、アルカイムで亡くなっていた。

2名のデルタ・オペレーターはターゲットの家に突入したものの、そこはサンドバッグを積んで要塞化されていた。建物内に遮蔽壕が作られていたのだ。それは先年、ファルージャで武装勢力が建造していたものとほぼ同じだった。チームは致命傷を負ったオペレーターを回収し、安全な場所までしりぞいてから、JDAM(統合直接攻撃弾)を投下してその家を木端微塵にした。急襲が続くにつれ、別の点でも戦闘はファルージャと同じ様相を呈してきた。しぶとく抵抗する聖戦士の存在だ。その多くは自爆ベストを身に着けあるいは大量のIED(即席爆発装置)をセーフハウスにしかけている。オペレーターたちが対するのは、適応力がありスキルをもつ敵だった。そして敵は、圧倒的な火力を前にしても、ひるまず戦った。

ユーフラテス川西部の抜け道を閉じイラクが内戦状態におちいるのをはばもうと奮闘するなか、さらにオペレーターが命を落とすという悲劇も起きた亡くなったのはデルタの兵士3名と、1名のレンジャーだった。対戦車地雷が、国境付近の町フサイバの近くで、

彼らの乗るパンデュールを破壊したのだ。しかし、激烈な作戦は、ザルカウィの組織を徐々に痛めつけ、包囲網は狭められつつあった。とはいえ、JSOCタスクフォースがザルカウィ本人を消してしまうまでには、もう1年が必要だった。

「マルボロー」作戦

　忙しいのはタスクフォース・ブラックも同じだった。デルタがイラク西部に力をそそいでいるため、SASはバグダード内のしめつけがゆるんだ部分を受けもっていた。SBSも1個中隊をバグダードで巡回させ、大きな動きがないか監視していた。アメリカ軍で同様の働きをするDEVGRUと同じく、アフガニスタンへの配置はSBSが主体となった。一方でSASは、特殊な作戦支援のために少人数のチームが派遣されてはいたが、2009年にイギリスの正規部隊がイラクから撤退するまでは、多数が配置されることもなかった。

　2005年6月、SBSのM中隊とアメリカ陸軍レンジャーの1個小隊が、自爆テロリストが大勢ひそむアルカイダのセーフハウスに対し、作戦を行なった。「マルボロー」作戦だ。そこにいる3人の自爆テロリストが、バグダードの民間のターゲットにすぐにも攻撃を行なおうとしているという、切迫した内容の情報がもたらされたからだ。デルタから借りたGMVに乗ってSBSの1個地上強襲部隊がターゲットまで急ぎ、イギリス空軍（RAF）のピューマ・ヘリコプターが空からの狙撃手チームを運び上空で旋回した。

　SBSの強襲チームが接近したとき、ひとりの自爆テロリストが、家からチームの方へと走り出てきた。だが攻撃するまもなく、その男は自爆用ベストを爆破させ、大爆発で自分を吹き飛ばしてしまった。爆風は、ちょうどそのとき上空低く通過しつつあったピューマもかすめたほどだった。これがターゲットの家の目の前で起きたため、家の裏手から別の自爆テロリストが飛び出しチームに向かおうとした。だがこの男はUAVに発見され、ピューマに乗ったSBSの狙撃手が、男が駆け出したところで射殺した。強襲チーム本隊は建物に突入し、手順どおりにそのターゲットの掃討をはじめた。最後の、3人目の自爆テロリストがそのさなかに現れたものの、即刻SBSのオペレーターが至近距離で撃ち、殺害された。爆弾がつまったベストを爆発させるまもなかった。

バスラ

　SASは「ハトホル」作戦のための分遣隊もおいていた。バスラのイギリ

ハトホル分遣隊のSASチーム。イラク、バスラでの作戦前に装備を身に着けている。(撮影者不明)

ス部隊と本拠をともにする数人のオペレーターだ。ハトホル分遣隊のおもな役割は、SIS（MI6）局員を護衛し、イギリス戦闘群のための監視と偵察を行なうことだった。この役割によってSASは、2005年9月にSAS自身の隊員2名を救出しなければならないという奇妙な立場におちいった。

このA中隊のオペレーターはバスラで、イラク警察（IP）、あるいはすくなくともIPの制服を着た者によって拉致されていた（イラク警察は、とくに南部では、武装勢力が入りこんでいると評判だった）。このSASオペレーター2名は、シーア派の武装勢力で非常に高位にあると思われるイラク警察高官の監視任務を行なっている最中だった。イラク警察の検問所でなんらかの問題が生じ、SASオペレーターはひとりのイラク人を撃ってしまい、検問所を突破して「警察」に追われた。

車が故障したため、まず状況をさらに悪化させたくなかった2名のオペレーターは降伏した。ふたりはすぐにバスラ中央部にある警察署に連行されそこで暴行をうけた。タスクフォースに知らせがとどくと、マクリスタルはデルタのD中隊を出し、JSOCのプレデターをバスラに向かわせた。そしてSASのA中隊20名のオペレーターと特殊部隊支援グループの1個小隊が、すぐにバグダードからバスラへと飛んだ。

イギリス戦闘群は警察署周辺に警戒線を敷いており、民間人の野次馬の群れを制止したが、そのうちの数人は石や、のちには火炎瓶まで投げはじめた。SASのオペレーターを拘束している銃手は、オペレーター救出のためにイギリス部隊が警察署を攻撃する前に、人質を移動させなければならないことがわかっていた。警察署の外に人質をひきずり出したとき、このオペレーターたちは犯人ともみあいはじめた。外に長くいるほど、上空を飛ぶISR機が

第5章 産業対テロ

タスクフォース・レッドのアメリカ陸軍レンジャー隊員。イラク某所で、第160特殊作戦航空連隊のMH-6リトルバードから、屋上に降下しようとしている。(撮影者不明)

自分たちを見つけるチャンスが大きくなるとわかっていたからだ。

運はオペレーターに味方し、このエリア上空でホバリングしていた、監視カメラ「ブロードソード」を装備したISR機のシーキング・ヘリコプターが彼らを見つけ、SASのオペレーターたちを乗せた銃手の車を追跡した。上空の通信傍受による情報では、人質のオペレーターたちは、それがまだすんでいないとしたらだが、ある武装勢力のグループに引き渡される予定だった。一刻の猶予もなかった。

A中隊の強襲部隊はターゲットの家に到着すると、複数個所を突破して教科書どおりの強襲突入を行ない、迅速に建物を掃討した。驚いたことに、犯人たちはすでに逃げていた。イギリス部隊のヘリコプターの音に気づいたからだろう。SASの兵士はふたりとも救出された。打ちすえられてはいたが命に別状はなく、そこにいたる事情を語った。この救出劇が注目を浴びたため、このグループは改名してタスクフォース・ブラックとなった。さらにタスクフォース・ナイトとなって、その後まもなく、別の拉致犯たちを狩ることになる。今回の人質は、物議をかも

したイギリス人平和運動家、ノーマン・ケンバーだった。

カナダの対テロリズム部隊、第2統合任務部隊（JTF2）の少人数のチームとともに、タスクフォースはケンバーとふたりのカナダ人、ジェームズ・ローニーとハルミート・シン・スーデン、アメリカ人のトム・フォックスを拉致した武装勢力に関係する建物の強襲にとりかかった。犯人たちは拘束中の武装勢力メンバーの解放を要求し、グアンタナモと同様のオレンジ色のジャンプスーツを着せられた人質が映ったビデオテープを何本も送りつけてきた。ザルカウィが撮った処刑ビデオと同じような内容だ。拉致されて数か月後の3月、アメリカ人人質のトム・フォックスが、残忍にも殺害された。

そのころ捕縛した武装勢力のなかに拉致犯の知りあいがおり、この人物に行なった尋問によって、ようやく生き残りの人質の居場所が判明した。待ち伏せも警戒しなければならないため、B中隊が接近する直前に、SASは犯人たちに電話をかけていた。犯人たちは、すぐにそこを出たほうが身のためだ、と警告を受けたのだ。SASのアドバイスを受け入れたのだろう。3人の人質は無傷で奪回され、B中隊が建物に突入したときも、1発の銃撃もなかった。そこに犯人たちの形跡はなく、数年後にイラク警察が犯人を逮捕したが、ケンバーは彼らに対する証言を拒否した。

2006年の元日、タスクフォース・レッドの強襲部隊がバグダード郊外の辺鄙な場所にある農場に急襲をかけたとき、驚くべき事態に遭遇した。それは、その夜計画されていた多数の急襲のひとつで、レンジャーにとってはその日最後の作戦だった。ヘリコプターの1台に発生した機械上の問題のため出発が危ぶまれる状況だったのだが、ようやくレンジャーはターゲットに到着して農場に突入した。戦闘をかわすこともなく数人の敵銃手を捕獲したのだが、なんとそこでイギリス人のフリージャーナリスト、フィリップ・サンズを発見した。彼は1週間前に拉致されていたのだ。このジャーナリストは特定のネットワークのために活動していたわけではなかったので、拉致が報告されておらず、人質救出合同作業部会も、サンズの苦境は知らなかった。サンズの救出は、真に偶然のたまものだった。

バグダード・ベルト

デルタとSASはいわゆる「バグダード・ベルト」に力をそそいでいた。ここは首都バグダードを同心円状に囲む地域だった。この言葉をはじめて使ったのはイラクのアルカイダ（AQI）

で、急襲のさいに、これを書いた図面が回収された。ベルトには、西には悪名高きファルージャ、北にはバクバ、南にはラティフィヤとユスフィヤがある。タスクフォースからは、こうした都市が、地方におけるAQIの集結地であることを示す情報が続々とよせられていた。

マクリスタル大将は、著書『わが任務（My Share of the Task)』でこう解説している。

> [AQIは] シリアからの抜け道を使い、西はユーフラテス川沿い、南西はルトバを通って、外国人戦士を移動させていた。3番目の抜け道は北のモスルへと通じる。AQIはモルスを後方支援地域として利用し、金を稼ぎ、組織を作っていたのだが、そのあたりではあまり作戦は行なっていなかった。アルカイダはバグダード自体に地盤を得ようとはしなかったものの、バグダード周辺を環状に支配しようとする傾向が強まっていた。バグダードよりも人が密集してはおらず、多国籍軍の部隊も少ない地域だ。AQIは中心にあるバグダードに向かって進軍するつもりだった…。MNF-I［イラク多国籍軍］の努力など無益であると示威し、政府機

バグダードにおけるISOFとアメリカ陸軍特殊部隊との合同作戦で、GMVから周辺の安全確保を行なうグリーンベレー隊員。2007年。この隊員がもつM4A1カービンに装着したAN/PEQ-2赤外線イルミネーターから赤外線レーザーが照射されている。（ブレット・コート2等マスコミ特技兵撮影、アメリカ海軍提供）

能をまひさせ、内戦に拍車をかけようとしていたのだ。

バグダード・ベルトのテロリストたちを根絶やしにするためには、協調作戦が必要だった。2005年4月、この作戦の最初の攻撃がはじまった。デルタの班がレンジャーに支援を受けて、ユスフィヤにあるAQIのセーフハウスを攻撃し、5人のテロリストを捕獲し、ほかに5人を殺害した。一方SASはユスフィヤのターゲットのひとつで協調した抵抗にぶつかった。アルカイダの自爆組織をターゲットにしたときのことだ。ヘリコプターの強襲部隊が、敵を警戒させないよう、ターゲットから離れたHLZに強襲チーム4個を配置した。上空では空の狙撃チームがリンクス・ヘリコプターで待機し、1機のAC-130固定翼ガンシップがチームの前進を援護し、またISR機がターゲット地域を監視して、バラドとバグダードの戦術作戦センター(TOC) に画像をストリーミングした。

チームが鍵のかかっていない裏口を見つけたため、爆破して突破する計画は急きょ、レンジャーが先に述べたような静かな侵入方法に変更された。だが先頭のチームが建物に入ると、夜のしじまはAK-47の銃撃によって破られ、SASの強襲チームの3人が重傷を負って倒れた。別のチームがすばやく負傷者をひきずり出し、特殊部隊支援グループ (SFSG) の警戒線担当チームが、ターゲットから銃撃してくる敵を制圧しようとした。2度めの強襲が試みられたが、これも小火器と手榴弾による攻撃で押し返され、SASのオペレーターがふたり負傷した。戦闘中、自爆テロリストのひとりが家の裏口から逃げだしたため、リンクスの狙撃手が狙おうとしたが、敵は車の下に身を隠してしまった。

最終的に、強襲部隊はその建物に入って掃討し、なかにいたテロリストを3人殺害した。自爆用ベストを着けたひとりは、とっさに強襲チームから離れると中央の階段で屋上に向かったため、SAS軍曹がこれを追った。ふたりが建物の平屋根に出たとき、テロリストはふり向いてベストを爆破させて自爆し、SASのオペレーターを階段の下まで吹き飛ばした。幸い、オペレーターは軽傷ですんだ。もうひとりの、車の下に隠れた自爆テロリストは、結局SFSGのメンバーに射殺された。

デルタは翌月、さらに別の作戦をユスフィヤで行なった。この作戦は白昼に行なわれたが、これはタスクフォースの標準的慣行からはかなり逸脱している。昼間の作戦が行なわれるのは、一刻を争うターゲットのときだけだ。身柄を移されそうな人質や、車爆弾による任務を実行しようとするテロリス

第5章　産業対テロ

バグダードのMSSフェルナンデスで撮影したイギリスの特殊部隊。右手のオペレーターはイギリス人のようだが、アメリカ軍の「ファック・アルカイダ」の記章をつけている。これはデルタが考案しつけているものだ。この記章の星条旗をユニオン・フラッグに換えたイギリス版は、のちにSASの中隊に出まわった。プレートキャリア・ベストの胸もとに拳銃のホルスターを装着するのは、何年も見られたスタイルだ。アフガニスタンでは、ベストの前にはできるだけなにもつけなかった。オペレーターがIEDに遭遇した場合に、爆発の危険のあるものを減らすためだ。（撮影者不明）

トがいるような場合だ。ラマディでは、タスクフォース・レッドのレンジャーが、危険であるにもかかわらず、日中に急襲作戦を行なわざるをえないこともたびたびだった。ターゲットが急襲を避け、夜になったら町から出ていくという情報をつかんでいたからだ。

5月14日の作戦はデルタのB中隊が実行した。この町にある、アルカイダの多数のセーフハウスを破壊するためのものだ。第160特殊作戦航空連隊（SOAR）のブラックホークが着地するのと同時に、強襲部隊は小火器による銃撃を受けはじめ、それはすぐに激しくなって、迫撃砲や、すくなくとも1基のDShK重機関銃までくわわった。ブラックホークは空からできるだけの援護をし、AH-6M攻撃ヘリコプターは機銃掃射をいくどかくりかえし敵の射撃陣地を制圧した。デルタは5名の負傷者を出し、うち2、3名は重傷ですぐに回収が必要だった。

戦闘中、第160SOARの第1大隊B中隊のリトルバードの1機が撃墜され、操縦士と副操縦士のふたりが墜落で命を落とした。デルタのオペレーターは銃撃のなか、墜落現場の確保に向かったが、残念ながらできることはほとんどなかった。戦闘では敵の激しい反撃

ソ連製RPK軽機関銃とカラシニコフ式ライフルを見せるアメリカ陸軍レンジャー隊員。タスクフォースの急襲で回収したもの。（アメリカ特殊作戦軍提供）

ターゲットの建物の外側で位置につくレンジャーの強襲部隊。破壊槌と強襲用ハシゴを携行している。レンジャーは全員AN/PVS-14単眼暗視装置を装着している。また、デルタフォースやグリーンベレーと違い、そろってM4A1カービンを装備している。(アメリカ特殊作戦軍提供)

が続いてヘリコプターが大きな損傷を受け、何機も基地に戻らざるをえないほどだったが、それでもデルタは目標に到達し、4人のテロリストを捕獲した。

しかし銃撃はやまず、医療搬送のために航空機が着陸し、数人の民間人とオペレーターの負傷者を運び出そうとしているときでさえ、まだ続いていたほどだった。強襲部隊は結局警戒線を解いて後退し、JDAM数発を敵陣地に投下できるようにした。そしてようやく、接触を断って撤退したのである。

この作戦ではおよそ25人のアルカイダ戦士が殺害された。

ヨルダン人ターゲット

しかし依然として、いちばんの問題はザルカウィだった。イラクの武装勢力においてはザルカウィが中心的役割を果たしているため、JSOCにとってザルカウィの殺害または捕獲は最優先事項だった。2006年6月7日、JSOCはザルカウィを見つけた。何年もの努

力が実り、タスクフォースはイラクでもっとも注意を要する人物に行き着いたのだ。結局、JSOCをターゲットに導いたのは、ザルカウィ自身の宗教的助言者であるシェイク・アブド・アル・ラハマンだった。長期におよぶ監視と情報分析と、アメリカ軍の尋問の達人による骨折りが実を結び、ふたりの男のつながりが判明していた。アメリカ陸軍少将ビル・コールドウェルは、作戦は「非常に長期にわたる辛く、慎重な諜報活動や情報収集、人的情報源、電子および無線による諜報」が成就したものだったと述べた。

無人航空機MA-1プレデターは、ザルカウィがついに外へとふみだすのを監視していた。ザルカウィはバクバの南東、小さな町ヒビーブの郊外にあるAQIのセーフハウスに滞在していた。バグダードのデルタ中隊の強襲小隊がすぐに出発の準備をしたが、2機のMH-6リトルバードに乗りこんだときに1機のエンジン出力が落ち、再始動できないという問題が生じた。かわりのMH-6がバラドから派遣されることになったが、MSS（任務支援地点）フェルナンデス到着まで30分かかるという。

獲物を逃してしまうことを懸念し、マクリスタル大将のチームは、付近にいた2機のF-16Cファイティング・ファルコンに戦闘命令を出した。ザルカウィをふたたび逃す危険をおかすよりも、AQIのセーフハウスへの爆撃を選んだのだ。一方デルタも、強襲を実行すれば、困難な作戦に直面することになる。セーフハウス周辺には高い木立があるうえ、HLZに使用できるような最寄りの開けた場所まではかなり距離があり、ターゲットの家にファストロープ降下しなければならなかったからだ。ファストロープを行なっているあいだ、リトルバードは地上からの攻撃を受けやすくなるのだ。タスクフォースは援護のヘリコプターがバラドから到着するのを待たず、運用可能な1機のMH-6に、デルタの強襲部隊を外装式ベンチに乗せて出発するよう命じた。爆撃を終えたら、強襲部隊がターゲット地点を確保して、ザルカウィの所在を確認する必要があった。

最後の問題が生じたのは、1機のF-16Cしか使えないことがわかったときだった。もう1機は、空中給油機から燃料再補給の真っ最中だった。そこで単機のF-16Cが、兵器を積んでAQIのセーフハウスまで飛ぶよう命じられた。連絡がいきとどかずに出だしでつまずいたため、プレデターが送る情報に目をこらしていた人々は、F-16Cがターゲットの建物上空を低く飛びすぎるのをかたずを飲んで見守ったが、おそらく爆弾投下のため、機は向きを変えて戻ってきた。

ようやくF-16Cは、レーザー誘導500ポンド爆弾をザルカウィのセーフハウスの真上に投下した。建物内に落ちてから爆発するよう遅動型ヒューズをそなえた爆弾だった。空にもくもくと煙が上がり、ひとりの敵も逃がさないかまえのF-16Cは、2発めの500ポンド爆弾を建物に投下した。その直後、リトルバードでデルタの第一陣が到着し、イラク警察と対峙した。警察はすでに、待機する救急車にザルカウィを乗せようとしているところだった。

　そのヨルダン人の身元を知らないと言い張る警察からオペレーターは武器を奪い、ザルカウィを引きとった。ザルカウィは、信じられないがまだ息があった。デルタの衛生兵がザルカウィの治療にあたり、ほかのオペレーターたちは爆撃の跡をかたづけ、宗教的助言者であるラハマンと、3人の大人と女の子ひとりの遺体を回収した。4人は、イラクで内戦を起こそうとしたザルカウィの残忍な行動の巻きぞえをくって、命を落としたのだった。

　ザルカウィの死でタスクフォースの作業は終わったわけではなく、それを祝う余裕もなかった。まさにその日の夜、すでに予定されていた急襲に、リスト上位の14人のターゲットがくわわった。それぞれが、ザルカウィとラハマンのネットワークの一員だと判明しており、ふたりが死んだという情報がもれないうちに攻撃する必要があった。すぐに追跡が再開され、タスクフォースはザルカウィの継承者で元副官のアブ・アイユーブ・アル・マスリを追った。

産業対テロ

　イラクに展開する統合特殊作戦コマンド（JSOC）は、のちに「産業対テロ（industrial counterterrorism）」といわれるようになる活動の絶頂期にあった。マクリスタル大将は戦史史上、もっとも洗練され、効果的なお尋ね者の追跡組織を作っていた。武装勢力が動きはじめると、マクリスタルは2003年に、イラクをデルタに任せるという通常では考えられない手順をふみ、ほかの部隊には渡さないと約束した。デルタはずっとイラクに駐留する。これはデルタの戦いでありデルタの戦争だと宣言したのだ。それと同時にアフガニスタンでは、マクリスタルはレンジャーとDEVGRUに交代で指揮権をもたせた。

　これは事実上、デルタの中隊指揮官が、イラクのJSOCの全資源に責任をもつということを意味した。交代して現場をはずれた中隊も、進歩した点には遅れないようにし、組織が得た知識を全体で保持できるようにしていた。マクリスタルは、ずるがしこく残忍な

第5章　産業対テロ

敵に迅速に適応できる、強靭で、学習する組織を作り上げたのだ。作戦のテンポも劇的に増した。2004年4月には、デルタが1か月に行なう作戦数は10個だったが、4か月後には18に増加していた。2006年には、平均で月300の強襲作戦をこなすようになっていた。強襲チームはある場所をたたき、探索し、次の場所へと移動する。チームが、ひと晩に3つか4つのターゲットを急襲することも多かった。

こうした急襲における探索は、死亡した敵や捕獲した敵兵士のポケットや財布をひっくり返すところまで徹底して行なったため、そこで得た情報は、「ポケットの中身」といわれるようになり、これらはタスクフォースの情報統合組織に送られた。アフガニスタンのバグラムに本拠をおく東部官庁合同統合任務部隊（JIATF-East）とイラクのバラドを本拠とする西部官庁合同統合任務部隊（JIATF-West）という、ふたつの情報統合組織も設置されていた。統合組織はマクリスタルの持論で

ある、「発見（Find）、計画確定（Fix）、仕上げ（Finish）、探索（Exploit）、分析（Analyze）──F3EA」の支援を目的としていた。

「これはネットワークを破壊するためのネットワーク」だという信念のもと、JSOCの指揮官は、CIAと国防情報局（DIA）、国家安全保障局（NSA）、国家地球空間情報局（NGA）の情報および画像分析官がチームに参加するよう依頼した。さまざまな分野のスペシャリストをまとめることで、JSOCは、「まばたき」──つまりは、他省庁への連絡や、データあるいは専門家要請による作戦の遅れ──の排除を期待したのだ。マクリスタルは、多数の主要な省庁をひとつの部屋に集めてひとつのネットワーク上で協議できれば、「まばたき」を劇的に減らし、ターゲットの情報への応答性を高め、その結果強襲部隊の出動を増やせると考えたのである。

マクリスタルが目標とするのは、「まばたきしない目」とよぶものの創

MH-6リトルバードの外装式ベンチに座るアメリカ陸軍レンジャー隊員。イラク某所、暗視カメラで見た画像。（撮影者不明）

設だった。つまりは、ターゲットを発見し、それを破壊するか捕獲するまで継続して追跡する能力だ。まばたきを減らすためには、あらゆる資産を使って特定のターゲットをめざせなければならない。そして新しいテクノロジーの開発と、JSOCと協力して活動するパートナー組織がくわわることで、「まばたきしない目」というコンセプトは現実のものとなった。こうした新しいテクノロジーのひとつが、イラクにおけるテロリストの行動パターンを学び、その行動を予測するNGAの技術だった（これは、アルカイダの車両爆弾設置に対しても非常に有効であると判明した）。

タスクフォースはまた、特定の携帯電話からの電波を追跡することが（空からも）可能な「魔法の杖」の開発も働きかけた。報告書によると、のちに、強襲部隊が身に着けることのできるタイプの装置が開発され、ターゲット地点にいながら、個々の携帯電話を追跡することが可能になったようだ。急襲で捕獲した携帯電話と、ターゲットである人物の携帯電話との関係を解読するソフトウエアも開発された。テクノロジーは、NSAのジオ・セルというチームの支援により、何年ものあいだにさらに改善され、携帯電話を経由してリアルタイムにターゲットの地理上の位置をつきとめられるようにもなった（このテクノロジーはさらに改善され、数年後には、パキスタンの部族統治地域のターゲットに対し、JSOCがUAVに攻撃を指示できるまでになった）。

感知攻撃

マクリスタル大将は「感知攻撃」のサイクルを短くする必要もあり、タスクフォースが麻薬取締官のように活動することを望んだ。あるターゲットをたたいたら、そこで得た情報をもとに、次から次へと波及していく急襲を行なう。これには、ターゲット地点で回収した「ポケットの中身」やハードドライブ、その他の情報を、分析チームが迅速に調査できることが必要だった。そうすれば、チームはノード解析やデータベース・ツールを利用して新たなターゲットへとつながる情報をたどり、強襲部隊がまだ現場にいるあいだに、それを知らせることができるのだ。

これをすべて実現するためには、分析官が「ポケットの中身」に最重点をおき、まっさきに調べる必要があった。全般的に、強襲部隊はターゲット地点およびその周辺で発見したあらゆるものを確保し、それを黒いビニールのゴミ袋にすべて投げこんでいた。これでは証拠がごちゃ混ぜになって、だれの所有物か、だれと関係があるのか正確に理解するのに時間ばかりかかってし

まう。強襲部隊にはまもなくデジタル・カメラが支給され、ターゲット地点のあらゆる人と物を撮影して、これを分析チームにアップロードするよう指示された。また強襲部隊は証拠集めの手順についても教育を受け、「ポケットの中身」は別々の袋にタグ付して入れられるようになった。

あるDEVGRUの隊員が、こうした手順で行なったアフガニスタンにおける2009年の要配慮個所探索（SSE）について、マーク・オーウェンという偽名で説明している。「基本的に、おれたちは死亡者の写真を撮って、武器や爆発物はすべて集め、サムドライブ、コンピュータ、書類を回収する。SSEは何年ものあいだに進化している。SSEは、おれたちが殺害したのが無実の農民だったというような、いわれのない非難に反論する手段ともなった…。SSEを多くこなすほど、おれたちが撃った相手は犯罪者だという証拠が増えるわけだ」

強襲部隊がアップロードする写真をもとに、分析官は顔認識ソフト（北アイルランドのイギリス軍がはじめて使用した）を使用し、監視カメラやUAVのカメラで撮影ずみの、既知のテロリストの顔と一致するかを調べる。顔認識によって、個人とその携帯電話とのつながりを解読することにもなる。タスクフォースには、こうしたターゲットすべてを追跡する監視資源が必要だった。このため、タスクフォースへのプレデターUAV配備が遅れ、それに対する不満が増すと、統合特殊作戦コマンド（JSOC）の上部組織である特殊作戦軍（SOCOM）は、JSOC向けに6機のISR用プロペラ機を新規に特注し、購入した。この航空機は、SOCOMにプレデターが来るまでのつなぎとして、空中監視も通信傍受も行なうことが可能だった。2005年になって、SOCOMは24機からなる初のプレデター中隊を創設し、ヘルファイ

ターゲットの建物の外で安全確保を行なう陸軍レンジャー隊員。2006年ごろ、イラク某所。このレンジャーはプロテクティブ・コンバット・ユニフォームの寒冷地用ジャケットを着ており、前腕下部には、ビニールでカバーした覚書をしばりつけている。これは重要なコールサインや略語がひと目でわかるものだ。狙撃手も自分のライフルのDOPE（射撃データ記録）をこうして身に着けている。（アメリカ特殊作戦軍提供）

強襲戦術

デルタの強襲部隊は、着陸したリトルバードからある場所を急襲するか、ターゲットの平屋根（イラクに多い）の上に直接降りるか、ヘリコプターからのファストロープで降下するという方法をとる場合が多かった。外側警戒線を張る防御チームも同様だ。ヘリコプターの強襲部隊は、その後戦闘を行ないつつ、ターゲットの建物を下へと降りていく。地上強襲部隊は、多くは6輪駆動の装甲車両パンデュールで到着し、ヘリコプター・チームと同時に、1階からターゲットを攻撃しながら上がっていき、上からのチームと途中で合流する。撤収も装甲車両で行なうことが多いが、過去の経験では、急襲（キネティック）が銃撃戦になると、ほかの武装勢力の銃手や、多くはすぐ近くにAK-47をもった敵が現れて、急襲チームをやたらと撃ってくるだろう。

パンデュールは正式には先進地上機動システム（AGMS）といい、1993年の「ゴシック・サーペント」作戦における経験にならってデルタ向けに購入された。デルタは総合的な軽装甲能力が必要なことを認識し、てはじめに、12台の改良型6輪駆動パンデュール、装甲兵員輸送車が購入された。JSOCのパンデュールは、先進型のイスラエル製増加装甲が特徴で、爆風減衰シートや、強化ガラスで囲い全方位状況確認が可能な運転席、それに、無線や携帯電話起爆IEDに対する、先進型電子対策装置が装備されている。また、NBCが使用された環境でも隔離可能だった。

SASも、イラクでIEDの脅威が増したため、攻撃作戦に向けて多数のパンデュールを購入しようとした。しかし製造者はSASが求める期間でパンデュールを提供することができなかったため、かわりにSASはオーストラリアのブッシュマスターでエスカペードといわれる特注タイプを購入した。この車両は、RPGに対する増加装甲を使用し、50口径重機関銃を搭載した遠隔操作式兵器システムを装備する以外にも、技術上の強化がほどこされていた。2007年には改ア・ミサイルと制御型250ポンドGPS誘導爆弾を装備するこのヘリコプターの多くは、JSOCに配属された。

FBIも早くからこれを支援していた。連邦捜査局人質救出部隊（HRT）——アメリカ領土における対テロ作戦を担う国内法執行機関であり、皮肉にもデルタ・オペレーターの助けで誕生した——がイラクとアフガニスタンでJSOCに参加したのだ。その目的は、強襲部隊に捜査の経験を提供することにあり、マクリスタルが、FBIがもつ専門知識を熱望したことで実現した。FBIのエージェントはデルタの急襲に同行し、多数の銃撃戦やテロリスト殺害にもかかわった。

良型のブッシュマスターがイラクに到着した。この車両は2009年にSASがイラクを去ったあと、アフガニスタンにも配置された。

第160SOARのリトルバード・ヘリコプターも、イラクには最適なことが判明した。小型で非常に頑丈であり、MH-60Lのような大型ヘリコプターには不可能な、路地にも屋上にも着陸できた。リトルバードのスピードとサイズは、地上からの銃撃から身を守るうえで大きな利点だった。AH-6M「シックス・ガン」ガンシップは、ターゲット上空にまっさきに到着する場合が多く、ミニガンとロケット弾で、敵の射撃陣地を制圧することが可能だった。その後、輸送機のMH-6Mが、外装式ベンチにオペレーターをのせて到着した。基地への撤収を空から援護するのは、AH-6と、MH-6Mの外装式ベンチに座った空からの狙撃チームだった。

イラクでデルタフォースが使用するパンデュール装甲地上機動システム（AGMS）のめずらしい写真。AGMSにはイスラエル製増加装甲がシャーシにボルト付けされていた。この写真は2004年ごろのもの。のちのタイプは、この写真のタイプの車両がもつ基本的なASKタイプの防弾シールドよりも銃手の保護が改良されている。（撮影者不明）

長期戦

マクリスタル大将は、自分の貴重な資源を守ることにも配慮しなければならなかった。過酷な選抜試験や人員の自然減、調整任務の増加、それにJSOCがこうむっている衝撃的な数の負傷者によって、デルタの中隊では健康な射手が30人そこそこに減少することもたびたびだった。中隊のオペレーターはみな、中隊が交代すると、1年のうち最短で4か月イラクに配置されて、非常に危険でテンポの速い作戦を行なうことになる。残りの8か月は、4か月は緊急時や急な補強部隊に対応するため待機するか訓練を延長し、海

外に滞在することも多く、あとの4か月は、強化訓練にあてるか、イラク配置後の休養期間となる。

タスクフォースの強襲部隊が活動するときには、その作戦エリアがある地方の地上部隊も大きな努力をはらっていた。一般に、タスクフォースとSOFは連絡および協調不足だと、正規部隊からずっと批判されてきた。同じ批判は、アフガニスタンでも聞こえてきた。強襲部隊は予告なしに到着し、作戦を実行して飛び立つだけだ。残された地方の部隊は、その地域住民の怒りに対処し、自分たちが行なおうとしていた対武装勢力の計画のきれ端をかたづけることになる。

ターゲットに情報がもれないように自分たちの作戦の機密性を維持する必要がある、というのがSOFの言い分だった。マクリスタルのチームはこの考えを変えようと懸命に活動した。タスクフォースは「オペレーション・ボックス」の活用をはじめた。これは全多国籍軍に、あるSOFの作戦が、ある地域で進行中であることを知らせるものだ。さらに、作戦が実行されるあいだ、地方の戦術作戦センター（TOC）に配属される連絡将校を任命した。こ

目標地点で安全確保を行なうレンジャーの分隊。先頭の隊員はPCU寒冷地用ジャケットと、MICHヘルメットを着用し、AN/PVS-14単眼NODを装備、支給されてまもないMk-46分隊支援オートマティック兵器、標準型陸軍M249SAWの改良型を携行している。（アメリカ特殊作戦軍提供）

第5章　産業対テロ

れによって、タスクフォースの代表者に直接、質問したり説明を求めたりすることが可能になった。

アルカイダのテロリストたちが、夜間急襲にそなえてセーフハウスとIED製造工場の要塞化をはじめると、タスクフォースの戦術が作戦の成功を左右するようになってきた。ある作戦では、6人のテロリストがターゲットの建物の2階に立てこもった。デルタのオペレーターのひとりが負傷すると、強力な25ミリ砲を装備した2台のブラッドレーで2階を攻撃する決定がくだされた。しかし2台のブラッドレーの銃弾がつき、建物に火を放っても、聖戦士たちは戦いつづけ、窓から銃撃してきた。結局、デルタの爆発物処理（EOD）オペレーターがサーモバリック爆弾を設置してようやく、聖戦士たちの上に建物はくずれ落ちた。

2006年11月には、1機のAH-6Mリトルバードが撃墜された。日中、それぞれ2機のMH-6とMH-60Lに分乗した20人のデルタのヘリコプター強襲部隊が、外国人兵士の仲介者をターゲットに一刻を争う急襲に出ており、それを護衛している最中のことだった。ターゲットへの途上に居あわせた敵兵士が空に向けて撃ったRPGが、タリル上空で、AH-6のテイル部に命中してローターが吹き飛んでしまった。パイロットは見事な腕前を見せ、どうにかぶじに付近の飛行場に降りた。強襲部隊を乗せた機はすぐに着陸して、オペレーターが、撃墜されたヘリの周囲に防御用の警戒線を張った。一方ふたりのパイロットは、どちらも墜落で負傷しており、MH-60Lで回収された。

チームが墜落機回収チーム（DART）を待っていると、多数の武装トラックが撃墜現場から1キロほどに近づいてくるのが確認できた。ぶじだったほうのAH-6Mシックス・ガンは妨害に飛び立った。シックス・ガンが、トラックがイラクの治安部隊のものではないことを確認しようとその上空低く飛ぶと、6台のトラックのそれぞれの荷台には、2連装の14.5ミリZPU-2対空砲を装着してあった。その直後、パイロットが判断をくだすのと同時に、地上部隊に対しZPUの攻撃がはじまった。AH-6Mはすぐにロールインしてミニガンでトラックを撃ち、2.75インチ無誘導ロケット弾を放った。

ヘリコプターの下では、家々にひそんでいた大勢の武装勢力が、対空射撃にくわわった。小型ヘリに向かって、小火器やRPGを撃ってくる。撃墜現場から見える範囲だけで、20人ほどの武装勢力が銃を撃っていた。AH-6のパイロットは敵を黙らせようと、ミニガンをトラックに撃ち、家々にロケット弾を放った（副操縦士も、ヘリの開いたドアから敵に向けてM4カービ

ンを撃ちはじめた）。パイロットの5等准尉デイヴィッド・クーパーは、インタビューにこう答えている。「高度もスピードも変え、機体を左右に傾け、それをくりかえして、まるで頭のおかしなヤツみたいな操縦をした。おれたちに狙いをつけられないようにだ」

タスクフォースからは迅速対応部隊（QRF）が出発していたが、現場に到着するには時間がかかる。AH-6がたった1機で、トラックと家のなかの武装勢力にミニガンを撃ちつづけた。弾が減ってくると、墜落したリトルバードに搭載していた弾を補給したが、それも一度ではなかった。パイロットは、2機のAH-6M（1機は撃墜されたリトルバードの搭乗員が飛ばしていた）率いるQRFが到着するまで武装勢力をくいとめた。3機になったリトルバード・シックス・ガンが協力しあって残った武装トラックに銃撃をはじめ、ようやく武装勢力は攻撃をやめ撤退した。

AH-6は墜落現場の上空を旋回してデルタのオペレーターたちを守り、2機のF-16Cファイティング・ファルコンが到着して、現場をのがれた2台のトラックを追跡した。2機は最初の1台は破壊したが、もう1台につこうとして動きがぶれ、先頭のF-16Cの高度が下がりすぎて地面にぶつかり、爆発炎上してしまった。悲しいことにパイロットは死亡し、この日、唯一のアメリカ軍の損失となった。

対イラン

2007年、マクリスタル大将は「対イランの影響力」部隊としてタスクフォース17を創設し、イランが支援するシーア派武装勢力の「特殊グループ」と、アルクドゥス部隊の教官たちをターゲットとした。アルクドゥスはイラン革命防衛隊の隠密部隊だ。以前から、訓練や、爆発成形弾（EFP）タイプのIEDなどのテクノロジーを提供してシーア派武装勢力を支援してきたと思われていた。デルタは、イラク北部のアルビールで5人のアルクドゥスのメンバーを捕らえた。これが、アルクトゥスが武装勢力に直接かかわっているというはじめての確証だった。

このあと、イランが支援して、カルバラの共同治安ステーションでアメリカ軍を狙った作戦が行なわれたのだが5人のアルクドゥスのメンバー捕獲がこの事件の発端となった可能性がある。アメリカ軍のACUカムフラージュ戦闘服を着た5人の銃手が、M4カービンをもち、何台もの黒いSUV（スポーツ用多目的車）に乗って基地に到着した。イラク人の門衛は、それがアメリカ人だと思ってSUVを通してしまった。だがSUVに乗った男たちは、ひとりのアメリカ兵を射殺し、3人を

第5章　産業対テロ

「対イランの影響」部隊である、タスクフォース17のグリーンベレー。バグダードでの作戦中に安全確保を行なっている。2008年。(クレイ・ランカスター上等空兵撮影、アメリカ空軍提供)

負傷させた。男たちは4人のアメリカ兵に銃をつきつけてSUVに押しこみ、走り去った。SUVはその後乗りすてられているのがみつかり、4人のアメリカ兵はみな撃たれ、3人は車のなかで、ひとりはその地方の病院で亡くなった。バスラの急襲作戦でSASが入手した情報をもとに、デルタフォースはのちにサドル・シティで急襲を実行し、その事件の首謀者と疑われる人物を殺害した。その男がオペレーターのH&K416ライフルをつかもうとしたときだった。SASも、ヒズボラのレバノン人仲介者を捕獲した。シーア派武装勢力の教官としてイラン人のために活動していた人物だ。この男はのちにイラクに引き渡されて、2012年に釈放されたが、それはイラクのアメリカに対する嫌悪感によるところが大きかった。

イギリス軍にもヘリコプターの損失が出はじめていた。2007年4月、SASの急襲チームを送りこんでいた2機のピューマが激しく衝突し、2名のSASオペレーターが死亡し、ひとりが重傷を負った。このあと、11月にはピューマが不運にも墜落してさらに2名のSAS隊員が死亡したため、イギリス空軍の調査委員会がのりだし、特殊部隊オペレーターが、パイロット

吊り下げ式M203グレネードランチャー、エイムポイント製M68サイトを装着したM4A1カービンをもつレンジャー隊員。2004年。右脚に見えるのは、レミントン突入用ショットガンのグリップ。ドアの鍵を吹き飛ばすための特殊部隊用フランジブル弾を装填している。ボディアーマーからは懸垂下降用の手袋もぶら下げている。(アメリカ特殊作戦軍提供)

と老朽化したピューマに、この機の設定の範囲を超えた、危険な運行を強いているという内容の報告を行なった。

このほか、2008年にティクリートでもSASの兵士が命を落とした。ふたりの車爆弾テロリストの隠れ家をターゲットにした作戦が、うまくいかなかったのだ。拡声器でなかの男たちに投降するようよびかけ、戦闘犬を送りこんだが、犬はなかのテロリストに殺

第5章　産業対テロ

害された。そこでSASの1個強襲チームがターゲットの家に突入したのだが、それと同時に待ち伏せ攻撃されてしまう。4人のSASオペレーターが小火器の銃撃で重傷を負い、ひとりのSAS軍曹が命を落とした。テロリストたちは、オペレーターたちが負傷者をつれて撤退するときも銃撃したため、上空を旋回するAC-130が家を機銃掃射して、ようやくオペレーターは接触を断ち、退却することができた。

だが今度は隣家の住人が強襲チームに銃撃をはじめ、AC-130はターゲットを変えて、ボフォース40ミリ機関砲で隣家に攻撃を開始した。屋根がくずれ落ちた隣家から逃げ出したテロリストたちは、数人の民間人を人間の盾にしたのだが、上空のAC-130にはテロリストと人質の区別がつかず、不運なことに、人質も攻撃で命を落としてしまう。最終的に目標は確保され、強襲チームは、ふたりのターゲットのどちらも殺害したことを確認した。

タスクフォースが2008年10月に行なったのは、まれにみる、国境を越える急襲だった。この一部は、シリアの民間人が携帯電話の画像におさめている。急襲のターゲットはアブ・ガディヤで、イラクのアルカイダの、イラク人仲介者だった。ガディヤはシリア国境からイラクへと流入する外国人聖戦士のまとめ役だった。偽造パスポートや武器、現金を提供し、さらに、イラクのアルカイダのネットワークの黒幕に接近して、聖戦士たちを前線に確実に送りとどけようとしていた。ガディヤは毎月100人もの聖戦士をイラクに送りこんでいるとみられていた。

ターゲットは治安の悪さで有名な、アルカイム付近にいた。ここでは、デルタフォースと海兵隊が長期にわたり、「ユーフラテス西部の抜け道」を通ってイラクに入ってくる外国人戦士たちと戦っていた。しかし今回は、ターゲットは、シリア国境を越えたスカリヤの村にいた。ISRチームがその位置を確認し、1個ヘリコプター強襲隊が、ティクリートにあるタスクフォースの前進作戦地点から、午後遅くに出発した。おそらく、4機のMH-60Lブラックホークと2機のAH-6Mシックス・ガン攻撃ヘリコプターからなるチームだ。

強襲チームはターゲット上に着陸した。建設中の農場の建物で、アブ・ガディヤが一時的な本部として使用していた。2機のMH-60は、遮断グループと狙撃手を乗せて上空で待機し、あとの2機はターゲットに強襲チームを降ろした。携帯電話の動画からは、AH-6かMH-60Lのドアガンナーが撃ったミニガンの銃撃音がはっきりと聞こえ、いくらか敵の抵抗にあったようだ。ターゲットと、その兄弟、多数

デルタフォースの急襲
スカリヤ、シリア、2008年10月

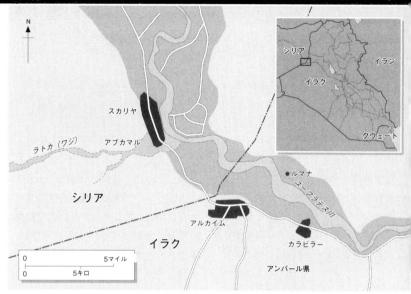

の銃手は、地上のデルタ・オペレーターから殺害された。アブ・ガディヤの遺体は強襲チームが袋に入れて、あとでDNA鑑定を行なうためにヘリコプターに乗せ、全強襲チームは国境を越えてイラクへと撤収した。地上での戦闘時間は15分にも満たなかったと報告されている。

イラクにおけるSAS最後の作戦のひとつでは、B中隊の1個小隊がアンバール県で戦闘パラシュート降下を行なった。イラクのアルカイダの作戦に資金を提供していた、アルカイダの紙幣贋造者がターゲットだった。イギリス軍のイラク撤退にともない、2009年4月で、イラクにおけるSASの戦争は終わった。イラク南部におけるイギリス軍の中心基地は、物議をかもしつつも、シーア派民兵とのとりきめで2007年後半に閉鎖されており、状況悪化を避けて、南部における特殊部隊の作戦は大幅に縮小されていた。最後のSASオペレーターは2009年5月にイラクを去った。

イラクのほかの地域でも、「イラクの息子たち」［地元の部族や元イラク軍兵士が中心となり地域を守る組織］がますます主導権をにぎるようになり、地

方が次々とイラク治安部隊に引き渡されるにつれて、タスクフォースの作戦は減少をはじめた。そしてイラクの特殊作戦部隊（SOF）は、アルカイダのターゲットに対する急襲を先導する役割が増していった。ザルカウィの後継者であるエジプト人のアブ・アイユーブ・アル・マスリは、結局、2010年4月にティクリートの南西で、イラクのSOFによって追跡、殺害された。

夜間の急襲ではアル・マスリと、アルカイダから派生したイラクのイスラム国（のちにISIL、ISISまたはISといわれるようになる。本書執筆時点では、アル・バグダディを名のる別のテロリストが率いている）の指導者であるアブ・オマル・アル・バグダディ、アル・バグダディの息子とアル・マスリの助手が殺害された。強襲チームは、ターゲットたちが身をひそめていた人里離れた建物を包囲した。イラクのSOFが建物から出てくるよう命じたが、ターゲットはそれに従わず、攻撃をはじめた。このため合同部隊が反撃して建物に突入。アル・マスリは身に着けていた自爆用ベストで自殺した。

この作戦を支援していた1機のUH-60ブラックホークが墜落し、無残にも1名のレンジャーの軍曹が亡くなり、アメリカ軍の搭乗員が負傷した。2日後、アルカイダの北部指揮官が、合同部隊によるモスルの急襲で殺害された。それ以前に行なわれた、ティクリートでの作戦で回収した情報にもとづくものであることはまちがいなかった。こうした作戦では、イラク特殊作戦部隊の斬新なスキルが見られたが、これは陸軍グリーンベレーとSEALsの熱心な指導のたまものだ。

イラク政府とアメリカ政府との地位協定にかんする交渉は合意にいたらず、アメリカにとって、イラクの戦争は公式には2011年12月31日に終わった。イラクに展開したJSOCはイギリス特殊部隊とともに、9年間におよぶ情け容赦のない作戦で、およそ3000人の武装勢力を殺害した。捕獲した武装勢力は9000人にものぼる。

タスクフォースは、武装勢力の指導者や爆弾製造者を捕獲し、殺害しつづけることで、武装勢力による作戦の効果を大幅に低下させて高い評価を得た。ペトレアス大将が「両立しえないもの」と表現した敵を排除することで、対反乱気運の高まりをもたらし、「イラクの息子たち」がイラクにおいて主導権をえることもできたのだ。JSOCとSASは、多国籍軍の兵士、海兵隊員、そしてイラクの民間人の、多くの命と身体を救った。JSOCとSASがいなければ、多くの人々が、精巧さを増すアルカイダのIEDや車爆弾の犠牲になっていたことだろう。

第6章

捕獲または殺害

アフガニスタン、2006-2014 年

アフガニスタンにおける特殊作戦部隊（SOF）の作戦は、とくに2009年以前は、武装勢力内の「和解しがたい者」をターゲットとするものにかなり集中していた。けっして交渉の席に着こうとはしない指導者、副指揮官、重要な爆弾製造者、兵站の専門家などだ。アメリカと国際治安支援部隊（ISAF）は、イラク同様、こうした個人のターゲットを正確に選定し、SOFが行なう捕獲または殺害任務が戦争の中心となると考えていた。

扱いにくいタリバンの指導者は、もっと穏健であるか、すくなくとも能力の低い人物におき換えられるし、磨きのかかった爆弾製造スキルは、熟練の製造者の死によって消え、それは地上で部隊が直面するIEDが捜索しやすく、また無力化しやすくなるということでもある。マクリスタル大将とその後任のビル・マクレイヴン海軍大将は、「敵の能力低下」について検討し、捕獲または殺害任務は、まさにそれを実行するためのものだった。

戦略レベルでは、隠密のSOF（ブラック）が、その死や捕獲が戦場レベルで影響をもたらす高価値目標に対する作戦を行ない、おもにタリバン上層部とアルカイダ関

捕獲または殺害のための夜間急襲で、周辺の安全確保を行なうアメリカ陸軍レンジャー連隊、軍用犬チーム。2012年、アフガニスタン。レンジャーの暗視ゴーグルが緑に光って見える。（ブライアン・コール軍曹撮影、アメリカ陸軍提供）

第6章 捕獲または殺害

SEALsの軍用犬ハンドラーとその犬。チームのために監視を行なっている。SEALs隊員がもっているMk18 CQB-Rカービンは、海軍特殊戦開発群のために開発された武器。この犬もファストロープで潜入する場合やほこり対策に、目を保護するゴーグルを装備している。(ライアン・ロールズ上等兵撮影、アメリカ海兵隊提供)

連のターゲットを狙った。公然と活動するSOFは地方や国の目標を支援する作戦を実行した。たとえば、ある州内のタリバンの影の政府の指導者をターゲットにし、また地方の地上待機部隊の活動に支障をきたす、地方の爆弾製造者やIEDの工場も狙った。彼らはまた、大規模攻撃など、正規部隊の作戦の支援も行なった。地方の指導者をターゲットにして、正規部隊の作戦に対する武装勢力の反撃能力を低下させるのだ。

NATO関係者によると、こうした作戦の90パーセントちかくは1発の銃弾も撃たずに行なわれたというが、一部メディアからは懐疑の目を向けられ、死の分隊であるかのように評された。こうした急襲作戦で民間人が負傷したり亡くなったりすると、カルザイ大統領以下アフガンの政治家は、このような夜間の襲撃をやめ、ISAFの部隊がアフガンの民間人の住宅に入ることを禁じるよう、強い言葉で要請した。カルザイの横やりの多くは、国内向けの政治的ポーズだったが、大統領の要請は結局、戦場での戦術変更につながった。これは非常に危険な先例となった。

2012年以降、ISAFの部隊はアフガン人の住宅に入ることは許されず、入る場合は、すべてアフガン治安部隊が行なうものとなり、それも「特別な事情」に限定され、通常は追跡しているのがどのようなターゲットかで判断される。くわえて、各作戦はアフガン人裁判官の事前了承を得なければならなくなった。しかし、こうした制限や承認が適用されるのは、「アフガンの民間人住宅が捜索される」、「ターゲット

が『切迫した脅威』ではない」、「アフガン人捕虜を拘束する機会が十分にある」場合、という但し書きがあった。こうした但し書きを盾に、制約にしばられずに作戦を発動することも可能だったのである。

タスクフォース

前にも述べたように、タスクフォース・ソードは、2002年1月にタスクフォース11になった。DEVGRUの1個中隊とレンジャーの1個中隊で編成され、第160SOARの1個ヘリコプター中隊が支援するこのタスクフォースは、イラクでより華々しく活動するタスクフォースが貴重な監視および偵察資産の大半を利用するのを横目に、多くのすばらしい成功をおさめた。何年ものちの2013年に、特殊作戦軍（SOCOM）のある報告書が機密解除されたが、そこでは、アフガニスタンのJSOCタスクフォースの役割が、明確に説明されていた。「アフガニスタンにおいては、タリバン、アルカイダおよびハッカーニ・ネットワークの能力を低下させる作戦を行なう。それは、武装勢力が、活動するうえで必須の安

暗視カメラで撮影。名前は不明だが、アメリカ軍のSOFオペレーター。おそらくレンジャーかグリーンベレーだろう。アフガニスタンにおける夜間の急襲作戦で、建物の屋上から監視を行なっている。2012年。（スティーヴン・クライン特技兵撮影、アメリカ陸軍提供）

全な避難所を作り、GIRoA（アフガニスタン・イスラム共和国政府）の安定と統治、およびアメリカをおびやかすことを阻止するためである」。何年もののあいだ、主要なターゲットはアルカイダおよび、ハッカーニなどのアルカイダ関連グループだった。

2003年、DEVGRUは国境を越えた作戦を行なった。捕獲した高価値目標、9・11のテロの立案者であるハリド・シェイク・モハメドをパキスタンからアフガニスタン南部に移送するのだ。このテロの首謀者は、パキスタン統合情報局（ISI）とCIAの合同作戦で逮捕され、某国（おそらくポーランドかルーマニア）にあるアメリカの軍事秘密施設に向かうところだった。とはいえ、彼はまずアフガニスタンに戻る必要があった。

「ノーブル・ベンチャー」作戦下、レンジャーと第82空挺師団の中隊がパキスタンとの国境付近で、ワジ（涸れ川）の川床に即席の砂漠の飛行場を設けた。1機のMC-130コンバットタロン貨物輸送機が降り立ち、滑走して止まったが、エンジンはかけたままタラップを下げた。そこに、数人のDEVGRUオペレーターと捕虜を乗せたSEALsの砂漠パトロール車両が現れた。捕虜は後部座席にしばりつけられ、頭部にフードをかぶせられている。さらに小型の砂漠用バギーが涸れた川床を走ってきて、そのままMC-130のランプに上った。コンバットタロンはすぐにランプドアを上げ、滑走して離陸し、DEVGRUとその高価値目標を輸送した。

「ヴィジラント・ハーベスト」作戦

DEVGRUはレンジャーとも、アルカイダの指導者を追って、国境を越えパキスタン領土に入り、「ヴィジラント・ハーベスト」作戦を実行した。それまでにも、CIAの対テロリスト追跡チームが長期にわたって、パキスタンとのあいまいな国境をふみ越えてはいた。しかし一般に、アメリカ軍がかかわった初の国境越え作戦とされているのは、2006年3月に、DEVGRUとレンジャーの隊員が第160SOARの航空機で飛び、ワジリスタン北部のアルカイダ訓練キャンプを襲撃したこの作戦だった。これは、パキスタン特殊部隊グループが行なったものだと誤解されているが、「ヴィジラント・ハーベスト」作戦では、悪名高いチェチェンのキャンプ指揮官、イマーム・アサドはじめ、30人ものテロリストを殺害した。

一方、強襲チームが、国境を越える作戦にそなえて「スピンアップ」した（ヘリコプターのローターは回転をはじめ、チームも乗りこんで出発の準備

作戦前に装備をそろえるのDEVGRUのチーム。海軍特殊戦開発群の特注クレイAOR1カムフラージュ迷彩戦闘服（海兵隊の砂漠用MARPATと見た目は似ている）を着用し、これもAOR1迷彩のクレイ・プレートキャリアを携行している。ライフルはHK416。（撮影者不明）

ができている）状態にあったが、なかなかゴーサインが出ないこともあった。2005年後半に、アルカイダの宗教的指導者であるアル・ザワヒリが、国境付近の建物で行なわれる会合に出席予定だとのCIAの情報がもたらされ、パキスタンへと入る作戦が立案されたときのことだ。このプランでは、DEVGRUの小隊がMC-130からパラシュート降下して潜入することが必要だった。アフガニスタン領空で操縦性の高いパラシュートを使用して降下し、パキスタン国境を越えて着陸、ターゲットへと進み、ターゲットである指導者を捕獲または殺害する。その後、MH-53輸送ヘリコプターが、パキスタンの防空レーダーに反応しないように低空を飛び高速で国境を越え、チームを回収するのだ。

アメリカ当局の政治指導者たちは、作戦によってパキスタンの聖戦士が、脆弱さを増すパキスタン政府を攻撃する弾薬を手に入れる危険性を案じていた。DEVGRUは、捕捉もされず、ラ

第6章　捕獲または殺害

ホールやイスラマバードのテレビカメラに姿をさらすこともないようにとくぎを刺された。そしてJSOCは、強襲部隊の護衛のためにレンジャーの1個中隊、それにターゲットに対して必要な場合にそなえ、即時展開部隊をくわえることを提案した。

ペンタゴンは、ひとつの情報源を信頼していいのか確信がもてなかった（また、のちの2009年にアルカイダのダブルエージェントがねがえり、チャプマン前進作戦基地で自爆テロを行なって、7名のCIA局員が死亡した事件があったが、この1件同様、罠にかかって待ち伏せされる危険をおそれていたことはまちがいない）。

また強襲部隊の規模が大きくなるにつれ、ペンタゴンとホワイトハウスの一部がいだく恐怖も増し、正式にプランが承認されたあともそれは変わらなかった。あげく、強襲部隊を運ぶMC-130が飛び立ちパキスタン国境に接近しているときに作戦は中止され、オペレーターたちを落胆させたのだった。そして2006年に同地域に行なわれたCIAのプレデターUAVによる攻撃は、すんでのところでアル・ザワヒリ殺害を果たせなかった。

2007年には、タスクフォースの捕獲または殺害作戦は、ほぼビン・ラディンを目標とするものとなっていた。CIAの情報源からは、トラボラでのビン・ラディン目撃情報がもたらされていた。戦場で利用可能なISR資源のかなりの部分がこの辺鄙な地域に集中し、裏づけ情報を捜した。2005年の作戦同様、当初のプランは、少人数のヘリコプター急襲部隊がターゲット地点に着陸し、すぐに特殊部隊ODAで人数をふくらませ、敵の反撃を遮断するグループとレンジャーの班がSEALsのために警戒線を敷くというものだった。

最終的に、作戦は空軍の爆撃による援護下で開始されたが、山地を1週間捜索しても成果はなく、高価値目標第1位の痕跡は見つからなかった。1年後にワジリスタン南部のアングール・アッダーで、とくに指定はしないが、アルカイダの指導者をターゲットとした別の作戦が行なわれた。SEALsによって多数のテロリストが殺害されたものの、この場所では高価値目標は確認されなかった。

CIAはまた、準軍事組織である民兵による対テロリスト追跡チーム（CTPT）という形で越境部隊を維持した。CTPTは、CIA特殊活動部（SAD）を助けて働く元SOFの契約社員を雇い入れ、地元で募集した民兵に指導、訓練を行なわせて、民兵といっしょに配置した。そしてベトナム戦争時の民間不正規防衛グループと同様のプログラムにおいて、彼らはCIAと特殊部隊のために国境の監視作戦を行

第75連隊第3大隊のアメリカ陸軍レンジャー隊員。掃討作戦を遂行中。2012年。無線オペレーターが衛星通信機器を使用して送信するあいだ、仲間が全方位の安全確保を行なっている。(ブライアン・コール軍曹撮影、アメリカ国防総省提供)

少人数のSOF偵察チームを降ろす、アメリカ陸軍ブラックホークの威容。アフガン山中の某所。SOFチームの所属は不明だが、陸軍特殊部隊かレンジャー偵察中隊、または、イギリスSASなど多国籍軍のSOFだと思われる。(アメリカ特殊作戦軍提供)

なった(CTPTの一部はベトナム時代のタイガー・ストライプ迷彩のカムフラージュ戦闘服を着て、おそらくはベトナム時代のまねをして、皮肉っぽく少し傾けて帽子をかぶっていた)。最初のCTPTはカブールで創設されたが、越境情報収集、偵察および待ち伏せを行なうため、アフガニスタン東部で広く配置された。最大のCTPTはシュキンのリリー発射基地に本拠をおいた。

おおっぴらにはできないアルカイダ追跡越境作戦とともに、JSOCのタスクフォースはアフガニスタンでタリバン指導者もターゲットにし、ときには人質救出も行なった。2005年9月、イギリス人の警備会社社員が、ファラー州でタリバンの武装勢力に拉致された。JSOCのタスクフォースは拘束場所をつきとめた(バラ・ボルクの山地だっ

た)。そして、検死官の検死報告によると、人質救出作戦を試みたらしい。不運にも、DEVGRUチームが早朝に到着して急襲をかけたときには、イギリス人を拘束するタリバンは、人質ののどをかき切り逃亡していたようだ。

2006年7月、レンジャーとDEVGRUによる合同作戦が行なわれたが、それは1年前にヘリコプター「タービン33」が撃墜された「レッド・ウィング」作戦と奇妙なほど似かよっており、また2011年8月の「エクストーション17」の撃墜をも予見させるものだった。2機のMH-47Eチヌーク・ヘリコプターがレンジャーとDEVGRU、それにアフガン・コマンドー部隊の混成攻撃チームを、ヘルマンド州にあるターゲットの建物に潜入させようとしたが、これが大規模な武装勢力に待ち伏せされた。チームの一部はすでに地

第6章　捕獲または殺害

上に降りており、ヘリコプターは2機とも、小火器による攻撃を受けてしまう。そのとき1機のパイロットが自機の機体を傾けて、勇敢にも自身と搭乗員を、敵銃撃ともう1機とのあいだに入れたのだ。もう1機はまだ地上にいて、特殊部隊オペレーターたちを降ろしている最中だった。

MH-47はRPGで撃たれてその損傷は大きく、墜落同様の着陸をせざるをえなかった。しかしナイトストーカーズのパイロットのスキルでヘリコプターのオペレーターと搭乗員の命は救われ、奇跡的にも着陸で重傷を負った兵士はいなかった。レンジャーの任務指揮官と、配属されたオーストラリア・コマンドー隊員が全方位の防御を指揮し、一方では僚機のMH-47がとどまって、ミニガンの銃弾がつきるまで撃ち、前進する武装勢力を押し返した。上空高くでは、AC-130スペクター固定翼機も戦闘にくわわり、破損したヘリの乗員たちを守り、イギリスの迅速対応部隊のヘリコプターが彼らの回収に成功した。AC-130はその後、破損したMH-47を攻撃し、機体を破壊してタリバンの手にわたらないようにした。

英雄的な行動をとったのは、第160SOARのパイロットたちだけではなかった。レンジャーのレロイ・ペトリー曹長は、名誉勲章を授与されている。2006年5月26日、パクティア州

第75レンジャー連隊第1大隊のアメリカ陸軍レンジャー。パクティア州における急襲で、チームメイトのために監視を行なっている。2013年。このレンジャーは、小隊の選抜射手のひとりで、スペクター倍率可変サイトを装着した7.62ミリMk17SCARをもっている。（コディー・M・メンデンホール特技兵撮影、アメリカ陸軍提供）

アフガン・コマンドー部隊との合同急襲作戦で、建物の入り口を確保するレンジャー隊員たち。2009年。右手のレンジャーはドアを開けるため、ハースト社の水圧式ラビット・ツールをもっている。左手の隊員は、携行しているパックから、衛生兵と思われる。(マシュー・フライバーグ軍曹撮影、アメリカ陸軍提供)

で、日中に行なわれた高価値目標の急襲における行動に対するものだ。建物を掃討するさいに、ペトリーと仲間のレンジャーは小火器による攻撃を受け、どちらも負傷した。家畜の囲いを遮蔽に、レンジャーの軍曹が、ふたりの手あてをしようと走ってきた。そのとき、武装勢力の手榴弾がすぐそばで爆発し、到着したばかりの軍曹と、すでに何発も銃弾を受けている仲間が負傷した。

その直後、2個めの手榴弾が3人のすぐそばに落ちた。それが爆発するまでのほんの一瞬で、ペトリーの腹はきまった。仲間の命を救おうと、手榴弾をつかむと武装勢力のほうへと投げ返したのだ。だがペトリーの手を離れた瞬間、手榴弾は爆発し右手を奪った。それでもペトリーは意識を保ち、自分で手首に止血帯をあてて失血を止めさえした。さらに、武装勢力が排除され

第6章　捕獲または殺害

て目標を確保するまで、負傷したチームメイトの手助けまでしたのだ。

2006年の別の任務では、第75連隊の、非常に隠密性の高いレンジャー偵察分遣隊（RRD）による目をみはるような活動が注目を浴びた。6人編成のRRDチームがJSOCタスクフォースに配属されてヒンズークシ山脈に潜入した。武装勢力の最高指導者であるハッカーニが、パキスタンからアフガニスタンに入るという情報がよせられたからだ。海抜4000メートルの地点に監視所を設けてRRDチームは待機し、ターゲットが来るのを監視した。武装勢力がこの地域になだれこんできたとき、なにか大ごとが起ころうとしている気配を察したのか、敵はレンジャーのチームめがけて撃ってきた。これに対し、RRD配属の統合戦術航空統制官（JTAC）は、旋回するB-1B戦略爆撃機に武装勢力をたたくよう要請した。この結果、およそ100人の武

ターゲットの建物を襲撃するレンジャー。煙が見えるのは、おそらく閃光弾を使ったからだろう。右手のレンジャーはショートバレルのM4A1を携行し、EO Tech近接戦闘用サイトを装着している。レンジャーの部隊はこうしたCQB仕様の兵器を装備している場合が多い。（マシュー・フライバーグ軍曹撮影、アメリカ陸軍提供）

図説現代の特殊部隊百科

装勢力が空爆で殺害されたが、ハッカーニは残念ながらそのなかにはいなかった。

イギリスの特殊部隊

多国籍軍の部隊も、JSOCおよびISAFの要請を受けて、捕獲または殺害任務を行なっていた。ヘルマンド州では、イギリスの特殊部隊、SBSとSRR（特殊偵察連隊）が、その地方に展開するイギリスの戦闘群、タスクフォース・ヘルマンドを攻撃する地元タリバンの力をそぐ活動に大きくかかわっていた。その最初期のひとつが、2006年6月27日の「イリオス」作戦だ。

サンギン郊外にいるタリバンの4人の指導者をターゲットにしたこの作戦は、残念ながら、惨事に終わってしまった。実行したのは、SBSのC中隊と創設まもないSRRからの、16人編成

ウルズガン州即応中隊の警官に、近接戦闘戦術を訓練するオーストラリアSASRの兵士。手にしているのは、ブルガリア製AMD-65で、エイムポイントのサイトとレーザー・ポインターを装着している。（クリス・ムーア伍長撮影、オーストラリア国防省提供）

第6章　捕獲または殺害

の混成チームだった。ターゲットからある程度離れた地点でランドローヴァーを降り、チームはひそかにターゲットの建物へと進み、音もなく容疑者を拉致した。しかしチームが車両へと戻る途中、多数の武装勢力と接触し、銃撃戦がはじまった。車両の1台がRPGの攻撃で故障すると、チームは灌漑用水路を遮蔽にしておよそ60人の敵をくいとめながら、必死の支援要請を行なった。

ヘルマンドの戦闘群は、事態が悪化するまでこの作戦のことを知らされておらず、戦闘群本部配属の特殊部隊連絡将校が、迅速対応部隊（QRF）に出動要請した。グルカ兵による1個QRFが迅速に配置されたものの、これは武装勢力の待ち伏せに会ってしまう。1時間銃撃戦をかわし、2機のアパッチ攻撃ヘリコプターに守られて、ようやく、グルカ兵QRFと支援を要請していたSOFは敵との接触を断ち、最寄りの前進作戦基地に撤退した。そこで、部隊はSOFオペレーターの2名、SRRの将校とSBSの軍曹が行方不明であることに気づいたのだった。

イギリス陸軍パラシュート連隊の1個中隊がすぐにイギリス空軍（RAF）のチヌーク・ヘリコプターでその地域に運ばれ、行方不明の兵士たちの捜索を行なった。ふたりのうち一方は負傷者を撤収させようとSOFの車両に向かっていたのだが、その途中で撃たれていた。チームメイトは撃たれる場面を目撃しており、身体反応がないことから死亡したと判断していた。もうひとりのオペレーターは銃撃戦の混乱のなかで居場所がわからなくなり、その後も不明のままだった。2機のアパッチはふたつの熱源を見つけ、地上部隊を誘導して、付近の空地でふたりの遺体を回収した。タリバンがふたりの遺体を切り裂いていたという話の真偽は確認できていない。この作戦で捕らえた4人のタリバン指揮官のうち、ふたりは待ち伏せの銃撃戦で死亡し、ふたりは混乱のなか逃亡した。

しかしこれ以降の作戦は、はるかにうまくいった。SBSによるムラー・ダドラーやムラー・アブドゥル・マティン殺害もこうした作戦の一部だ。片足のムラー・ダトラーはタリバンの軍事指揮官で、指導者評議会のメンバーだった。ダドラーはアメリカのターゲット・リストに自分の名があることを十分に認識しており、パキスタンですごすことが多かった。2007年3月には、ふたりのタリバン上級指揮官捕虜（ダドラーの兄であるムラー・シャー・マンスールもいた）と、拉致されていたイタリア人ジャーナリストとそのアフガン人通訳との交換が行なわれて論議をよんだが、ISAチームはこのふたりのタリバンを機密の手段で追跡し、ダ

アフガニスタンにおける特殊部隊支援グループ（SFSG）の非常にめずらしい写真。2008年ころ。両側にはメナシティOAV/SRVがある。この車両はイギリス陸軍では「ジャッカル」とよばれた。オペレーターはクレイ・マルチカム迷彩の戦闘服とパラクレイトのレンジャーグリーン・カラーのプレートキャリアを身に着けている。（撮影者不明）

ドラーにたどりつくことを期待していたのだ。

5月には、このふたりのタリバン指導者が、JSOCをヘルマンド州南部のバラム・チャー付近の建物に導いていた。ISAは、ターゲットであるダドラーが、重要なシューラ（評議会）に出席するためにパキスタンから国境を越え、ここにいると確信した。SBSの1個偵察班が、監視・偵察車両「メナシティ」で近接偵察を行ない、カムフラージュをほどこした隠れ場に車を止め、長距離カメラで監視した。そこには、ダドラーを護衛する武装勢力が20人ほどいるようだった。空爆も考慮されたが、ダドラーを殺害できるという保証はなく、この案は却下された。確実な策は唯一、ヘリボーンによる夜間の急襲だった。

ISAがターゲットを監視し、SBSのC中隊の大半は装備を整えて、RAFの2機のCH-47Dチヌークに乗りこんだ。チヌークは目標から離れたHLZに着陸し、SBSのオペレーターは、上空のアパッチに援護を受けて、闇のなかへとランプを駆けおりた。その後まもなくオペレーターたちは建物に突入し、時間はかかったものの一方的な銃撃戦になり、タリバンの小グループは追いつめられて殺害された。この長時間におよぶ戦闘で4人のSBSのオペレーターが撃たれて負傷し、ひとりは重傷を負った。結局、ダドラー自身も追いつめられて胸と頭を撃たれた。ヘリコプターが襲撃部隊の回収に戻るまでに、強襲部隊はデジタル画像を撮り、手早くSSEを行なった。

この作戦には後日談がある。ダドラーの兄であるムラー・シャー・マンスールは先の捕虜交換でアフガン政府から釈放されていたが、この作戦の数か月後に、タリバンの影のヘルマンド州知事であるムラー・アブドゥル・ラヒムともども、タリバン指導者の会議に対して行なわれた空爆で殺害された。この1件から、釈放から死にいたるま

第6章　捕獲または殺害

ヘルマンド州における合同作戦で、海兵隊のCH-53に乗るイギリス特殊部隊支援グループのオペレーター。ここに見える全地形対応車はトレーラー付きの場合もある。この車両は小型であることから、SOFのヘリボーン作戦に投入されることが多く、おもに銃弾や水の再補給、負傷者の回収などに使用される。（アメリカ国防総省提供）

で、マンスールがISAの高度な技術で継続追跡されていたことが推測される。

ヘルマンド州ムサ・カーラの影の知事であるムラー・アブドゥル・マティンは、1年後の2008年2月にゲレシュクで殺害された。マティンとその副官と数人のボディガードはバイクで移動しており、SBSの1個チームがチヌ

所属は不明だが、イギリス特殊部隊のグループ。おそらく、SBS（さまざまなカムフラージュ迷彩を着ている）とSFSGの混成班だろう。アフガニスタン某所。メンバーの装備から、この写真は2005-2006年のものと思われる。（撮影者不明）

ークでその行く手に挿入された。マティンとその仲間はSBSオペレーターに待ち伏せされて、全員が射殺された。

SBSはアフガニスタンで人質救出にもかかわっている。2007年9月、イタリアのSOF、コルモスキンとの合同任務が発動され、タリバンに拉致されていた2名のイタリア諜報機関のエージェントを回収した。このプランはコルモスキンが主導し、ターゲットから離れた降下地点にパラシュートで降り、ひと晩かけてターゲットの建物まで前進し包囲するというものだった。配置についたら、イタリアの強襲チームが建物を襲い、人質を解放する。その数キロ先では、SBSのC中隊の数チームが、何機ものリンクスとチヌーク・ヘリコプターで、武装勢力が逃亡しようとした場合にそなえて遮断グループとして待機することになっていた。上空では、アメリカ軍のプレデターがリアルタイムの画像をイギリスとイタリアのチームに送っていた。

イタリア部隊のオペレーターが、突入するときに手を抜いたのか、なんらかの偶然でプランが狂ったのかは判明していないが、武装勢力は人質を建物からつれだして、数台の4輪駆動車に乗せた。イタリアのSOFがそこにたどり着くまもなかった。SBSはそれを確認して追跡を行ない、猛スピードの車両に接近した。狙撃手は空から、車両のエンジンブロックを50口径バレットM82A1対物ライフルで銃撃し、車を止めた。またチヌーク1機は、12人超のSBSオペレーターを車両の前方に降ろしていた。タリバンがトラックから飛び出したときに短い銃撃戦となって、8人の武装勢力はみな射殺された。しかし、その前に敵はふたりの人質を撃っており、ひとりは頭と胸を撃たれ、それがもとでこののち亡くなった。

2009年9月、SBSと特殊部隊支援グループ（SFSG）は、クンドゥーズ州で人質救出任務を行なった。ニューヨーク・タイムズ紙のジャーナリスト、スティーヴン・ファレルと、そのアフ

ガン人通訳であるスルタン・ムナディは、論議をよんだ国際治安支援部隊(ISAF)の爆撃について調査取材中だった。その爆撃はハイジャックされた2隻の石油タンカーに対するもので、そこでタリバンの武装勢力に捕らえられていた多数の民間人が犠牲になったという1件だった。ISR班は、ファレルと通訳がチャルダラ地区にあるタリバンのセーフハウスに拘束されていると確信していた。通信傍受でタリバンの幹部指導者の声をひろうと、国境を越えてパキスタンへと人質を移す議論がなされていた。そこで、イギリスの特殊部隊は救出作戦を実行に移さざるをえなくなった。

統合特殊作戦コマンド(JSOC)のUAVの支援を受けて、ターゲットの家が確定されて常時監視のもとにおかれるなか、ふたりの救出作戦が発動された。第160SOARのヘリコプターで直接ターゲットの上に降り、SBSのチームは建物を強襲した。一方SFSGは、タリバンが逃亡できないように、また敵の補強部隊が到着して救出チームに問題が生じないように阻止陣地を設営した。夜明け前に行なわれたこの作戦で、アフガン人通訳は撃たれて亡くなり、SFSGの、パラシュート連隊第1大隊の兵士1名も命を落とした。目標の家に突入するため、強襲チームが爆薬を使ったことでふたりの民間人も亡くなったが、ジャーナリストは無傷で救出された。

オーストラリアのSOF

多国籍軍SOFのなかで、アメリカとイギリスにつぎ最大規模の配置を行なっていたのが、オーストラリアだった。2001年と2002年には多数のSASR(特殊空挺連隊)の特殊部隊タスクグループが交代で任務にあたり、その後、2005年8月には第一陣の特殊作戦タスクグループ(SOTG)が配置されてさらに大規模になった。これは、SASRの1個中隊を中心に編成され、多くの問題をかかえるウルズガン州で活動した。この州では、オーストラリア部隊は地方復興チームも展開していた。2007年4月には、第二陣のSOTGも配置された。これは、4RAR(オーストラリア連隊第4大隊。現在は第2コマンドー連隊)の1個中隊——レンジャー連隊に匹敵するほどのエリート軽歩兵部隊——がSASRとともに配置された初の機会となった。

こうした後期の配置は、より直接行動作戦に力をそそぐものとなり、SASRがタリバンと戦闘し、正規部隊の復興タスクフォースを守る攻撃部隊として活動した。さらに、アメリカが主導するさまざまなSOFタスクフォースの直接支援作戦も実行した。事実、

イギリス特殊部隊支援グループのオペレーター。ヘルマンド州での合同作戦後、バスション基地でアメリカ海兵隊のCH-53Eを降りたところ。2013年8月。SFSGのオペレーターは7.62ミリHK417を携行しており、このオペレーターが射手か狙撃手であることがうかがえる。(ガブリエラ・ガルシア軍曹撮影、アメリカ海兵隊提供)

SASR

オーストラリア特殊空挺連隊（SASR）は、1957年、第2次世界大戦中の多数の特殊作戦部隊をもとに創設された。イギリスの特殊部隊である第22連隊（SAS）と緊密な関係にあり、SASRは同様の編成となっている。現在は3個戦闘中隊と、正式な編成図にはのらない1個隠密中隊からなる。

初期には、SASRはイギリスSASとボルネオに配置され、ここで偵察およびジャングル戦のスキルが磨かれたことは有名だ。ベトナム戦争中の10年間では、SASRは敵から「マー・ズン」とよばれた。ジャングルの幽霊という意味だ。5人編成というSASRの少人数パトロール・チームは、ベトコンの裏庭で音もなく活動し、情報収集作戦や、拉致あるいは敵を動揺させるための待ち伏せ攻撃を行なった。

ベトナム戦争後、1970年代後半に国の対テロ任務をあたえられるまでは、SASRがその役割を模索した時期もあった。1980年代にはパプア・ニューギニアで隠密任務についたこともあり、またその後ソマリアへも派遣された。2000年には、SASRと4RARコマンドー（現在は第2コマンドー連隊）が、東ティモールへの国際社会の介入の一環として、国連が承認した東ティモール国際軍（INTERFET）において偵察および監視任務を行なった。イギリスSASとともに、SASRは、「アフガニスタン不朽の自由」作戦の支援に配置された最初の部隊のひとつである。

第101空挺師団のUH-60ブラックホークで回収されるオーストラリアSASRのパトロール・チーム。ウルズガン州某所。（オーストラリア国防省提供）

第6章 捕獲または殺害

特殊作戦タスクグループの車両パトロール前方で発見されたIEDの制御爆破を行なう、オーストラリア特殊作戦工兵連隊の兵士。向こうのブッシュマスターの後方ハッチについた銃手が、爆発が起こっている最中にもMAG58中機関銃をかまえているのには驚かされる。また、車両外部にも大量の荷が積まれ、手前のブッシュマスターの左後部には、84ミリ、カールグスタフ弾の緑色のプラスティック製榴弾ケースも見える。(ニール・ラスキン軍曹撮影、オーストラリア国防省提供)

2007年10月25日には、ISAFの大規模戦を支援する車両パトロール中に、マシュー・ロック軍曹がタリバンの小火器による攻撃で亡くなり、敵銃撃によるSASR最初の犠牲者がでている。その後まもなく、4RARコマンドーも、タリンコート付近にあるタリバンの爆弾製造施設に対する直接行動作戦で、最初の犠牲者を出した。

2007年11月、タリンコートの基地の北にある、荒涼としたクシュハディル渓谷への偵察パトロールは、新たに到着した4RARの要員が担うことになった作戦の代表例だ。この作戦では、この地域で活動中だと報告されたタリバンを追跡するため、少人数のチームが雪におおわれた尾根をのぼった。

暗闇のなか、暗視ゴーグルをつけてのぼっていた先頭のオーストラリア兵は、岩陰から現れたひとりのタリバン指揮官とはちあわせした。敵の手には高い威力をもつAK-74がある。ふたりは同時に引き金を引いたが、オーストラリア兵の銃弾が敵をとらえ、タリ

バンの指揮官は死亡した。さらにもうふたりの敵が現れ、ひとりはRPGをもっている。頭上の尾根からは、コマンドー部隊に向けてPKM機関銃が火を噴きはじめた。また下方には巨大な洞窟があって、武装勢力が群れている。チームは武装勢力のベースキャンプに足をふみいれてしまったのだ。

コマンドーは40ミリ榴弾を洞窟の入り口に向けて撃ちこんだ。ひとりが、仲間を狙うPKMの射撃陣地にLAWロケット弾を撃つと、それが命中し、機関銃を黙らせた。さらに40ミリ弾を洞窟入り口に撃ちこむと、入り口はくずれ落ちた。だが別の武装集団がコマンドー部隊を包囲しはじめていた。夜明けの兆しが見えるころ、オーストラリア兵たちは、日が昇って敵から完全に包囲されてしまう前に逃げる必要があることを悟った。接触を断つとき

特殊作戦タスクグループのオーストラリア軍コマンドーの2名。武装勢力との銃撃戦のさなかの写真。前方のオペレーターはM4A5カービンで制圧射撃を行ない、もうひとりは敵に手榴弾を投げるところだ。（オーストラリア国防省提供）

第6章 捕獲または殺害

長距離パトロールの途中、車を止め、地元の子どもたちと交流するオーストラリアSASRのパトロール・チーム。2009年。この時点ではIEDと地雷の脅威が非常に大きかったため、SASRは、従来の6輪駆動ペレンティーではなくブッシュマスター歩兵機動車両——アメリカ軍ではカテゴリー1 MRAPとよぶ——を多く使用していた（とはいえペレンティーも、車両の床下を装甲で補強するなど、数度の改良が行なわれている）。（ニール・ラスキン軍曹撮影、オーストラリア国防省提供）

にはコマンドーの81ミリ迫撃砲手が撤退を援護し、その後近接航空支援機が到着して尾根を爆撃した。

コマンドーはまた、SASRのパトロールやほかの多国籍軍に問題が生じた場合に、迅速対応部隊（QRF）としてこれらを支援した。2006年7月、カナダ第2統合任務部隊（JTF2）の強襲部隊が武装勢力の指導者をターゲットとする任務中に、数でまさるタリバン部隊に攻撃を受け身動きがとれなくなった。このときJTF2のオペレーター1名が亡くなり、2名が重傷を負った。オーストラリア軍コマンドー部隊は地上QRFを出動させ、負傷者を回収できるよう緊急HLZの確保を行なった。そしてアメリカ軍の医療搬送ヘリコプターが着陸時に攻撃されたときには、コマンドーは多数の敵射撃陣地の制圧に努めた。

カナダ兵の負傷者がぶじに回収されると、コマンドーは防御線を解き車両で移動したが、帰途には武装勢力に何度も待ち伏せ攻撃を受けた。コマンドーは、ときには車を降りて敵の射撃陣地を攻撃し、戦って敵を突破した。信

ヴィクトリア十字勲章受章者、SASRのパラシュート兵ドナルドソン。強襲用のフル装備をし、7.62ミリMk14エンハンスト・バトルライフルを携行している。この銃は旧式のM14改良型SOFタイプ。(ポール・エヴァンス軍曹撮影、オーストラリア国防省提供)

じがたいことだが、この小隊は重傷者も出さずにこの任務を終えた。

ヴィクトリア十字勲章

本書執筆時点では、3名のオーストラリア特殊部隊の隊員が、オーストラリア最高の名誉であるヴィクトリア十字勲章を、アフガニスタンにおける活動で授与されている。ひとりめは、SASR第3中隊第1小隊のパラシュート兵、マーク・ドナルドソン(現在は伍長)。ドナルドソンは2008年9月にウルズガン州北西部においてアメリカ陸軍グリーンベレーODAとの合同作戦に参加した。作戦は、5台の特殊部隊GMVによる車列をおとりに使い、武装勢力を罠に追いこむというものだった。

車両パトロールを監視するための2個制圧グループの一員として、SASRの狙撃手チームが前夜に徒歩で潜入していた。そして作戦が始動すると、まもなく武装勢力の少人数グループが現れた。車列を待ち伏せするつもりだ。だが逆に、武装勢力はSASRの狙撃手に撃たれてしまった。数分後、大勢の

第6章 捕獲または殺害

ヘルマンド州の山地でM3カールグスタフ無反動砲を撃つアメリカ陸軍グリーンベレー。手前のオペレーターの向こうにわずかに見えるもうひとりのオペレーターは、射手が撃つときに支えている。大量の後方爆風を生じるカールグスタフを、タリバンがおそれるのもむりはない。(ベンジャミン・タック軍曹撮影、アメリカ陸軍提供)

有名なSASRのEDD（爆発物探知犬）、サービ。パラシュート兵マーク・ドナルドソンがヴィクトリア十字勲章を授与された待ち伏せ攻撃の戦闘中、行方不明になった。サービはほぼ1年、ヘルマンド州の荒野で生きのび、この1件を覚えていたアメリカ陸軍グリーンベレーのパトロール隊員に発見、回収された。ドナルドソンは2010年に伍長に昇進した。(オーストラリア特殊作戦コマンド提供)

武装勢力をつめこんだトヨタのハイラックスが、仲間になにが起きたのか調べにきた。が、これも仲間同様、攻撃を受けて殺害された。

2番手の車両が到着した。今度はバンだ。3人の武装勢力が狙撃手に攻撃されたが、車中には戦闘員ではない女性がおり、生き残った戦闘員が女性を人間の盾にした。国際治安支援部隊（ISAF）の交戦規則（ROE）では、SASRのオペレーターが撃つことを認めていないと知っているのだ。だが結局、その女性を傷つけることなく、狙撃手が戦闘員を射殺した。1台のバイクが女性を迎えに来て、女性を乗せてすんなりと通された。SASRのオペレーターは、その時点で13人の武装勢力を殺害していた。

アナカライ渓谷で9月2日に行なわれたのも同様の策で、これも成功して7人の武装勢力が死亡した。それが終わり、白昼、合同パトロール隊がアメリカ軍のパトロール基地に戻ることにしたときのことだった。グリーンベレー、SASRのオペレーター、それにアフガン警察の混成チーム39人のパトロールは5台のGMVに分乗し、基地へと向けて出発した。すくなくとも4か所の射撃陣地からRPGと小火器による攻撃を受けたのは、その直後のことだ。頭上に走る尾根の上からの攻撃もある。激しい銃撃戦がはじまった。

ドナルドソンは、84ミリ、カールグスタフ無反動砲でどうにか敵陣地のひとつを制圧した。また、車両はゆっくりと前進しつつ、四方に射手が撃ちながら、即席爆発装置（IED）を探した。さらにSASRのオペレーターは車両と並んで走り、車体を遮蔽にして敵に反撃した。ひとりのグリーンベレーが重傷を負っていた。アメリカ軍の統合戦術航空統制官（JATC）はF/A-18ホーネットを要請し、この機は尾根にいる武装勢力に攻撃した。ホーネットはその後また戻り、500ポンドJDAMを、とくに激しい攻撃を行なっている敵グループに投下してくれた。

車両の銃手による制圧射撃と近接航空支援にもかかわらず、敵の一斉射撃の勢いがややおさまったのは、わずかのあいだだった。車両は渓谷ぞいにのろのろとしか走れず、撃たれるメンバーは増加した。手あてをしないと負傷者を動かせないので、さらに車列のスピードは低下する。JTACはオランダ軍の2機のアパッチに航空支援を要請したのだが、オランダ軍には非常に厳格なROEがあり、敵陣地を明確に確認できないという理由で攻撃を拒否された。数分後には、JTAC自身が撃たれた。車列がまた動き出したときも、RPGが周囲で炸裂しており、SASRのオペレーターは車のそばを走って「モガディシオ・マイル」を続けた（モガ

第6章 捕獲または殺害

パトロール中のMARSOCのハンヴィー。上部に装甲をほどこしている。ヘルマンド州南部、2008年。先頭のハンヴィーにはアフガン国旗がつけられ、車両はオフロード仕様だ。IEDの設置が多いヘルマンド州では、このほうがずっと安全策だ。2008年以降、SOFではない部隊の大半は、ハンヴィーや、その他の比較的軽車両を使用して「外に出る」ことを禁じられ、MRAPを使っている。(ルイス・P・ヴァルデスピノJr2等軍曹撮影、アメリカ海兵隊提供)

ディシオ・マイルとは、アメリカ軍のレンジャーとデルタのオペレーターが、ソマリアでの有名な「ブラックホーク・ダウン」の戦闘で、兵士を満載した車両について、銃撃を受けながら走らざるをえなかった状況をいうもの)。

パトロール隊が渓谷の端に近づき、アメリカ軍の基地が視界に入ってきたとき、1発のRPGが空中爆発し、SASRの軍用犬ハンドラーが負傷し(爆発物探知犬のサービは駆け出して行方不明になっていたが、1年後にアフガンの荒野で、かなり元気な状態でいるのを、グリーンベレーのパトロール隊の一員が発見した)、アフガン人通訳はトラックの1台から吹き飛ばされた。重傷の通訳は、さらにRPGが飛んでくるなか、遮蔽もなく横たわっていた。

ドナルドソンは腹をくくり、一斉射撃のなかを負傷した通訳まで80メートル走った。そして敵銃弾があたりにバラバラと飛んでくる状況で、通訳を肩にかついで車両までつれもどった。ドナルドソンは通訳をGMVの1台に乗せ、もうひとりのオペレーターとトラックの荷台に上って、敵銃弾が命中して故障するまで、後部のスイングアーム装着のM240機関銃を撃ちつづけた。どうにかパトロール基地にたどり着きはしたものの、車両はどれも煙を上げ、車体はぼろぼろだった。チーム

は、3時間半の、4キロにおよぶ激しい待ち伏せ攻撃を生き抜いた。とはいえ混成パトロール・チームの13人が重傷を負い、SASRの7人とグリーンベレーのひとりが亡くなった。ドナルドソンは「アフガニスタンのはなはだ危険な状況において、その勇敢な行為はひときわ顕著」であったため、ヴィクトリア十字勲章を授与された。

シャワリコット東部の攻撃作戦

2010年6月、5日間にわたる作戦が、タリンコートに本拠をおく特殊作戦タスクグループ（SOTG）により計画された。この作戦の目的は、武装勢力の補給路を断つことだ。この補給路を利用して、パキスタンから、南はカンダハル・シティを経由して、西はヘルマンド州を経由して、ウルズガン州へと戦士や銃弾、IEDの部品が大量に流入していた。カンダハル州のシャワリコット渓谷は、この武装勢力密輸ルートの抜け道だった。

作戦の準備は前月にはじまり、武装勢力の支配地域に対し、ヘリコプターによる一連の電撃的急襲や車両による偵察が行なわれた。これは、敵部隊の最前線（FLET）の地図作成と、武装勢力が特殊な地形のエリアで攻撃を受けたときの反応を見るためのものだった。またこれにより、ISR――オーストラリア部隊では「特殊報告」といわれていたが――班はターゲットの敵指導者が発する電波をとらえにかかることもできた。こうした作戦準備期間に、数台のブッシュマスター防護機動車がIEDで攻撃されたものの、幸い、重傷者は出なかった。

2010年6月初旬、大規模な粉砕作戦が発動された。オーストラリア部隊が、シャワリコット渓谷に武装勢力がひそんでいることをつきとめており、これをひきずり出し、殲滅させるための作戦だ。さらに、その指導者たちの居場所確認と、その捕獲または殺害も目標とされた。第2コマンドー連隊のアルファ中隊が当日の朝、ターゲット地点から離れたHLZに降り、渓谷にある村を徒歩で移動して、地元の住人と会い、村の長老とのシューラ（評議会）を設けた。コマンドー部隊は、「えさ」として効果的に動くことになっていた。敵との接触があれば、コマンドーは武装勢力を足止めし、系統だった兵器システムや近接航空支援で敵を全滅させるのだ。タリンコートには、敵の指導者が現れたら出発すべく、別のSASR部隊が待機していた。

最初の接触は、チェナルトゥの村の上から監視を行なっていた第2コマンドー連隊の狙撃手チームに対するものだった。狙撃手たちがまず射撃し、側

面攻撃をしかけようとした武装勢力3人を倒した。散発的な銃撃戦があり、狙撃手はさらに3人の敵を殺害した。この2年後の2012年4月2日に、D中隊の狙撃手が、ヘルマンド州のカジャキ地区で、公式には史上最長の狙撃記録を打ち立てた。だがいまだに機密扱いのこの合同作戦では、コマンドー部隊のある狙撃手が、バレットM82A1M50口径スナイパーライフルで2815メートルの距離から敵を射殺しており、これが最長記録となる。

チェナルトゥでは、地元住民が群れをなして村を出はじめた。これはあきらかな「戦闘の兆候」であり、オーストラリア兵たちがこれまでに何度も目にしてきた光景だった。女性と子どもたちが出発しはじめると、敵は近いということがわかる。実際、大規模な敵部隊がオーストラリア部隊を包囲するように陣地に移動しており、コマンドーの居場所を探りはじめた。コマンドー部隊の防御線周囲のあちこちで、銃撃戦が起こった。午後には、武装勢力の協調攻撃が本格的にはじまった。敵

SASRのベン・ロバーツ＝スミス伍長。シャワリコットへ捕獲または殺害作戦に向かう直前の写真。伍長はこの作戦でヴィクトリア十字勲章を授与された。携行しているのは、Mk14エンハンスト・バトルライフル。その後部にはEO Tech近接戦闘サイトとエイムポイントの折りたたみ式サイトが見える。（ポール・エヴァンス軍曹撮影、オーストラリア国防省提供）

第6章　捕獲または殺害

左ページ：第2コマンドー連隊が送りこんだパトロール・チームのオーストラリア兵が車両を降りたところ。中央は軍用犬のハンドラーとEDD。戦闘犬をはじめとする軍用犬は、2007年にイギリスとアメリカの特殊部隊とともにイラクで展開し、それが成功して以降、オーストラリアSOFの戦術に組みこまれることが増加している。ハンドラーの背後にあるのは、オーストラリア軍のブッシュマスターIMVで、オーストラリアおよびイギリスSASが利用している。(クリス・ムーア伍長撮影、オーストラリア国防省提供)

がオーストラリア部隊の位置を確認したということだ。銃撃戦は非常に激しいものだった。「コマンドーの全陣地は、機関銃やロケット推進擲弾（RPG）による猛攻で動きがとれなくなった」。SOTGの指揮官はそう説明した。

敵の射撃陣地を制圧するため、A-10Aやアパッチ攻撃ヘリコプターといった近接航空支援が渓谷に誘導された。罠はもうはじけていた。近接航空支援機による機銃掃射と爆弾投下の合間を

ぬって、コマンドーの81ミリ迫撃砲が断続的に発射された。戦闘の最中、ISR班は武装勢力の多数の指導者の居場所にかんする情報を入手した。どうやら、指導者たちは、この地域の別の村に退却していたようだ。SOTGの指揮官は述べた。「われわれは、タリバンのふたりの指導者がその地域にいるという感触を得ていた。その時点で、わたしは第2中隊の兵士を、敵指揮官の捕獲または殺害任務に向かわせた」

指揮官の命令に、SASR第2中隊のE小隊が、アメリカ陸軍第101空挺師団の4機のブラックホーク・ヘリコプターに分乗してタリンコートを出発した。2機のアパッチもブラックホークの護衛に同行していた。小隊が地上にいるときは、近接航空支援を行なうのだ。ターゲットはティザクという武装勢力の支配下にある村にいて、ここは、

アメリカ陸軍第75レンジャー連隊のレンジャー隊員たち。攻撃を受けやすい地点をひとりずつ駆け抜け、複数が撃たれないようにしている。アフガニスタンでの急襲作戦にて。(アメリカ国防総省提供)

シャワリコット渓谷のアメリカ海軍SEALsの射撃チーム。後方にブラックホークが着陸するあいだ、武装勢力の攻撃がないか監視している。SEALsはAOR1迷彩のカムフラージュ戦闘服を着用し、Mk48中機

第6章　捕獲または殺害

関銃やMk18 CQB-Rカービンを携行している。軍用犬も見張りについている。（マーティン・クアロン1等兵曹撮影、アメリカ国防総省提供）

コマンドーが戦闘を行なったチェナルトゥから西へ5キロの位置にあった。

2機のブラックホークは、強襲チームと、そのパートナーである州警察即応中隊の5人のメンバーを運んだ。3機めは、逃亡しようとする敵に対応するSASRの1個制圧グループを、4機めは「航空火力支援チーム」を運んだ。これは、参加者のひとりが語ったところによると、6人編成のSASRのパトロール・チームで、航空機から精密狙撃を行なったり、強襲チーム本隊の補強をしたりするのだという。計25名のSASRのオペレーターが、ヘリコプターでターゲットに向かった。

そこでは、着陸前に、ヘリコプターの到着によって逃亡をはかっている武装勢力がいないか確認している最中に、ブラックホークは地上からの攻撃を受けた。そして先頭のヘリコプターが着陸して乗員を降ろすときには、チームがHLZを出るまもなく、多数の、立地のよい敵射撃陣地から攻撃された。退却するブラックホークには銃弾が何発も命中し、護衛のアパッチの1機も同様だった。強襲チームはHLZに足止めされ、地面の「浅い穴」や小さな盛り土を遮蔽に、反撃して主導権をとりもどそうとした。

一方、狙撃手が乗るヘリは、谷のもう一方の端で戦闘上空の旋回を行なっていた。村を見下ろせる尾根に降着した制圧グループが護衛機のアパッチに武装勢力の陣地を連絡するまで、敵を近よらせないようにしたのだ。

そして狙撃手チームを乗せたブラックホークが岩だらけの丘陵地上空を飛んでいるとき、地上からの攻撃がはじまった。ベン・ロバーツ＝スミス伍長はのちのインタビューでこう語った。

敵が岩地からRPGを発射したとき、山の頂上はヘリの50メートルほど下にあり、上からまっすぐ敵を見下ろせた。パトロール・チームの指揮官、P軍曹が、「RPG、右3時方向」と叫んだときには、狙撃手とおれはすでに銃撃をはじめていたんだ。

おれたちは、ヘリコプターのあいたドア部分に、足を外に出して腰かけていた。敵がRPGをぶっ放すと、それがおれの足のすぐ下を通っていった。同時に、もうふたりの敵がPKM機関銃を撃ちはじめ、ブラックホークのコックピットと機体につぎつぎと穴があいていった。

銃撃下でも冷静なアメリカ軍パイロットたちのおかげで危機をきりぬけ、さらにヘリコプターを側面攻撃ができる向きにまわしてくれたため、ロバーツ＝スミスと狙撃手は安定した射撃プラットフォームから攻撃を続けることができ、敵を倒していった。短時間着

第6章　捕獲または殺害

堙して武装勢力の武器を集め、死体がもつ情報すべてを回収すると、チームは渓谷の反対側に向かうよう命令を受けた。強襲チームは依然として着陸地点で足止めをくらっていたからだ。

ターゲットのエリアに接近すると、ヘリコプターは再度PKM機関銃の攻撃を受けた。敵の攻撃が激しかったために村の付近に着陸せざるをえなくなったこのブラックホークは、銃撃で損傷しており、結局タリンコートの基地に向けゆっくりと飛び立つしかなかった。新たに到着したSASRのチームが、アパッチで武装勢力の陣地数か所を攻撃したため、別のブラックホークが着陸し、負傷したアフガン警察官1名と、肩を撃ち抜かれたSASRのオペレーター1名の回収にかかった。ヘリコプターが負傷者を乗せて離陸するときにも、すくなくとも2発のRPGがそばをかすめた。

ロバーツ＝スミスと5人の仲間は敵の中心陣地の側面へとまわった。6人は、3組のPKM機関銃チームと多数のRPGによる激しい銃撃のなかを移動し、ロバーツ＝スミスは、干しブド

第3特殊作戦部隊Kandakのアフガン陸軍コマンドー隊員たち。海軍SEALsとの合同作戦にて。CH-47Dでシャワリコット渓谷に入ったあと、ヘリコプターのローターのダウンウォッシュが静まるのを待っている。(マーティン・クアロン1等マスコミ特技兵撮影、アメリカ海軍提供)

305

図説現代の特殊部隊百科

武装勢力と交戦中のオーストラリアSASRのオペレーターの劇的なショット。2011年、アフガニスタン南部、場所は非公表。オペレーターが射撃を行なっているのは、7.62ミリFN Maximi中機関銃で、アメリカの部隊が使用するMk48によく似ている。どちらのオペレーターもズボンはマルチカム迷彩のものを着用しているが、シャツはアメリカ海軍のAOR1迷彩だ。機関銃の射手の足もとには、.338ラプア・マグナム弾使用のブレイザーR93タクティカル2スナイパーライフルとサプレッサー付きM4A5カービンがある。(オーストラリア特殊作戦コマンド提供)

ウを作る小さな乾燥小屋にたどりついた。この小屋のとなりの塀に囲まれた建物で、敵の銃撃のほとんどが行なわれている。ロバーツ＝スミスが遮蔽に着いたとき、敵のひとりがRPGを手に窓に現れたが、SASRのオペレーターがすぐにこれをしとめた。

SASRの軍曹が機関銃にむけて手榴弾を投げ、一時的にではあるが銃撃を止め、ロバーツ＝スミスに必要な時間をかせいでくれた。大柄なロバーツ＝スミスがすばやく前進してふたりのPKM射手を射殺し、その後建物を襲撃して、さらに数人の敵を殺害した。3番手のPKM射手と装填手は、建物の裏で、SASRのオペレーターたちを待ち伏せしようとしているところを撃たれた。パトロール・チームがこの場を掃討し、強襲チームと合流したとき、ロバーツ＝スミスはもうひとり敵を射

第6章　捕獲または殺害

殺した。その男が携帯電話で、やぶに隠れた偽装蛸壺(スパイダーホール)から銃撃を指示しているのが聞こえたのだ。その日最後に倒した敵は、岩陰に隠れ、辛抱強くオーストラリア兵を殺害する機会をうかがっていた兵士だった。その男はAKをかまえて飛びだしたが、至近距離にいたオペレーターに射殺された。

SASRの部隊は、ターゲット・リストに名のある指導者10人をはじめ、70人超の武装勢力を殺害した。リスト上位の高価値目標はこの戦闘で負傷し逃亡したが、その後、この負傷がもとで死亡した。またチェナルトゥでコマンドーが殺害した武装勢力は24人にのぼった。2度の戦闘は13時間にもおよび、SASRの兵士数人は銃弾がつきかけるほどだった。オーストラリア兵で負傷したのはわずか2名で、奇跡的に死者はゼロだった。

SASRの第2中隊と第2コマンドー連隊のアルファ中隊はこののち、「たぐいまれな勇敢さ、範とすべき戦闘行為をみせ、タリバンという、高度な訓練を受けた、狂信的な、数でまさる敵を容赦なく粉砕した」功績により、新しく設けられた戦闘名誉章を受章した。勇敢さをたたえて勲章を授与された兵士は13名にのぼり、ベン・ロバーツ＝スミスはヴィクトリア十字勲章を授与された。

オーストラリア軍特殊部隊のオペレーターで3人目のヴィクトリア十字勲章受章者は、カメロン・ベアード伍長だ。ベアードは残念ながら、2013年6月22日の戦闘で亡くなった。ベアードは、ウルズガン州ガウチャク村にいる武装グループをターゲットにした作戦で、強襲チームのリーダーをつとめた。コマンドー1個中隊とアフガン州警察即応中隊の1個チームがチヌークで村の外まで運ばれたが、ヘリコプターを出たところで、この部隊は銃撃された。

コマンドー中隊は、遮蔽がまるでないHLZから出ようと走った。別のチームのリーダーは2度も撃たれたものの、1発は防弾ベストのセラミックプレートがくいとめた。ベアードは、そのチームが負傷した伍長を回収して遮蔽へつれていくあいだ、自分のチームにそれを援護させた。その時点で強襲部隊は、部隊がいる地域を見渡せる建物から、小火器、PKM、RPGによる非常に激しい攻撃を受けていた。ベアードとそのチームはたえず銃撃を受けるなか、灌漑用水路に入って、敵がこもる建物の塀までどうにかたどり着いた。建物に入るには、アーチ型の玄関を通るしか方法がない。問題は、PKMの銃手ほか数人の武装勢力が、建物のなかから玄関への通路を銃撃している点だった。

もうひとつのチームのリーダーは大

SOFの狙撃手

イラクととくにアフガニスタンでの戦争では、狙撃手の価値が再認識された。敵兵士を直接射撃する場合であれ、安全確保のための監視や隠れ家から行なう情報収集任務であれ、狙撃手は部隊に欠かせない万能の兵士だ。またこれも重要なことだが、狙撃手の精密な射撃によって、SOFの指揮官は、付帯損害の危険を実質ゼロにするという選択肢を得る。これは対反乱戦闘において第一に考慮すべき点だ。

狙撃手を配置する方法は戦争が進化するにつれ、高度になっている。ふたり組の狙撃手を孤立させて配置するという手法は、いまは昔だ。今日では、狙撃手の1個チームは、すくなくともふたり組が2個と、チームの背後を守る安全確保要員とで編成されている。これは、ラマディとハディサにおいて、アメリカ海兵隊の2個狙撃手チームが、しのびよった敵に包囲され殺害されたという厳しい教訓から学んだ策だ。また、たとえば武装勢力のIED設置の阻止といった待ち伏せ任務につく狙撃手は、現在では夜間に配置されるのが一般的になっている。とくにアフガニスタンでは、地元住民が多国籍軍の部隊を積極的に監視しており、敵に告げ口されずに隠れ家を設置することは、非常に困難だ。

ほかにも変化はあり、航空機からの狙撃手による支援が幅広く採用されている。狙撃手のチームがヘリコプターに乗り、強襲チームがターゲットを襲うときに、監視を行なうのだ。また狙撃手は、設置されたIEDを無力化あるいは破壊する場合にも配置されている。狙撃手は心理戦の大きなツールともなっており、その存在がうわさされるだけで、武装勢力の動きは制限されてしまう。ファルージャでは、SOFと正規部隊の狙撃手がおおいにおそれられていたため、停戦のための協議において最初に要請されたのは、狙撃手の撤収だった。

ある地域の生活監視を行なうために、狙撃手を秘密の監視所に配置するという策を指揮官は高く評価しており、狙撃手

アフガニスタンにおいて、50口径バレットM107対物スナイパーライフルで射撃するアメリカ陸軍レンジャーの狙撃手チーム。排出されたケーシングが宙に浮き、マズルブラストで砂埃が舞っている。(アメリカ特殊作戦軍提供)

第6章 捕獲または殺害

が情報収集の役割をもつことも増している。デルタの狙撃手はこの任務につくことが多く、少人数の、2から3名の偵察・狙撃チームが配置され、数日からときには数週間にわたりターゲットを監視する。必要な情報の収集がすむと、狙撃手はひっそりと、1発の銃弾も撃たず、敵にまったくその存在を知られないまま、撤収する。

兵器も変化している。イラクでは、従来のボルトアクション式スナイパーライフルから、多くはM16シリーズ（SR-25やHK417など）を中心としたセミオートマティック・スナイパーライフルへの変更を必要とした。イラク都市部の迷路のような街では、複数のターゲットが姿を現し、迅速な連射が必要な場合が多い。またセミオートマティックは、室内の掃討やまにあわせの隠れ家の防御にも使用可能だ。さらに、武装勢力がドアの背後にひそんでいるような建物のなかを移動する場合には、銃身が長いボルトアクション式ライフルは理想的とはいえないため、狙撃手が拳銃を使用する例もでてきている。

スナイパーライフルの口径も大きくなっている。アフガニスタンでもイラクでも、射程が伸びたことが主因だ。SOFのスナイパーライフルの多くは、現在、.300ウィンチェスター・マグナム弾（たとえばSEALsが使用する有名なMk13がある）や、イギリスおよびオーストラリアの特殊部隊が採用し、ブレイザーR93 Tac2やアキュラシー・インターナショナルL115A3などさまざまなライフルに用いる、.338ラプア・マグナム弾に合う口径だ。また、マクミランTAC-50（カナダ軍の狙撃手がアナコンダ作戦で2430メートルの距離から狙撃）や、バレットM82A1（オーストラリア第2コマンドー連隊デルタ中隊の狙撃手がアフガニスタンで、現時点では世界記録の2815メートルの狙撃に成功）といった12.7ミリつまり50口径対物ライフルの復活もいちじるしい。

合同パトロールで冬の小川を渡るMARSOC。2014年、アフガニスタン。先頭のオペレーターが携行しているのは、新しく採用されたサプレッサー付きMk21プレシジョン・スナイパーライフル。7.62ミリ、.300、.338口径弾に対応するMk21は、SOCOMの全現役スナイパーライフルと置き換えられる予定だ。後方の塀のうしろにわずかに見えるのは、安全確保要員だ。（アメリカ特殊作戦軍提供）

図説現代の特殊部隊百科

ウルズガンで戦闘犬（CAD）の訓練を行なうSASRの軍用犬ハンドラー。CADはカメラ付きの防弾ベストを装着しており、オペレーターの携帯装置で犬に見えているものがわかるようになっている。（クリス・ムーア伍長撮影、オーストラリア国防省提供）

腿部を撃ち砕かれ、航空機による医療搬送が必要だった。ベアード伍長には、ヘリコプターをよび、武装勢力の銃撃を止めなければならないことがわかっていた。空爆はできなかった。この地域には民間人も多かったからだ。ベアードはその建物への侵入を試みたが、激しい銃撃に押し戻された。少し間をおき再度試みたものの、自分のM4A5が装填不良となり、これもしりぞかざるをえなかった。ようやく3度めに、ベアードは玄関への通路に入って敵のひとりを撃った。だが敵の反撃に、ベアードは即死してしまう。別のコマンドーがどうにか破片手榴弾を玄関方向に投げてベアードの遺体をひきずり出すあいだに、ほかのコマンドーたちが建物に突入し、残る敵を殺害した。それによって医療搬送用のヘリコプターをよぶこともできたのである。

人質救出

2010年10月、DEVGRUのレッド中隊の補強小隊が、レンジャーの2個分隊とともに、イギリス人の人道支援活動家リンダ・ノーグローブの救出任務に向かった。ノーグローブは、パキス

第6章　捕獲または殺害

ブッシュマスターで山道を移動する前に、IEDや地雷の除去を行なうオーストラリア第2コマンドー連隊と特殊作戦工兵連隊の隊員たち。(オーストラリア特殊作戦コマンド提供)

タン国境から16キロほどのクナル州の山岳地帯で武装勢力に捕らえられていた。

通信傍受とISR機によって、ノーグローブが治安の悪いコレンガル渓谷(複数の賞を受賞したドキュメンタリー映画、『レストレポ～アフガニスタンで戦う兵士たちの記録』で有名になった)奥の山腹にある、ふたつの建物のどちらかに拘束され、すくなくとも6人の武装勢力兵士がそこにいることがわかっていた。イギリスの特殊部隊は南部での作戦でいっぱいだったため、DEVGRUがこの任務をあたえられ、0300時に2機のMH-47Eチヌーク・ヘリコプターで目標に向かった。上空では、AC-130ガンシップとプレデター武装UAVが援護していた。

そのあたりは岩地でターゲットの建物に近づくさいの遮蔽が少ないため、強襲チームはX地点、つまりターゲットの建物の上に降りざるをえなかった。そしてレンジャーがターゲット付近に降下して阻止陣地を設置し、その建物

311

ヘルマンド州で、室内の掃討を行なうアメリカ陸軍レンジャー隊員の貴重な写真。2012年。ふたりとも暗視ゴーグルを着け、M4A1カービンを携行している。カービンにはダニエル・ディフェンス製ピカティニー・レール、スペクター・サイト、SU233ライフル用ライト、AN/PEQ-15赤外線イルミネーターが装着されている。(ジャスティン・ヤング特技兵撮影、アメリカ陸軍提供)

を見下ろせる射撃陣地から支援することになった。先頭のMH-47Eはひとつめの建物の上空低く飛び、強襲チームはすばやくファストロープで降下した。2機めのヘリコプターに乗った狙撃手たちは、人質をつれて逃亡しようとする敵がいないか監視し、サプレッサー付きHK417ライフルでふたりの見張りを射殺した。

強襲チームが建物に降りたとき、数戸の小さな建物から武装勢力が姿を現したが、すぐに銃撃された。そこにかけつけようとしたふたりも、上空を旋回するAC-130が倒した。さらに、建物の1軒から敵兵士が出てきて強襲チームを銃撃したが、チームは反撃し、兵士を殺害した。その時点ではわかっていなかったが、敵兵士は、そのとき人質を建物からひきずり出していたのだ。ノーグローブは、致命傷ではないものの、銃撃で脚を負傷しており、それはこのときのものだったのかもしれない。

2軒の建物のあいだに敵がまだひそんでいる危険を考慮し、ひとりのDEVGRUオペレーターが、そのあたりに破片手榴弾を投げた。そして建物を掃討し、6人の敵兵士全員が死亡していることを確認した。作戦が終了するまで、わずか60秒という手際のよさだった。だがそのとき、ノーグローブが発見された。吹き飛ばされた敵兵士のとなりに横たわり、瀕死の状態だった。当初、ノーグローブは武装勢力

第6章　捕獲または殺害

リンダ・ノーグローブの救出作戦、2010年10月

リンダ・ノーグローブの救出作戦、2010年10月
1　DEVGRUの補強小隊1個とレンジャーの補強分隊2個が、2機のMH-47Eに乗ってバグラムを出発、悪名高いコレンガル渓谷へ向かう。
2　ファストロープで地上へ降下させ、目標Xに直接オペレーターを挿入。

の自爆ベストの爆発で亡くなったのだと考えられていた。しかしその後、その死の原因は、おそらくはオペレーターが投げた手榴弾だったということがあきらかになった。

　破片手榴弾を投げたオペレーターは、事後検討会で中隊指揮官がヘルメットカメラの録画を確認するまでは、それを受け入れなかったようだ。破片手榴弾とスタングレネードは形状も重さも異なっているためまちがえることはありえず、とくにこうした経験豊富なオペレーターはまずまちがえない。結局、この件にかんし、3人のオペレーターが部隊を去った。

　「ジュビリー」作戦は、これも人質救出任務で、アフガニスタン東部のバダクシャン州で行なわれた。イギリス人人道支援活動家ヘレン・ジョンストンと、その同僚女性でケニア人のNGO活動家、それにアフガン人のガイド2名が山賊に拉致され、犯人は、身代金とともに有名な麻薬売人の釈放を交換条件に、人質の解放を申し出ていた。犯人たちが人質をタリバンに売り渡す危険が現実のものとしてあり、犯人とタリバンはすでに接触していたため、多国籍軍は、人質の居場所をつ

武装勢力から捕獲した大量のRPG弾頭、砲弾、迫撃砲弾、その他さまざまな爆発弾。破壊準備を行なうオーストラリア特殊作戦工兵連隊のオペレーター。（オーストラリア特殊作戦コマンド提供）

きとめようと昼夜の別なく活動した。

通信傍受チームが犯人の居場所をつきとめ、高高度長時間滞空型UAVがすぐに生活パターンの監視を開始し、人質が拘束されている場所と、犯人の人数および日々の行動パターンをつきとめようとした。こうした生活パターンの監視によって、SOFのチームがとる接近ルートから（たとえば、この道には武装勢力の検問所があるとか、山道は狭いのでハンヴィーが通れないといったような情報）、チームがターゲット地点に突入する方法にかんするものまで（塀の高さや窓の位置、ターゲットに接近するさいに遮蔽を利用できる通りがあるか、など）、あらゆる情報が得られるのだ。

「ジュビリー」作戦のように、このタイプの監視はUAVが実行し、その上空での有人の偵察飛行や、地元住民の情報源開拓、人による監視はSOFが行なった。いちばん危険は大きいが、同時に大きな情報を得られるのが、ターゲット自体を経験豊富なオペレーターの目で観察することだが、こうした任務は大惨事につながる場合もある。

第6章 捕獲または殺害

「ジュビリー」作戦、2012年5月

リー作戦、2012年5月
SAS と DEVGRU の合同ヘリコプター
部隊が、MH-47 でバグラムを出発。
フガニスタン北部のバダクシャン地
ターゲットから離れた HLZ に飛び、
を実行し成功。
ームは MH-47 と合流し、人質とと
バグラムに戻る。
ギリス人 NGO 活動家の人質はカ
ルへと飛び、イギリスに帰国。

1. 地上強襲部隊がターゲットから2-3キロ地点に潜入。
2. チームが夜間にターゲット地点まで移動し、DEVGRU と SAS に分かれて、それぞれ洞窟をひとつずつ担当。
3. 同時に洞窟を攻撃し、DEVGRU は武装勢力9人を殺害したものの、人質は発見できず。
4. SAS が担当の洞窟を襲撃。4人の武装勢力を殺害し、4人の人質を救出。

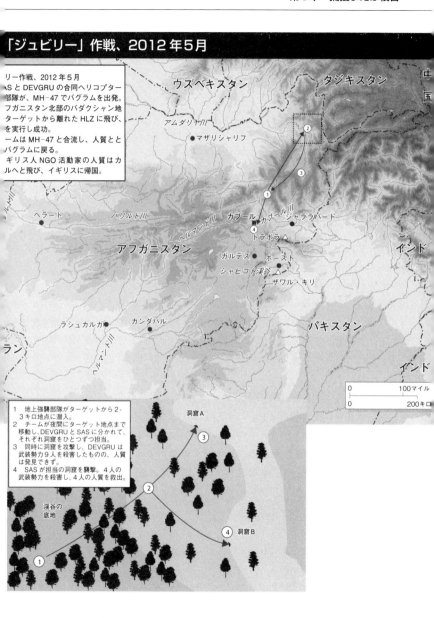

映画にもなった書、『ネイビー・シールズ』に描かれているとおりだ。まもなく、人質はふた組に分けられて、コーエララムの森のなかの、木が密集した谷にあるふたつの洞窟に拘束されていることが判明した。そしてイギリスとアメリカの部隊による合同人質救出任務が計画された。

SASから1個、DEVGRUから1個、計2個チームが第160SOARのブラックホークで飛び、作戦に奇襲性をもたせるために、ターゲット地点から2キロ離れた降着地帯（LZ）に降りた。その後強襲チームは森のなかを徒歩で前進し、安全確保のための警戒線を張ったのち、ふたつの洞窟を一斉に襲撃した。作戦は計画どおりうまくいき、チームはスタングレネードで不意をつき、洞窟に突入した。

DEVGRUは担当した洞窟を掃討し、7人の敵銃手を全員殺害した。しかしそこに人質がいる気配はなかった。一方SASチームは急襲した洞窟で4人の銃手を殺害し、4人の人質全員をぶじ救出することができた。短い銃撃戦では、人質にも強襲チームにも負傷者は出なかった。人質は、ヘリコプターが合同チームと人質の回収に戻ってくる前に、SASの衛生兵から手早く健康状態のチェックを受けた。

2012年12月、人質救出作戦が再度DEVGRUによって実行された。NGOで活動する医師、ディリップ・ジョーゼフと地元のアフガン人協力者2名が、アフガニスタン東部で山賊に拉致されたのだ。DEVGRUが急襲して3人の人質をぶじ救出し、7人の人質犯全員を殺害したが、強襲チームもひとりのオペレーターを失った。強襲のさいに頭部を撃たれたのである。

アボタバード

最大規模の捕獲または殺害急襲作戦となったのが、2011年5月の「ネプチューン・スピア」作戦だ。アルカイダの指導者ウサマ・ビン・ラディンをターゲットとした、国境を越えた急襲である。何年にもおよぶ、苦労の連続の調査活動のすえ、ビン・ラディンの居場所がようやく判明し、パキスタンの都市、アボタバードの特別仕様の建物に住んでいることがわかった。CIAからオバマ大統領に、B-2ステルス爆撃機による空爆、UAVによる攻撃、あるいはSEALsのヘリコプター強襲部隊といったいくつかの策が提案された。これらの策には、付帯的損害のリスクや、ビン・ラディンが実際に空爆で殺害されたかどうかを確認する能力にかんして、それぞれに長所と短所があった。

最終的に、オバマ大統領は、SEALsが最適な選択肢であるとして

ターゲット地点の外で安全確保を行なうレンジャー隊員。アフガニスタン、場所は非公表。右の2名のレンジャーは、SOPMODブロック2レールを装着した5.56ミリM4A1カービン、左のレンジャーは、選抜射手用ライフルの7.62ミリMk17 SCARを携行している。レンジャーは5.56ミリMk16 SCARを試用したが、M4を大きく上まわる性能だとは判断されなかった。(コッツィ・M・クーン1等兵、アメリカ陸軍提供)

承認した。最悪の事態となって強襲チームが孤立してしまっても、大統領の言葉を借りれば、SEALsには「自力で戦いパキスタンを出る」能力があるからだ。こうした流れで、2機のMH-47Eチヌーク・ヘリコプターが攻撃部隊にくわわることになり、アボタバードの外の中間準備地点に着陸し、必要であれば迅速対応部隊（QRF）をターゲット地点に運ぶべく待機することになった。これらヘリコプターには、さらにSEALsとレンジャー隊員、それに戦闘捜索救難（CSAR）チーム（レンジャーの1個分隊がCSARチームの護衛部隊として配置される場合が多い）が搭乗していた。

地上強襲本隊は、DEVGRUレッド中隊22名の厳選された古参兵、爆発物処理（EOD）オペレーター1名、CIAの通訳1名、およびカイロという名の戦闘犬（犬種はベルジアンマリノア）という編成だった。強襲チームは、ナイトストーカーズの飛行士が操縦する2機の超先進型のブラックホークにすしづめになって、目標へと飛んだ。ブラックホークはすぐにエリア51［アメリカのグルーム・レイク空軍基地］を出た。このステルス性の高い機は一部では「サイレントホーク」とよばれ、従来タイプのブラックホークにくらべてレーダーに映りづらく、非常に静かだった。

この任務では、部隊がジャララバードから飛ぶ必要があった。そこにはJSOCタスクフォースが安全な中間準備地点を確保していた。2機のブラックホークが国境を越え、直接アボタバードへと向かい、一方で2機のMH-47Eは北へと飛んだ。MH-47Eは、アボタバードの北に設置され、レンジャー隊員が護衛する前方補給地点（FARP）に燃料タンクを運ぶことになっていた。改良型ブラックホークはパキスタンで燃料を補給してからアフガニスタンに戻る必要があったからだ。

計画では、1機のブラックホークがターゲットの建物の庭の上でホバリングし、その間に強襲部隊がファストロープで降下する。もう1機に乗った狙撃手たちは、その降下を援護する。そこから、部隊はいくつかのチームに分かれてゲストハウスを掃討し、狙撃手の監視陣地を設ける。人数の多いほうのチームが母屋に突入して、3階建てのこの家を強襲、掃討するのだ。同時に、もう1機のブラックホークが着陸し、5人編成のチームを降ろす。このうち2名は戦闘犬をつれて塀の外をパトロールし、SAW（分隊支援火器）銃手をふくむ3人組は、地元住民が巻きぞえをくわないよう阻止陣地を設営する。CIAの通訳は、野次馬から聞かれれば、その強襲がパキスタン警察の作戦だと伝える。このチームが降下し

第6章　捕獲または殺害

たあと、ブラックホークは母屋の上でホバリングし、残った強襲チームが屋上にファストロープ降下して、建物に突入し下階へと掃討を進める手はずだった。

作戦は2011年5月1日の夜にはじまり、すべてが計画どおりに進行した。1機めのブラックホークが、強襲チームが建物へとファストロープ降下するさいにバランスをくずすまでは。この機は、セットリング・ウィズ・パワーといわれる状態におちいったのだ。これは、ヘリコプターが高速で接近して地面近くでホバリングし、自身のダウンウォッシュのなかを降下することになったときに起きる現象だ。パイロットによほどの技術があってもヘリコプターを適度な高度に維持するのはむずかしく、この場合もヘリコプターは急降下し、中庭の塀に追突した。パイロットはかろうじて、ローターになにかがあたって折れ、大惨事になるのだけは回避した。そうなればヘリコプターは横転し、ローターの破片でオペレーターが負傷するか命を落とすこともありうるからだ。

2機めのブラックホークは僚機になにが起きたのか正確には把握できないまま、ターゲット母屋上空でホバリングしファストロープで降ろすのではなく、着陸してチームを降ろすという賢明な選択をした。この時点から、強襲部隊は迅速にリハーサルした役割をこなし、AK-47で強襲チームに攻撃しようとしたビン・ラディンの世話係を射殺後、母屋に集結した。チームは母屋になだれこんで、手順どおり各階を掃討していき、ビン・ラディンの息子のカリドを殺害した。そしてついに、3階にたどり着き、ポイントマンがビン・ラディンを射殺した。ビン・ラディンは、なにが起きているのか確かめようと、寝室から顔をのぞかせたところだった。

DEVGRUオペレーターはすぐにSSEモードに入り、ラップトップ・パソコン、ハードドライブ、書類など、情報価値のありそうなものはすべて回収した。それが完了すると、チームはビン・ラディンを遺体収容袋におさめ、ヘリコプターで合流地点へと移動した。そして、機密性の高いものは回収するか破壊したのち、墜落したブラックホークが敵の手にわたらないように、EODオペレーターが爆薬を設置した。

1機のMH-47が残った強襲チームの回収に到着する直前に、爆薬は作動した。MH-47は直接ジャララバードに飛び、残ったブラックホークはまずパキスタンのFARPに向かってから、もう1機のMH-47と1列縦隊で本拠地に戻った。地上での作戦全体にかかった時間はちょうど40分だった。チームは30分で作戦実行の訓練を行な

「ネプチューン・スピア」作戦、2011年5月

第6章 捕獲または殺害

ある合同夜間強襲の暗視画像。このときは、アフガン第3コマンドー部隊Kandakとアメリカ海軍SEALsが作戦を行なった。強襲用はしごでのぼり屋上に監視所を設ける姿が確認できる。カンダハル州、2011年。武装勢力と疑われる人物3人が拘束され、SSEではタリバンのプロパガンダ用資料が大量に回収された。(ダニエル・P・シューク特技兵撮影、アメリカ陸軍提供)

い、ヘリコプターの墜落といった不測の事態に10分の予備時間をとっていたが、それは現実に必要な時間となった。

作戦中には、RQ-170センチネルが上空を飛んでいた。この機は雲に隠れ、監視カメラ映像のストリーミングが可能で、またパキスタンの地方防空レーダーを妨害することもできた。バグラムとホワイトハウスの職員は、ヘリコプターの墜落もふくめ、この任務の展開をリアルタイムで見守った。ビン・

CH-47Dチヌークが着陸して回収されるのを待つ、アメリカ陸軍レンジャーの分隊。2008年、アフガニスタン。(アメリカ特殊作戦軍提供)

ラディンの遺体はレンジャーの1個チームによってアメリカ海軍空母「カール・ビンソン」に移され、サウジ当局が、遺体をビン・ラディンの生誕地に戻すことを断わったため、水葬にふされた。10年をかけたビン・ラディン追跡は、これで幕を閉じた。

エクストーション17

アボタバードの作戦からわずか数か月後の2011年8月、DEVGRUは大きな損失をこうむった。ワルダク州タンギ渓谷での任務で、武装勢力の指導者の捕獲または殺害が大きな失敗に終わったのだ。レンジャーの補強小隊はターゲットから離れたHLZに降り、ターゲット・エリアへと進んで、ターゲットの建物に奇襲をかけようとした。そこには獲物の気配はなかったが、チームはまもなく武装勢力と激しい戦闘におちいってしまう。そしてようやく即時対応部隊(IRF)の緊急要請がなされたのは、3時間ちかくが経過してからだった。

IRFは作戦のあるエリアをふくむ地域、あるいは付近の前進作戦基地(FOB)で緊急時にそなえて待機し、増強が必要な場合に送られるチームだ。とくに、ヘリコプターの墜落や、強襲

第6章　捕獲または殺害

チームが多数の負傷者を出すなど、事態が悪化した場合に出動する。このときには、IRFは多数の武装勢力が逃亡するのをはばみ、レンジャーの強襲地点から数キロの地点に阻止陣地を設置して、逃亡者を捕獲することを要請された。IRFは陸軍州兵のCH-47Dチヌークで出発した。

ところが「エクストーション17」というコールサインをもつこのチヌークがHLZへの最終進入中に、200メートルほど離れた地点にいた多数の武装勢力が、ヘリコプターに向けてRPGを発射した。1発のRPG弾がチヌークの後部ローターに命中し、ローター部を3メートルほど切り裂くと、あっというまにチヌークは地面に追突した。チヌークはすぐに大炎上してしまった。レンジャーをターゲット地点に護送していたアパッチが、ただちにRPGの射撃地点を30ミリ砲で制圧し、「墜ちた天使（フォールン・エンジェル）」のコールがなされて戦闘捜索救難（CSAR）機が緊急発進した。レンジャーは墜落現場に徒歩で急行し、アパッチとAC-130ガンシップは上空で監視し護衛を続けた。

この墜落によって38人が命を落とした。22名は海軍特殊戦闘群に所属し、うち15名はDEVGRUゴールド中隊の隊員だった。犠牲者であるその他の海軍兵士はSOF支援要員で、通信傍受技師と、軍用犬ハンドラー、それに軍用犬のバートもいた。また、降下救難員（PJ）と戦闘統制官からなる空軍特殊作戦チーム、協力部隊であるアフガン・コマンドー部隊の隊員1名、それにCH-47Dの搭乗員である陸軍州兵の全員が命を落とした。

この悲劇が生じた背景には、多くの要因があったようだ。上空を旋回していたMQ-1プレデターが逃亡者の追尾を続けるだけで、エクトーション17のHLZ予定地を掃討していなかったこと。さらに1機のAC-130が赤外線サーチライトでHLZを照らし、エクストーション17の最終進入にそなえて「掃討（アイス）」ずみであると連絡されていたこと。そして当のチヌークには、同行するアパッチがいなかったこと。レンジャーを支援していたアパッチがエクストーション17の到着に注意を向けたのも、この機がすでにHLZから3分のところまで来ているときだった。アパッチの搭乗員のひとりはのちに、着陸地帯は、地上部隊が確保しておく必要があったと思う、と語った。

おそらくいちばんの要因は、エクストーション17が「ごくふつうの（プレイン・バニラ）」CH-47Dチヌークだった点だろう。現在では第160特殊作戦航空連隊（SOAR）のMH-47に標準搭載されている、特殊作戦向けのアビオニクスやRPGの脅威探知システムもそなえていなかった。経験豊富な州兵のパイロットが操

縦してはいた。しかし搭乗員は、たとえば地上滞在時間を最短にするテクニックや高度な回避行動といった、ナイトストーカーズが用いるようなSOF戦術の訓練は受けていなかったのである。

ハッカーニ

イラク派兵の削減後、2008年と2009年にはアフガンへの増兵がなされて、それ以降、デルタフォースはアフガニスタンでの作戦遂行に戻っている。アフガンは区分けされ、SEALsが北部、デルタが南部と西部を担当しているようだ。そしてデルタ最大規模の作戦のひとつが、パクティカ州南東部で行なわれた。

ターゲット・リスト上位の拘束者がもたらした情報にもとづき、デルタフォースは2011年7月に、ハッカーニ・ネットワークが設けたといわれる外国人戦士の中間準備地域をターゲットとする作戦を行なった。7月20日、ナイトストーカーズは、ヘリコプターによる強襲部隊をサルローザ地区に送りこんだ。A中隊をレンジャーとアフガンのSOF隊員が支援する構成だ。強襲チームはすぐに、RPGとDShK重機関銃という重装備の敵から攻撃を受けた。国際治安支援部隊（ISAF）の評価では、この夜間の戦闘で、およそ30人の武装勢力を殺害した。

陽がのぼると、自然のものだが効果的な遮蔽壕や、山地の洞窟に隠れていた何十人もの生き残りの敵兵士たちが姿を現した。武装型UAVのAH-6と直接行動侵攻機（DAP）が飛来して地上部隊の近接支援を行ない、また対地攻撃機も到着した。戦闘は2日目に入り、遮蔽壕と戦闘陣地は手際よく掃討され、一部では、支給されたばかりのサーモバリックMk14対物グレネードも使用された。80人から100人程度のハッカーニと外国人戦士が、2日間におよぶ戦闘で殺害された。デルタの曹長が1名、この戦闘後半で、敵の小火器による攻撃で不幸にも亡くなった。

デルタは、タリバンがアメリカ陸軍軍曹ボウ・バーグダールの解放を映像におさめたときに、一時的にではあるが、再度注目を浴びた。バーグダールは、アフガンの武装勢力との戦争において唯一のアメリカ軍兵士捕虜だった。バーグダールは、パキスタンのハッカーニ・ネットワークに5年間も拘束されていたが、前進作戦基地（FOB）から姿を消したいきさつは不可解なものだった。DEVGRUとレンジャーはその間、数回バーグダール救出のための作戦を「ひねりだした」が、どれも「空ぶり」に終わっていた。2009年7月にカブール南部で行なった作戦では、SEALsの隊員1名が重傷を負い、戦闘犬1頭が死亡した。交渉は引きのば

第6章　捕獲または殺害

CH-47Dによる回収を待つ合同部隊。特徴あるAOR1迷彩砂漠用カムフラージュ戦闘服を着たアメリカ海軍SEALsと、アメリカ陸軍の正規部隊。この部隊は悪名高いカンダハル州のシャワリコット渓谷でのパトロールを遂行している。中央のSEALs隊員が携行しているのは、7.62ミリMk48中機関銃。その右手のSEALs隊員が身に着けている戦闘ナイフの柄が、ベルト後部にわずかに見えている。SEALsは気どってこうした奇妙なもち方をする（仲間であるDEVGRUのレッド中隊は、戦闘に軍用手斧のトマホークをもちこむ）。この隊員の前にいるSEALs隊員はアメリカ国旗をもっている。これはときに、空から友軍の場所を確認できるよう使われる。（マーティン・クアロン1等兵曹撮影、アメリカ国防総省提供）

されて何年も続いたあげく、バーグダールを、グアンタナモ収容所に拘束されているタリバンの指導者5人と交換するという取引が成立した。

交換の指定日には、すくなくとも2機のMH-60MブラックホークとU-28A監視機が、合意した場所の上空に到着した。ホースト付近の国境沿いのどこか、荒涼とした渓谷だった。そこには18人の武装勢力が現れた。1機のブラックホークは狙撃手チームを乗せて上空を旋回し、狙撃手たちは機内

特殊作戦オペレーターを目標に運ぶMH-6リトルバードのスリリングなショット。(アメリカ特殊作戦軍提供)

第6章　捕獲または殺害

南部特殊作戦任務部隊に配属された空軍特殊戦術群のJTAC。カンダハル州の合同夜間強襲にて。この作戦では大量のHME（自家製爆弾——アフガニスタンでは違法になっている、パキスタン製の安価な化学肥料を材料に作成することが多い）、タリバンがFOB攻撃に使用する中国製107ミリ無誘導ロケット弾と大量の小火器が回収された。（ダニエル・P・シューク特技兵撮影、アメリカ陸軍提供）

から、トヨタのピックアップトラックに乗り捕虜を従えて現れた武装勢力に狙いをつけていた。もう1機のMH-60Mは武装勢力から数メートルのところに着陸した。

ヘリコプターのなかでは数人のデルタのオペレーターがマルチカムの強襲用キットをフル装備し、わずかでも罠のにおいがすれば対応するかまえだった。民間人の服装をした2名のオペレーターは、野球帽を目深にかぶり、サングラス、シュマグをつけていた。通訳がブラックホークから降りてきて、バーグダールをともなって現れた武装勢力の代表と会った。二言三言短い言葉をかわすと、POW（戦争捕虜）であるバーグダールはオペレーターにともなわれてヘリコプターに戻ってきた。そこでくまなく身体検査を受けて爆発装置をつけていないか確認され、それからようやくチームとバーグダールはブラックホークに乗って、飛び立ったのである。

アフガニスタンでは、マクリスタル大将の「まばたきしない目による人的情報」（長時間滞空によるリアルタイムの監視、通信傍受、専門家による分析）という構想が成果をあげ、全作戦の50パーセントが主要なターゲットを捕獲または殺害するものであり、それ以外の作戦の80から90パーセントは優先順位が2番目のターゲットや主要ターゲットの仲間の捕獲または殺害を行なうものになる、というターゲット選定につながった。

そして捕獲または殺害任務によって、集落安定化作戦プログラムといった、ISAFが主導した対反乱活動が成功する道もできたのである。イラクでこうした作戦を行なったときと同じく、この任務は、ISAF部隊においても地元住民においても多くの命を救っている。こうした任務はまた、武装勢力の能力をいちじるしく低下させ、自爆テロによる大量破壊など、テロリストが計画した作戦の実行を鈍らせている。さらに、長い目で見れば、タリバンを交渉のテーブルにつかせる一助ともなっているのである。

第7章
新たな戦場

ソマリア、リビア、イエメン、マリ、シリア

これまで見てきたように、聖戦士の脅威はアフガニスタンとイラクのみにとどまらず、世界規模のものとなった。武装勢力の以前の聖域の多くは破壊され、聖戦士は新たな基地と新しい兵士訓練センターを求めている。武装勢力が理想とするのは、機能不全の中央政府、スンニ派が多数を占める人口構成、たどり着くのがむずかしい地形といった、対反乱作戦からなんらかの形で守ってくれる地理的条件、あるいは身を隠す地の地元住民が協力的であるといった環境だ。

2009年、アメリカ国防総省が、「テロとの全面戦争」という名称を、「海外緊急事態作戦」（OCO）と、かなり事務的な名称に変更した。こうした緊急作戦は、聖戦士が「もうひとつのアフガニスタン」を手に入れるのをはばもうとするたえまのない取り組みが失敗し、また失敗しつつある多数の国々で行なわれている。同時に、統合特殊作戦コマンド（JSOC）タスクフォースはお尋ね者の聖戦士を、イラクとアフガニスタンにとどまらず地球規模で追跡し、それはマダガスカル、イラン、ペルー、マリ、イエメン、リビア、ソマリア、ナイジェリア、レバノンと多数の国々におよんでいる（9・11のテロからまもなく、ベイルートでターゲットを追跡していた情報支援活動部隊（ISA）のオペレーター1名が拉致された。このオペレーターは最終的には自力で自由になり、拉致犯を射殺して無傷でのがれた）。

こうした緊急作戦はふたつの大統領令のもと行なわれている。ひとつは、2004年の「アルカイダ・ネットワークにかんする執行命令」。これによって、JSOCは、アメリカが現在交戦中ではない12か国以上で作戦を行なえる。もうひとつは、2009年の「統合不正規戦任務部隊執行命令」。これはJSOCが、先行部隊、偵察および人的諜報作戦を、アメリカ軍の存在を必要とする可能性のある国々で行なうことを許可するものだ。実際、これによってある国にISAなどの部隊が入り、情報源のネットワークを作りあげ、ターゲットの追跡をはじめることも行なわれている。これはホワイトハウスにより正式な作戦が承認される以前に実行されたものだった。

ジブチ

アフリカの角においては、この地域の対反乱作戦の多くはジブチが組織したものだ。ここは旧フランス植民地のフランス領ソマリだ。かつてはフランス外人部隊の基地だったレモニエ基地が、ソマリアやイエメンに対する隠密および公然のSOF作戦における（ブラック・アンド・ホワイト）中継拠点となっている。公式には、ア

第7章　新たな戦場

ホバリングするMV-22オスプレイVTOL機からファストロープ降下するSEALs。訓練中のひとコマ。ダウンバーストで大量の砂埃が舞っている。2013年12月、南スーダンにおいて非戦闘員の回収中には、敵が小火器でオスプレイを攻撃し、数人のSEALsが重傷を負った。(シーラ・デヴェラ上等空兵撮影、アメリカ空軍提供)

フリカの角合同統合任務部隊（CJTF-HOA）に配されているアメリカ海軍遠征基地であるレモニエ基地は、正規「および」特殊作戦部隊を収容している。中隊規模のアメリカ陸軍東アフリカ即応軍はこの基地の外に本拠をおき、アメリカの外交拠点が脅威にさらされた場合の補強に力点を置いている。

アフリカの角特殊作戦コマンドおよび統制部（SOCCE-HOA）もレモニエ基地に本拠をおく。SOCCE-HOAは、この地域での訓練あるいは作戦任務につくあらゆる特殊作戦軍（SOCOM）部隊を指揮下におき、たとえば、トランス・サハラ統合特殊作戦任務部隊（JSOTF-TS）や海軍第10特殊戦部隊もそうだ。ジブチやマリなど周辺諸国で、対反乱における外国国内防衛の訓練を行なうアメリカ陸軍特殊部隊の派遣の調整もてがける。

バグラム基地のSOFと同様、この基地内の、安全のために隔離された一角にはおよそ300名の統合特殊作戦コマンド（JSOC）の要員がおり、特殊部隊オペレーター、情報および画像分析官、無人航空機（UAV）担当者などで構成される。UAV担当はJSOCの少佐が指揮し、ソマリア、マリ、イエメン上空で作戦を行なう8機のMQ-1プレデターの飛行を担う。プレデターは、2010年後半から、レモニエ基地から攻撃および監視任務を実行している。これに先立ちCIAとJSOCは、ここを、東アフリカ地域へのプレデターおよびリーパー派遣の暫定的前進基地として使用していた。2013年にはこれが隔離された砂漠の飛行場に移動し、作戦の情報保護を強化し、またジブチ郊外で、ヘルファイア・ミサイルの実弾を搭載したUAVが墜落してからというもの地元住民がかかえていた不安をやわらげた。

2011年10月以降、アメリカ空軍のF-15E戦闘機の1個中隊によって、レモニエ基地の攻撃力は強化されている。F-15Eはイエメンへと飛び多数の戦闘任務を行なって、イエメン政府軍と、またJSOCとCIAのターゲット選定班が指揮する一方的攻撃を支援している。UAVとF-15Eにくわえ、空軍特殊作戦コマンドが、改良型ピラタスPC-12（U-28A）で監視飛行も行なっている。これらの航空機は高度な通信傍受装備や光学センサーをそなえ、リアルタイムの情報を地上のオペレーターに提供できるのだ。

アフリカの戦場において行なわれる特殊作戦には、さまざまなコードネームが使用されている。ソマリアはオクターブ、イエメンはコパーとよばれているようだ。攻撃作戦はデューンといわれるので、ソマリアでのSEALsの作戦はオクターブ・デューンとなるし、イエメンであればコパー・デューンだ。ソマリアでの活動全体は、オクターブ・シールドとよばれているが、北および西アフリカにおけるアメリカの作戦はジュピター・シールドといわれる。

「セレスティアル・バランス（天の配剤）」作戦

ジブチがアフリカにおける対反乱作戦の中心地となる以前は、一方的作戦は一時的に、ケニアなど友好的な受入国や、アメリカ海軍の艦船から行なわれていた。2009年の「セレスティアル・バランス」作戦は、海軍艦船から行なわれた一例だ。ターゲットはアルカイダとアル・シャバーブとの仲介役を務める、東アフリカのアルカイダ組織のメンバーだった。1998年のケニアとタンザニアのアメリカ大使館爆破の実行犯で、さらにこのターゲットは、大惨事となったケニアのリゾート地の

第7章 新たな戦場

アフリカにおけるアメリカ軍特殊作戦部隊 2013-2014年

1 モーリタニア：ISR偵察機と軍事訓練
2 ブルキナファソ：ISR偵察機と軍事訓練
3 マリ：JSOCの隠密作戦とISRチームによるフランスの〈サーバル〉作戦の支援
4 リビア南部：JSOCの隠密作戦
5 スーダン南部：ISR偵察機
6 ウガンダ：ISR偵察機と軍事訓練
7 エチオピア：UAVリーパーとプレデターの基地および軍事訓練
8 ケニア：前進作戦基地および軍事訓練
9 ソマリア：JSOCの隠密特殊作戦
10 セイシェル：JSOCリーパーとプレデターの基地
11 ジブチ：前進作戦基地（レモニエ基地）、F-15E基地およびUAVリーパーとプレデターの基地
12 イエメン：JSOCの隠密作戦
13 コンゴ民主共和国：軍事訓練
14 中央アフリカ共和国：軍事訓練
15 カメルーン：軍事訓練

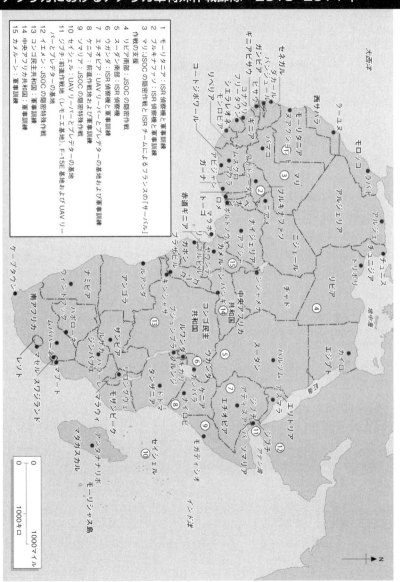

爆破事件や、ケニアでのイスラエル航空機の撃墜未遂にもかかわっていた。

CIA対テロセンター／特殊活動部（CTC/SAD）は長期にわたる作戦を行なってこのターゲットを何年も追跡し、ソマリア人エージェントのネットワークを作り、ソマリアの軍閥の長らに金を払ってアルカイダの計画立案者やその仲間の居場所にかんする情報を収集した。そして情報支援活動部隊（ISA）のチームは、携帯電話の傍受と、短距離型の海軍スキャンイーグルUAVと長距離型CIAプレデターからの監視による情報を組み立てて、ターゲットの居場所を解明しはじめた。

最終的にターゲットの居場所はつきとめられ、その人物がアル・シャバーブのメンバーを訪問中に攻撃を行なうという作戦が練られた。CIAとJSOCの立案者はオバマ大統領に4つの案を提示した。トマホーク巡航ミサイルによる攻撃、空爆、リトルバード・ヘリコプター・ガンシップによる攻撃、あるいはSEALsのヘリコプター強襲部隊によるターゲットの捕獲作戦だ。

大統領は2番めの案を選んだ。付帯的損害と、アメリカ軍に負傷者を出す危険が少ないからだ。しかし、作戦当日、海兵隊航空団のAV-8Bハリアーが作戦開始地点に接近したとき、照準システムの不具合が報告された。SNIPERセンサー・ポッドに問題が生

Mk5特殊作戦艇。アル・シャバーブの高価値目標の捕獲または殺害のための急襲では、このタイプの船艇がソマリア沿岸でDEVGRUを運んだ。2013年10月。（アンソニー・ハーディング1等水兵撮影、アメリカ海軍提供）

第7章　新たな戦場

戦闘潜水兵員の装備で海から上がったSEALsの2名。後方の隊員は7.62ミリMk48中機関銃、手前の隊員は、これも7.62ミリ、FN SCAR Mk17バトルライフルを携行している。（アメリカ特殊作戦軍提供）

じたようだった。そこで緊急時向け代替案が始動し、第160特殊作戦航空連隊（SOAR）のメンバーが操縦する8機のヘリコプターが、沖合に停泊していた海軍艦艇から出発した。ヘリコプターは、ミニガンとロケット弾ポッドを装備した4機のAH-6Mリトルバードと、海軍DEVGRUオペレーターのチームを乗せたMH-60Lブラックホーク4機だ。

AH-6が先陣をきって、辺鄙な田舎道を飛ばして走る2台の車両に機銃掃射を行ない、ターゲットとアル・シャバーブの兵士3人を殺害した。車両が動けなくなると、AH-6は上空を旋回して監視し、MH-60が着陸してDEVGRUのオペレーターを降ろした。オペレーターたちは車両をあらため、DNA検査で身元確認を行なうためにターゲットの遺体を回収した。

ソマリアでのJSOCの作戦は、これだけにとどまらなかった。情報支援活動部隊（ISA）と特殊活動部（SAD）地上班は2003年以降、広範におよぶ携帯電話の傍受など多数の作戦を行なっていた。地方および全国レベルのエージェント・ネットワークを利用して、市場に出まわる地対空ミサイルを買いとって回収し（リビアでも、数年後に同様のSAD任務を行なった）、またア

怪しい船舶に乗りこむ急襲チームのために、監視を行なうMARSOCの海兵隊員。VBSS（海上船舶臨検）訓練任務中。オペレーターがかまえているのはサプレッサー付きM4A1カービン。EO Tech照準器を装着している。（ロバート・ストーム曹長撮影、アメリカ海兵隊提供）

マリでの作戦に向け訓練中のフランス軍SOF。陸軍の空挺偵察部隊、第13竜騎兵パラシュート連隊、第1海兵空挺連隊、空軍第10空挺コマンドー部隊（CPA10）特殊戦術部隊の隊員たち。携行している武器

は、9ミリ、ヘッケラー＆コッホMP5短機関銃、5.56ミリ、コルトM4A1およびHK416カービンとさまざまだ。（レフェーヴル・ウィルフリード曹長撮影、フランス特殊作戦軍団提供）

ルカイダとアル・シャバーブのターゲットの追跡・監視を行なった。

アフリカの角合同統合特殊作戦任務部隊（CJSOTF-HOA）はISAまたはSADのオペレーターが捕らえられた場合にそなえ、救出プランも用意していた。「ミスティック・タロン」作戦だ。この作戦では、特殊部隊CIF中隊（指揮官による非常事態対応部隊――各特殊部隊地域コマンド内の直接行動および人質救出部隊）、SEALsの1個小隊および空軍特殊作戦コマンドの要員が中心にすえられていた。必要であれば、この部隊は自力でソマリアへと入り、人質を回収し、また帰還する。このプランが実行されるのは、JSOCの人質救出任務部隊がこの地域に配置可能になる前に、任務を行なわなければならないような場合だ。

こうしたソマリアでの作戦で最初期に行なわれたのが、2003年の「コバルト・ブルー」作戦だ。SEAL潜水兵員輸送艇（小型潜水艇）からSEALs隊員がソマリアの海岸まで泳いで、秘密の監視カメラを設置した。これら監視カメラは「カーディナル」とよばれ、ターゲットが出現しそうな場所を監視するためのものだった。アルカイダやそこから派生したテロリストが、ソマリアで再集結しはじめていたのだ。残念ながら当時のテクノロジーでは、こうしたカメラが撮影できるのは1日に1回で、得るものはほとんどなかった。カメラが回収されたのか、いまだにソマリアの海岸におかれたままなのかは不明だ。

2006年にエチオピアがソマリアに侵攻したことで、JSOCとCIAには、アルカイダとアル・シャバーブのターゲットに対し隠密の攻撃行動を行なうまたとない機会が生じた。エチオピアの部隊には、民間人の服装をしたカメラ嫌いの多数の白人が同行し、AC-130固定翼機ガンシップによる猛攻を要請した。アメリカ軍はエチオピアに衛星画像を提供し、ソマリア東部に暫定的な中間準備地域を設置する手助けまでした。ISAチームは通信傍受と国家安全保障局（NSA）のテクノロジーを利用して、GPSでターゲットであるテロリスト指導者の居場所の座標をつきとめ、そこをAC-130が攻撃した。だが空爆では下位の戦士は大勢死亡したものの、幹部の死は確認できなかった。そしてエチオピアによる高圧的な侵攻は、アル・シャバーブに新兵が集まるという思いがけない結果ももたらした。

「オクターブ・フュージョン」作戦

2012年1月の人質救出でも、ソマリアにおけるアメリカ軍の地上部隊の活躍が見られた。「オクターブ・フュージョン」作戦によって、DEVGRUレッド中隊の1個チームが、アメリカ

第7章 新たな戦場

VBSSの訓練中、チームが戦艦の甲板にファストロープ降下している間に、周囲の安全確保を行なうアメリカ海軍SEALs隊員。SEALs隊員が携行しているヘッケラー＆コッホMP5は、多くはMk18 CQB-Rカービンに置き換えられている。(ジョージ・R・クスナー2等兵曹撮影、アメリカ海軍提供)

のNGO活動家、ジェシカ・ブキャナンとデンマーク人同僚を回収すべく、大胆な救出任務を開始した。ふたりはソマリアの海賊に捕らえられ、数か月も拘束されていた。人質がアル・シャバーブに売り渡されることと、ブキャナンの健康状態の悪化が懸念され、これは一刻を争う作戦となった。

DEVGRUの小隊が、ターゲット地点から離れた降着地帯に、夜間の戦闘HAHO（高高度降下高高度開傘）降下を行なった。チームはその後目標であるソマリアの海賊キャンプに向かって夜間行軍した。チームは音もなく警戒線を設置し、そこに狙撃手による監視所をおいた。そして強襲チームはキャンプを攻撃し、スタングレネードを投げて犯人の目をくらませた。海賊の数人は反撃しようとしたものの、みな攻撃を受け殺害された。

死亡した敵銃手は9人にのぼり、強襲チームはふたりの人質を確認し、すばやく安全確保のための陣地をおいた。ヘリコプターの到着までにさらに敵銃手が現れる危険があり、チームのメンバー数人が自身の身体を人質の遮蔽にした。地上で45分ほどが経過すると、2機のMH-60が赤外線ストロボを目印にした着陸地帯に到着し、強襲チームと人質を回収した。作戦では、必要な場合にそなえ、予備のDEVGRUメンバーと1個QRFも待機していた。

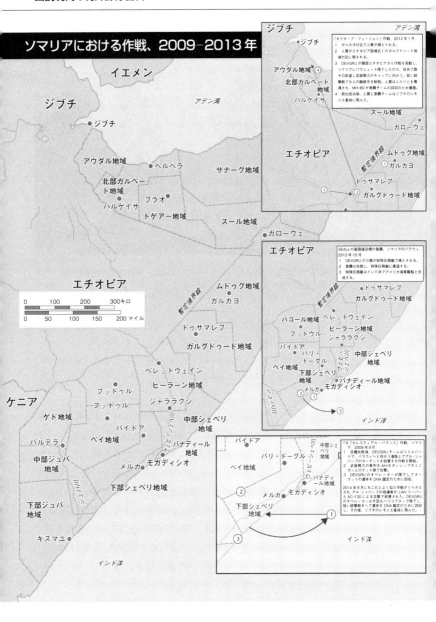

AC-130が上空高く飛ぶなか、ブラックホークは離陸してソマリアを発ち、ジブチのレモニエ基地に向かった。

DEVGRUの隊員たちが、2009年にも同様の人質救出を行なったことはよく知られている。ソマリア沖で、貨物船「マースク・アラバマ」の船長が海賊に拉致された1件は、『キャプテン・フィリップス』（2013年、アメリカ）として映画にもなった。小さな救命ボートに5日間拘束された船長に、海賊のひとりがAK-47を向けたとき、付近のアメリカ海軍駆逐艦に配置されていた3人のDEVGRUの狙撃手がこれを狙撃した。頭部の同じような個所に銃弾を受けた3人の海賊たちは、人質を傷つけるまもなく殺害された。狙撃手の放った銃弾がすべて命中しているか確かではなく、救命ボートに搭載されていたRIBで待機するDEVGRUの1個強襲チームが、犯人たちにそれぞれもう数発銃弾を撃ちこんでから、人質をぶじ確保した。

フランスの部隊もソマリアで人質救出作戦を行なったが、これは悲劇的な結果をまねいてしまった。デニス・アレックスという偽名で活動するフランス対外治安総局（DGSE）の諜報員が、2009年7月、ソマリアの首都モガディシオで、アル・シャバーブの兵士に捕らわれた。この47歳の元フランス特殊作戦軍団（COS）特殊部隊兵士は、戦争で疲弊したこの国で、公表されてはいない対テロ任務を仲間のDGSEオペレーターと行なっていた。この同僚オペレーターはどうにか拉致をまぬがれていた。

ISAチームや、ジブチから飛んだU-28A監視航空機など、アメリカとフランスの技術および人的情報チームがただちに配置され、人質の居場所をつきとめるため徹底的な調査を行なった。DGSEがつのって作ったソマリアの地上部隊は、エージェントが拘束されていた場所を数か所確認したものの、それらはすべて一時的な滞在場所にすぎず、犯人たちはアレックスの拘束場所を移すことをくりかえしていた。アル・シャバーブはその当時、アフリカ連合の部隊との首都をめぐる厳しい戦闘に追われており、アレックスは、モガディシオの南110キロにある、ブロマレルという小さな村に移されていた。

アメリカとフランスの人工衛星と無人偵察機が人質の居場所を数か月監視し、機会が生じたときにそなえ、DGSEの行動局が人質救出を計画した。ここは、CIAの特殊活動部と同様の部門で、隠密の対反乱任務を行なう元フランス特殊部隊の兵士と海兵隊員で編成されている。2012年12月に人質の健康が悪化しているという情報がとどくと、CPISともいわれる、50人の行動局近接戦闘グループが、フランスの

図説現代の特殊部隊百科

アメリカ海軍とヨルダン海軍の合同VBSS（海上船舶臨検）訓練の見事なショット。高速艇は特殊船艇チームが操縦し、急襲チームはSEALs、ヨルダンとイラクの特殊部隊で構成されている。上空を飛ぶのは、ヨルダン軍のリトルバードとブラックホーク、アメリカ海軍のシーホーク。（メリッサ・C・パリッシュ軍曹撮影、アメリカ国防総省提供）

オランド大統領から、人質救出作戦を行なうべくソマリア入りにそなえるよう命令を受けた。

当初の準備はフランスのCPISの基地で行ない、その後チームはジブチのレモニエ基地に配置された。ここには

ターゲットの建物の模型が作成され、現地のソマリア人エージェントがもたらす最新の情報を参考に、チームはくりかえしリハーサルを行なった。ジブチでのリハーサルを支援したのは、DEVGRUレッド中隊の少人数のオペ

第7章 新たな戦場

レーターのチームだった。アメリカは作戦遂行中にも、レモニエ基地に本拠をおくJSOCのプレデターUAVや、AC-130スペクターとRQ-4グローバルホークUAVによる上空援護という形で、監視用資源も提供した。

1月11日の深夜、COSの特殊部隊飛行班の、5機のEC-725カラカル・ヘリコプターがフランス海軍の艦船から飛び立ち、COSの2機のティーガー攻撃ヘリコプターがこれを護衛した。カラカルは暗視装置により闇に包まれた沿岸部を飛び、ターゲットの建物から9キロ離れたLZにオペレーターを降ろして、アル・シャバーブがヘリコプターの音を聞きつけないようにした。チームの挿入は計画にしたがって進められ、オペレーターは徒歩で順調に前進した（この潜入のさいに数人の銃手と交戦したとするものもあるが、これ

347

は確認されていない。この説が本当であれば、敵は迅速かつひそかに対処されている)。ターゲット地点に到着すると、チームは中央のゲートを爆薬で突破する準備を行なった。チームから運が逃げていったのは、このときだった。

情報源によると、用足しに出てきた敵兵士が撃たれて叫び声を上げたか、庭で敵兵士が寝ていたのだが、草むらで姿が見えずにチームは気づかずに通りすぎてしまい、この敵兵士が殺害される前に警告を発した、ということのようだ。どちらにしても警告は発せられ、救出チームは、激しい銃撃戦のなかに身をおいてしまった。敵兵士が塀ごしに銃撃したさいに近接戦闘グループのリーダーは重傷を負い、オペレーターたちがターゲットの家に突入しようとしたときには、人気のあった軍曹が命を落とした。人質のデニス・アレックスは、このとき犯人から処刑されたと考えられている。戦闘の銃撃音に、アル・シャバーブの補強部隊と、ターゲットの周囲に阻止陣地をおくDGSEの警戒線担当のチームがかけつけて、猛烈な銃撃戦がはじまった。

結局、接触を断ちHLZに撤収せよというむずかしい指令が発せられて、警戒線を解き、重傷の大尉を運びながら、チームは後退をはじめた。残念ながら、チームは死亡した軍曹の遺体を回収することができなかった。このほか5人のオペレーターも負傷していた。ティーガー攻撃ヘリコプターが要請され、緊急HLZへと急ぐ特殊部隊オペレーターを空から援護した。追走する武装勢力をティーガーがくいとめてくれたため、強襲部隊はどうにかカラカルにぶじ乗りこんで、それ以上の負傷者も出さずに、フランス海軍艦艇「ミストラル」へと向かった。負傷していた大尉は、衛生兵たちの必死の手あてのかいもなく、ヘリコプターのなかで息をひきとった。この任務は成功とはほど遠く、2名のDGSEオペレーターが亡くなり、負傷者は5名、そして救出対象だったデニス・アレックスは拉致犯に殺害された。17人ほどの武装勢力が近接戦闘グループのオペレーターに殺害され、ティーガー・ガンシップもこのほか12人を倒した。

同年後半には、DEVGRUがソマリアで落胆を味わうことになる。お尋ね者のアル・シャバーブ指導者を確保する作戦で、獲物も手にできずに撤収したのだ。この指導者は、ケニアのウエストゲートのショッピングモール爆破事件にかかわりがあった(さらに、2009年の「セレスティアル・バランス」作戦でDEVGRUが殺害したテロリストの仲間でもあった)。1隻のMK V特殊任務艇で潜入し、DEVGRUは海岸沿いにある要塞化した住居に接近した(数隻の特殊任務艇も海岸近くに待機

していた)。ここはバラウィの町にあるアル・シャバーブのセーフハウスだと判明していた。

暗視装置を使用してDEVGRUはぶじターゲットに着くと、外部警戒線を配し、強襲チームはひそかに突入準備を行なった。ところが運悪く強襲チームは、タバコを吸おうと外に出てきたアル・シャバーブの戦士に見つかってしまった。強襲チームがそこを突破してセーフハウスに突入するとき、オペレーターとアル・シャバーブ民兵との銃撃戦が生じた。それでもチームは手順どおり、各部屋をスタングレネードを使いながら掃討していったのだが、敵の激しい抵抗がはじまり、またターゲットの建物内外には多数の民間人がいた。さらに、銃撃と爆発音に近隣からも大勢の民兵が出てきて、外部の警戒線に配置されていたメンバーに攻撃し、ここでも銃撃戦がはじまった。敵銃手のそばには民間人もいて、罪のない人々を巻きぞえにすることを懸念して、チームは上空を旋回するAC-130に攻撃を要請することができなかった。

ターゲットに到達するチャンスはゼロにちかく、それどころか身動きがとれなくなって敵から制圧される危険ばかりが増していると判断した指揮官は、接触を断ち、200メートルほど離れた海岸まで撤退するよう命じた。そこまで戻れば、特殊任務艇がうまく回収してくれる。DEVGRUに負傷者は出なかったといわれてはいるものの、アル・シャバーブの兵士が、血が付着し放棄された装備を海岸で回収しているので、すくなくともひとりのオペレーターは負傷していたということだろう。

リビア

チュニジアとモロッコで生じたアラブの春に続き、リビアでも民衆の暴動が起こった。欧米諸国は、この反乱がカダフィ大佐の政権を倒す見こみがあるのか、注意深く見守った。アメリカが、自国の軍隊はかかわらないと宣言したため、反乱を支援する仕事はCIAの、とくに特殊活動部（SAD）地上班にまわってきた。しかし結局、NATOの戦闘機は戦闘にくわわって、政権をターゲットにした空爆を行なった。地上では少人数のSADメンバーや、サウジとカタールの特殊部隊がこうした空爆の誘導を手助けした。

このほかにも活動したのが、数年前に設立されていたイギリス特殊部隊のE中隊だ。この中隊はSAD地上班に似た活動を担った。E中隊は第22SAS連隊、SBSおよびSRRからの選抜メンバーで編成され、イギリス特殊部隊指揮官により任務をあたえられて、秘密情報局（SIS、MI6という名のほうが有名）の作戦を支援する。だがイギ

戦艦の上でホバリングするアメリカ陸軍第160特殊作戦航空連隊のMH-47E。VBSS訓練中、ルーマニアとクロアチアのSOFが甲板にファストロープ降下するさいのひとコマ。(アメリカ特殊作戦軍提供)

リスの確立した特殊部隊内の正式な中隊ではない。E中隊の発足以前は、SISはこうした任務をおもに民間軍事会社のコントラクターに頼っていた。

だがリビアにおいてE中隊がかかわった初期の隠密作戦はうまくはいかなかった。SISが、反政府勢力の主要人物の一部と接触をはかったときのことだ。E中隊のメンバー6人と、メンバーが護衛するSIS局員2名がイギリス空軍（RAF）特殊部隊飛行班のチヌークで飛んだが、身元がはっきりするまで、反政府勢力に一時的に拘束されてしまったのだ。正規のイギリス軍特殊部隊も、「エラミー」作戦としてリビアに配置された。これには、カタールの特殊部隊とともにD中隊の1個小隊が参加し、リビアの反政府勢力を指導し、NATOの近接航空支援を調整した。カダフィがのちに逃亡をはかったとき、その車列はCIAのプレデターに待ち伏せされた。プレデターは搭載するヘルファイア・ミサイルで数台の車両を攻撃し、これによって独裁者は捕獲されて、リビア人反政府勢力の戦士の手で無残にも処刑されたのである。

2012年9月11日、ベンガジのアメ

第7章　新たな戦場

リカ領事館が民兵によって制圧された。アメリカ大使と情報管理担当官は、元SEALsの契約警備員だったCIA警備チームのメンバーとともに殺害された。ここでは安全対策が万全ではなく、すぐにかけつける救出部隊もなかった（のちに海兵隊艦隊付対テロセキュリティ・チームが配置された）。当時リビアでは、SADとJSOCの少人数チームが作戦を行なっていたが、これはおそらく、のちにデルタフォースによって行なわれた拉致任務の先遣隊だったと思われる。

　領事館にもっとも近かったのは、デルタのオペレーター2名もふくむCIAの7人編成チームであり、警報が発せられると、このチームがリビアの首都トリポリから、徴用したジェット機でベンガジまで飛んだ。敵の民兵が支配する地域を移動する手続きにてまどったあと、チームはアネックスといわれる領事館のCIA詰所に到着した。ここはまだ協調攻撃にさらされている最中だった。ここを防御しようとしていた元SEALsの2名が迫撃砲の砲撃で死亡し、国務省の契約警備員が重傷を負った。デルタのオペレーターは負傷者を回収し、防御態勢を維持して、領事館の職員を退避させる車列を編成した。デルタのオペレーターひとり（厳しい選抜試験をへて、海兵隊から異動しためずらしい経歴の持ち主）は、こ

のときの行動で海軍十字章を授与された。もうひとり、陸軍の軍曹は、殊勲十字章を受章している。

　領事館では混乱状態が続き、アメリカ大使が拉致された可能性が非常に高かったため、救出作戦に向けてデルタの1個中隊がアフガニスタンから前方展開したものの、結局これはまにあわなかったのである。ベンガジの悲劇のあと、こうした任務はJSOCが担い、CIAとFBIと緊密に協力して活動している。リビアはほかのテロリストにとっても安全な避難地になっており、そのなかには、1998年のタンザニアとケニアのアメリカ大使館爆破実行犯の一部もいた。

　2013年10月、トリポリで、早朝に劇的な拉致作戦が行なわれた。あるアルカイダの計画立案者が、朝の礼拝を終え、車に乗って自宅に戻ろうとしていたときだった。突然、なにも書かれていない白いバンがこの男の車の横につき、もう1台が、逃亡できないように前をふさいだ。民間人の服装をしたオペレーターが、サプレッサー付きのサイドアームと、すくなくともサプレッサー付きMP7A1に見える銃をもち、車両から走り出てすばやくターゲットの武器を奪い、手錠をかけ頭部にフードをかぶせて、待機していたバンに男を押しこんだ。道路の少し離れた場所には3台めの車両が止まり、邪魔しよ

351

アメリカ陸軍第160特殊作戦航空連隊のMH-60Lブラックホークからファストロープ降下するアメリカ海軍SEALsの SEALチーム4。こうした訓練では、ソマリアの海賊に対する作戦に必要な、SEALsのVBSSのスキルを磨く。(シーマン・シャニーカ、マスコミ特技兵撮影、アメリカ海軍提供)

イラクのバラドにある格納庫で、砂漠の砂嵐が止むのを待つ武装型MQ-9リーパー。2009年。ヘルファイア誘導ミサイルが1基見える。リーパーはJDAM爆弾とヘルファイアを搭載可能だ。(ジェーソン・エブリー上等空兵撮影、アメリカ空軍提供)

うとする者がいる場合にそなえ、拉致チームを援護していた。

1分もかからず、また1発の銃弾も撃たずに作戦は完了し、バンはスピードを上げてリビアの軍事施設に向かった。この場所は公表されていない。そこでターゲットは待機していたヘリコプターに乗せられ、地中海に停泊するアメリカ海軍の戦艦に飛んだ。ここで、アメリカの刑事裁判に向けてFBIが正式に拘束する前に、男は重要拘束者尋問グループ (HIG) による尋問を受けた。

翌年、デルタはふたたびリビアで急

第7章 新たな戦場

襲作戦を実行し、大きく報道された。これも別の高価値目標を捕えるものだった。今回のターゲットはアルカイダに関係する民兵組織の幹部で、これはベンガジのアメリカ領事館の襲撃を行なった当の組織だ。隠密のデルタ・チームが、FBIの人質救出部隊（HRT）のエージェントとともにターゲットのいる建物に潜りこみ、この人物を、今度も1発の銃弾も撃たずに従えた。ターゲットはアメリカ海軍の艦船に移送され、最終的にFBIに拘束された。

リビア南部はいまだに、武装民兵と聖戦士が入り乱れ混沌とした状況にある。イスラム・マグレブ諸国におけるアルカイダ（AQIM）の影響力に対抗すべく、JSOCのチームとアメリカ陸軍特殊部隊、フランスおよびアルジェリア軍の特殊部隊がこの地域に展開し、AQIMのメンバーを追跡している。SEALsも、この地域での作戦を続行している。2014年3月、乗っとられた石油タンカー「モーニング・グローリー」号が、キプロス沖でSEALsに奪還された。SEALsはタンカーと積荷のリビア産原油をとりもどそうと、海上船舶臨検（VBSS）作戦を行なっていたのである。

イエメン

アフガニスタン以外ではじめて無人航空機（UAV）による攻撃が実行されたのは、2002年11月、イエメンでのことだ。ここはテロとの戦争における新たな戦場だった。ターゲットは、カエド・サリム・シナン・アルハレチ。アメリカ海軍駆逐艦「コール」爆破の立案者だ。CIAとJSOCの合同チームにISAのシギント（信号情報）要員もくわわったグループが、イエメンでの活動を許可されていた。同国は、シーア派とも、流入するアルカイダの外国人戦士とも戦っていたからだ。ISAのチームは、ターゲットの移動中に携帯電話を傍受し、国家安全保障局（NSA）が声紋の一致を確認した。そしてジブチ領空を出て飛行中のCIAのプレデターが、2発のヘルファイア対戦車誘導ミサイルをアルハレチのランドクルーザーに放った。ターゲットと5人のアルカイダ戦士は、この攻撃で死亡が確認された。

プレデターは2000年9月以降、アフガニスタン上空を飛行し、ビン・ラディンを監視していた。2001年の年初に武装能力がくわわるまでは、ペンタゴンでは、スタンドオフ攻撃としてトマホーク巡航ミサイルを使用することが多かった。だが現在では、プレデターとその姉妹機リーパーは、無人航

空機による監視と攻撃の双方をこなす。UAVは、ホワイトハウスが有人航空機を向かわせたくない場所にも飛んで行ける。たとえばイランでは、先進型RQ-170センチネル（パキスタン領空でアボタバードの作戦を監視したのと同じタイプのUAV）が2011年に墜落したが、これはイランの核施設に対する監視任務中のことだったようだ。

数年後には、別の空爆作戦でイエメンは新たな注目を集めた。JSOCのマクレイヴン海軍大将は、「イラクタイプのタスクフォース」をイエメンのアルカイダ分子の追跡に配置する必要性を論じた。しかしペンタゴンからもイエメン政府からもこれは却下され、かわりに選択されたのが、空爆だった。しかしJSOCとCIAは、首都に小規模な司令部をおくことは許可された。2009年12月、イエメンでの活動をはじめてほぼ10年で、はじめてトマホーク巡航ミサイル攻撃の作戦が行なわれた。アブヤン州にある聖戦士の訓練キャンプに対するものだ。だが2010年5月の2度めの攻撃は大失敗に終わり、イエメン政府の仲介者がアルカイダの代表者と接触するさいに死亡した。アフガニスタンで数年前に行なわれた誤爆との類似は不吉だったが、この空爆は、翌年に向けたアメリカの対テロ作戦を大きく失速させてしまった。

CIAのプレデター秘密基地がサウジアラビアに設置されて2011年9月に稼働すると、イエメン軍がアラビア半島のアルカイダ（AQAP）との戦いに大きな損失を出すなか、CIAとJSOCは協議しイエメンに戻ることになった。隠密のUAVによる攻撃と（レモニエ基地から飛ぶF-15E戦闘機による）従来型の空爆は、イエメン政府が行なっているというもっともらしい嘘でイエメン国民を説得し、認められることになる。第1のターゲットはすでにイエメンまで追跡されていた。アメリカ生まれのアルカイダ聖職者、アンワル・アル・アウラキだ。プレデターとF-15によるJSOCの空爆は、すんでのところでアル・アウラキをはずした。そして2011年9月の、2機のCIAプレデターによる2度めの作戦で、ようやくアル・アウラキをしとめた。同じくアメリカ生まれのアル・アウラキの息子は数週間後に、別のAQAPの指導者をターゲットとしたJSOCのプレデターによる攻撃で誤爆死した。

イエメンでも、それ以前のソマリアのように、JSOCとCIAのUAVがそれぞれ、ときにはまちがったターゲットを攻撃するという展開に注目が集まった。事実、空爆がうまくいかないことはあった。アウラキの息子を攻撃したときもそうであるし、2013年12月の空爆では、結婚式に向かう車列にまぎれた多数のAQAP戦士ばかりか、

「サーバル」作戦、マリ、2013年

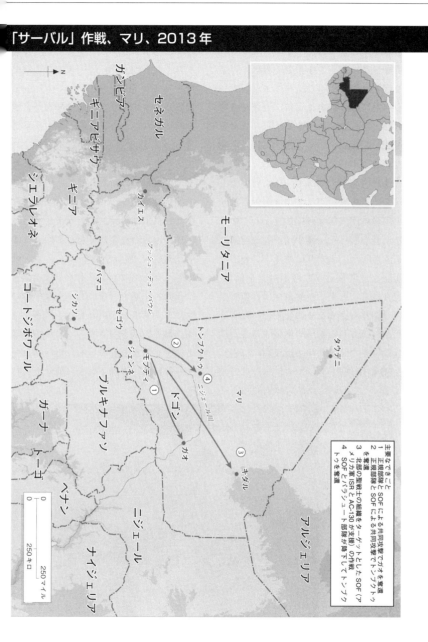

戦闘員ではない何十人もの市民の命まで奪ってしまった。しかし、大多数の空爆はターゲットを正しく狙い、付帯的損害も出なかった。パキスタンで行なった空爆作戦のように、空爆する場合はかならず、承認する前に、人命や民間の施設について付帯的損害の危険性を検証すべきである。

2014年4月、非番のJSOCの中佐とCIAの上級職員が、イエメンの首都サナアの外国人居住区で散髪をしていると、銃をもった一団がふたりを拉致しようとした。ふたりはサイドアームで応戦し、襲撃者のうちふたりを倒し、残りは逃亡した。拉致計画は、聖戦というよりも金めあての犯罪だったようだが、こうした地域で活動することの危険性がよくわかる例だろう。同月、SAD航空班のパイロットと搭乗員が

イエメンの特殊部隊を同国南部の険しい山岳地帯に運び、アラビア半島のアルカイダ（AQAP）に大規模な攻撃を行なって、60人を超すテロリストを殺害した。イエメンの特殊部隊が奇襲をかけられるように、航空班の搭乗員はリースしたロシア製Mi-17ヘリコプターを、しかも暗視ゴーグルを装着して操縦したのである。

2014年後半、イエメンで行なわれた人質救出作戦は、すべてよしという結果には終わらなかった。このときはDEVGRUの補強小隊が、イエメン東部のハドラマウト県にある多数の洞窟に夜間の急襲を行なった。支援するのは、アメリカ軍が訓練したイエメン特殊作戦部隊（SOF）だ。DEVGRUはターゲットから数キロ離れたヘリコプター着陸地点に降下し、奇襲性をもた

ジブチでマリの作戦にそなえ訓練する第13竜騎兵パラシュート連隊のフランス特殊偵察オペレーターたち。スイングアーム装着の銃は、5.56ミリFNミニミ軽機関銃。（J・バーデネット先任伍長撮影、フランス陸軍提供）

せるために徒歩で進んだ。強襲では7人のAQAPのテロリストが射殺され、イエメンSOFのオペレーター1名が軽傷を負った。しかしイエメン人、サウジアラビア人、ナイジェリア人など8人の人質は救出されたものの、アメリカ、イギリス、南アフリカの5人は、急襲の前に急きょ場所を移されたようだった。DEVGRUは要配慮個所探索（SSE）を実行し、ナイトストーカーズのMH-60が、強襲チームと人質の回収のために現地に飛んだ。

DEVGRUは2014年12月5日にもう一度急襲作戦を実行した。アメリカ人人質ひとりが、ちかくAQAPに処刑されるという機密情報があったからだ。半個中隊の部隊が、ティルトローター機のV-22オスプレイでイエメンに潜入した。オスプレイは奇襲性を保つため、アバダン渓谷にあるターゲットの建物からおよそ10キロ離れたHLZに着陸し、部隊は暗視ゴーグルを使用して徒歩でターゲットまで向かった。

ターゲットまで100メートルをきったときに、AQAPの斥候がDEVGRUのオペレーターを発見したため、奇襲は行なえなくなってしまう。アメリカ人と南アフリカ人の人質は、強襲チームが建物に突入したときに、AQAPのテロリストに即座に撃たれた。オペレーターはそこで6人のテロリスト全員を射殺し、その後銃撃を受けて血を流している人質を発見した。ふたりはまだ生きており、強襲チームに同行していたJSOCの衛生兵がふたりの容体を診た。その間オペレーターはその場の安全確保を行なって、人質を回収するティルトローター機が飛来するのを待った。

衛生兵のチームは負傷した人質を現場で20分ほど手あてし、イエメンからアデン湾に停泊するアメリカ海軍艦艇に輸送できるまで容体が安定したと判断した。しかし残念ながら、衛生兵の懸命な手あてもむなしく、人質のひとりはオスプレイで回収中に息を引きとり、もうひとりは、アメリカ艦の手術室で、医師が命を救おうと奮闘中に亡くなった。強襲チームの負傷者は報告されていない。

これ以外の国でも、欧米の特殊作戦部隊のチームがテロリストや拉致犯と戦っている。たとえばナイジェリアでは、イスラム教武装勢力であるボコ・ハラム（「西洋式教育の否定」を意味する名）が、独自のカリフ制国家樹立をめざしている。ボコ・ハラムは2014年に、200人超の女子学生を拉致したことで世界のメディアの注目を集めたが、すでに活動をはじめて何年もたつ勢力だ。

2012年にはSBSが、ナイジェリアの都市ソコトの油田で働くイギリス人とイタリア人がボコ・ハラムに拘束さ

れたさいに、救出を試みた。通信傍受によって人質は場所を移されていることがわかり、SBSの強襲チームはターゲットの建物に日中の迅速突入を行なうことを余儀なくされた。ナイジェリア陸軍の装甲兵員輸送車（APC）がターゲットの建物のゲートを破壊し、強襲チームが突入したが、ふたりの人質は奥の部屋でボコ・ハラムのメンバーに殺害された。SBSチームはすくなくともふたりの聖戦士を殺害し、ほか数人を捕獲した。

マリ

アフリカ北西部に位置し、多くの問題をかかえる国家マリでは、イスラム教徒のグループがイスラム国家と地球規模のカリフ制国家樹立を宣言し、国を制圧しようとしていた。これは、こののち、分裂したイラクがおちいる状況を予言するような、不穏な事態だった。2013年1月、イスラム・マグレブ諸国のアルカイダ（AQIM）と、アルジェリアのテロリストなど派生する聖戦士のグループは、アンサール・ディーンのトゥアレグ部族分離主義勢力とともに、マリの首都バマコに向かって協調攻撃を開始した。この勢力はすでに、マリ北部、アルジェリアとの国境付近の広範な地域を占領し、独自の厳しいシャリーア（イスラム法）を課して、民間人を殺害し村々を焼きはらっていた。そして聖戦士が乗る武装トラックが作る2本の長い車列が、首都バマコをめざした。

国連安全保障理事会の監視下、フランス軍はマリ政府と連携して、聖戦士の進軍を止める「サーバル」作戦を開始した。展開する第一陣のフランス部隊には、ブルキナファソに本拠をおく、ミッション・セイバー特殊部隊の分遣隊（「サーバル」作戦を支援するアメリカの隠密ISR機も同行）がふくまれていた。そして地上の特殊作戦部隊（SOF）少人数チームがラファーレとミラージュ戦闘機、それに特殊部隊ガゼル・ヘリコプターからの空爆を誘導し、これらが聖戦士の車列を攻撃して、その進行を止めたのである。

SOFの分遣隊はおよそ150名のオペレーターを擁し、多くは第1海兵歩兵パラシュート連隊（1er RPIMa。第2次世界大戦中のフランスSASから発展した）の隊員だった。彼らは特殊作戦軍団（COS）のティーガー、ガゼル攻撃ヘリコプターおよびピューマ輸送ヘリコプターを多数ともなっていた。第1海兵歩兵パラシュート連隊は正規部隊である機械化歩兵、軽装甲および海兵隊のために入念な偵察を行なうとともに、マリ国防軍の部隊と合同作戦を行ない、マリ北部に深く展開した。さらに先遣偵察を遂行し、1月27日

第7章　新たな戦場

フランス陸軍1er RPIMaのオペレーター。マリで、パナールVPS砂漠パトロール車両による車両パトロール中。乗員の横のスイングマウント装着の銃は、フランスの7.62ミリAA-52中機関銃で、フランスSOFではほぼFN MAGとミニミにおき換えられている。(J・バーデネット先任伍長撮影、フランス陸軍提供)

のパラシュート降下と、歴史ある都市トンブクトゥへの空爆にむけて作戦の準備を進めた。

1er RPIMaと対外治安総局(DGSE)の特殊行動部オペレーターは、SASとJSOCの要員とともに活動したと考えられている。「パンサー」作戦の名のもと、動きが活発なテロリスト指導者を追跡したのである(2012年に、2名のアメリカ民事部の兵士とISAのメンバー1名がバマコの交通事故で死亡したことで、それ以前にアメリカが対テロ任務を行なっていたのではないかという憶測がさかんになされたが、陸軍グリーンベレーは長期にわたり、この地域のFID[外国国内防衛]任務に配置されていた)。国境の向こうのアルジェリアでは、アルカイダの関連組織、血盟団がアルジェリアのガスプラントを占領したため、アルジェリアの特殊作戦部隊(SOF)が人質解放に向けて動きだしたが、30人を超す外国人労働者が殺害された。アメリカとイギリスのSOFは支援を申し出たものの、拒否されている。

フランスSOFによるマリの作戦は続行され、アメリカ軍のプレデターは北部の聖戦士残党を追跡して支援した。マリのイスラム・マグレブ諸国のアルカイダ(AQIM)指導者であり、「赤髭」として知られるオマル・ウルド・ハマハは、2014年3月にフランスSOFの急襲で死亡した。この件については事実の公表はない。この翌月、フランスSOFは別の作戦で、聖戦士に人質にされていた5人の赤十字職員を救出した。聖戦士のうち10人は作戦で殺害された。

シリア

近年問題となっているのはマリだけではない。シリアでは、イスラム国(IS。旧「イラク・シリア・イスラム

国」[ISIS]、それ以前は「イラク・レバントのイスラム国」[ISIL]。有志連合の部隊ではいまでもISILといわれている）が内戦によって勢いを増し、その聖戦士がシリア政府軍とその他武装勢力双方と戦闘を行なっている。またテロリストがイラクに入ってAQIの残党と連携すると、ファルージャなどいくつかの主要都市を制圧することに成功し、本書執筆時点で国土の4分の1を掌握している。バグダードとクルド人居住区も制圧の危険にさらされたため、「生来の決意」作戦のもとアメリカ軍が空爆を開始し、グリーンベレーのアドバイザー・チームが支援した。アメリカSOFはシリアでも活動中である。

シリア北部では、2014年7月4日、機密の「複合」人質救出任務が開始され、IS（イスラム国）により辺鄙な土地に拘束されたアメリカ人人質数名の救出が試みられた。一説では、そこは

M134ミニガンを発射する第160特殊作戦航空連隊MH-47E搭乗員のチーフ。使用ずみ薬莢を航空機の真下や離れたところに落とすための排莢用チューブが見える。（マイケル・R・ノグル1等軍曹撮影、アメリカ陸軍提供）

テロリストが捕虜収容所として使用する元石油積み出し基地だという。夜間作戦はJSOC部隊の「数十名」のSOFオペレーターからなり、デルタ強襲オペレーターの4人組チーム数個を中心にしたもので、おそらくレンジャーのセキュリティ・チームが支援し、一部メディア報道によると、すくなくともヨルダンのSOFオペレーターが1名、通訳として同行していたようだ。

作戦には、第160特殊作戦航空連隊（SOAR）のヘリコプター（アボタバードでも使用されたいわゆる「サイレントホーク」型と、数機のMH-60L直接行動侵攻機だったと思われる）、固定翼機、監視航空機が参加した。この任務はおそらくヨルダンから出発し、AC-130スペクター固定翼ガンシップと武装型プレデターが上空を飛び、有人および無人のISR機がリアルタイムの監視を行なった。シリアの防空レーダーも、「ネプチューン・スピア」作戦と同様のやり方で妨害する必要があったはずだ。報告書では、地方の防空陣地が、ヘリコプター強襲部隊の到着直前に、アメリカの空爆で破壊されている。

強襲チームは降着と同時に攻撃を受け、激しい銃撃戦が展開されて大勢のテロリストが殺害された。現地に到着し敵が対空攻撃をしかけたときに、第160SOARの搭乗員1名が負傷したと思われる。デルタのオペレーターが銃撃戦で軽傷を負ったが、このほかに強襲部隊に負傷者は出なかった。AC-130は、現場に向かっていたISの即応部隊を攻撃し、全滅させたと報じられている。

残念ながら人質がいる気配はなく、その場所は「空井戸」（ドライホール）（SOF用語で、もう目標が存在しないターゲット地点のこと）だと断定された。強襲チームは目標地点にSSEを行ない、資料が押収されたが詳細は不明だ。JSOCが救出を試みた人質のひとりだといわれているアメリカ人ジャーナリスト、ジェームズ・フォーリーは、2014年8月に処刑され、その残忍な殺害のようすはザルカウィへの捧げものとして録画され世界が知るところとなった。

第8章

長期戦

本書執筆時点で、イラク北部におけるアメリカ軍の空爆は続行中だ。これは、イスラム国の聖戦士と戦う、クルド自治政府の治安部隊ペシュメルガを支援するものだ。イスラム国は、ザルカウィが率いたイラクのアルカイダに代わる最新の組織だといえる。こうした空爆は砲台や「グラード」多連装ロケットランチャーなどのターゲットに向けて行なわれ、UAVが誘導しているとみられる。このほか、特定のクルド人部隊やイラク軍の攻撃を支援する戦術爆撃など、地上の前進航空統制官（FAC）も誘導を行なっているはずだ。

　FACが、特殊部隊アルファ作戦分遣隊（ODA）、海兵隊特殊作戦コマンド（MARSOC）の急襲チーム、あるいは統合特殊作戦コマンド（JSOC）の顧問チームやCIAの特殊活動部（SAD）地上班など、どこに配属されたものであるかは、なお調査の必要がある。ただ、すくなくとも、特殊部隊ODAは不安定な地域に顧問として配置されていることは確かで、クルド人部隊とイラク軍に外国国内防衛（FID）の指導を行なっていると思われる。だが、こうしたチームは直接戦闘にはかかわっていないようだ。またこれにカナダとオーストラリアの特殊部隊オペレーターもくわわり、イラク軍とクルド人部隊を訓練し助言をあたえている。イギリスの特殊部隊もひそかにイラク北部に展開し、クルド人部隊とともに活動している。JSOCの部隊も直接行動作戦を行なっていると思われる。というのも、アメリカ中央軍（CENTCOM）がうかつにも、2014年10月に、第160特殊作戦航空連隊（SOAR）の4機のMH-60Mブラックホークが、イラク上空で空中給油を行なっているインターネット動画を公開してしまったからだ。それがなにを意味する画像かを理解したとたん、これは急きょ削除された。

　イスラム世界では、多数のグループが競うように注目を集めている。ボコ・ハラムは学生を誘拐したり村ごと虐殺したりと、恐怖でナイジェリアを支配している。マリでは、フランス軍（および、非公式ではあるがアメリカとイギリスのSOF）の作戦が集中して行なわれている。ソマリアは地球上でもっとも危険な地域だという悪名を返上できず、無政府状態にあり、アル・シャバーブが首都の大半を支配している。イエメンも断続的に問題が発生し、アメリカのSOFはかなり公然と合同攻撃作戦を行なっている。

　イエメンとパキスタンでも、ドローンによる戦闘は続いている。JSOCとCIAのリーパーとプレデターが、「統合優先実行リスト（JPEL）」のターゲットを狙っている。スリラー作家たちが多大に神話化して書きたてる殺害リ

第8章　長期戦

ストだ。活動しづらい地では、多くの場合、UAVがSOFの追跡および殺害の役割を引き継いでいる。アメリカの現執行部は、2014年のシリア侵攻やアボタバードにおけるビン・ラディン殺害作戦などはのぞき、プレデターとその仲間がもつ安全性と否認性を好んでいる。UAVが墜落しても救出すべきパイロットはいないし、UAVの使用について正式な承認もいらない。ワ

陸軍のUH-60ブラックホークで回収されるアメリカ陸軍特殊部隊偵察パトロール。アフガニスタン、ザブル州。（オーブリー・クルート2等軍曹撮影、アメリカ陸軍提供）

「監視して撃つ」。建物の屋上から監視任務を行ない、サプレッサー付きM4A1カービンに装着したスペクター照準器をのぞくMARSOCの海兵隊員。2012年、ヘルマンド州での作戦にて。西部特殊作戦任務部隊の活動の一環。この海兵隊員の横には、サプレッサー付きM110セミオートマティック・スナイパーライフルがある。M110の左にわずかに見えているのは、狙撃手のDOPEブック。携行する武器の射程と銃弾について説明されている。海兵隊員が着けているのはアフガン・コマンドー部隊のフラッシュライトだ。(カイル・マクナリー伍長撮影、アメリカ海兵隊提供)

第160特殊作戦航空連隊のMH-47Eで回収されるのを待つアメリカ陸軍レンジャー連隊。隊員たちは、ヘリコプターの着陸時、全方位を監視して安全を確保できる位置についている。(スティーヴン・ヒチコック特技兵撮影、アメリカ陸軍提供)

ジリスタンにいるターゲットが原因不明の爆発で死亡したとしても、それはヘルファイア・ミサイルによるものかもしれないし、そうではないかもしれない。UAVはまさにテロとの戦争にうってつけのツールなのである。

特殊部隊オペレーターが進化し、多くの教訓を学んだことについては、異論はない。欧米の特殊作戦部隊は現在、その作戦もオペレーターの熟練度もきわめて高いレベルにある。アフガニスタンとイラクの戦争は、オペレーターたちの能力を極限まで磨き、世界の特殊部隊で行なわれている金をかけた血を吐くような訓練にもできないこと、つまり実戦での経験をあたえたのである。オペレーターは戦場で成功するにはなにが必要なのか身をもって知り、必要とされる能力を向上させているのだ。

大半のSOFは、アフガンでの戦争初期におかれた先行部隊作戦(AFO)班と同様の、隠密情報収集および偵察能力を、自身の組織内にもつことの必

第8章 長期戦

アフガニスタンのバグラム空軍基地にて、ナイトストーカーズのMH-47Eへの搭乗にそなえるアメリカ陸軍レンジャー連隊。捕獲または殺害任務に向かう。友軍の位置を知らせるためのアメリカ国旗をもつ隊員もいる。無線も携行していることから、この隊員はおそらくこのチーム付きの戦闘統制官だろう。(アメリカ特殊作戦軍提供)

要性を認識している。たとえば、オーストラリア特殊空挺連隊（SASR）は4個中隊をくわえ、隠密偵察、監視、および情報収集をその主要な任務としており、またオーストラリア保安情報庁に準軍事能力を提供してもいる。イギリスは2005年に特殊偵察連隊を創設し、イギリスの特殊部隊内に、正式にこうした能力をくわえた。アメリカ軍では、レンジャー偵察分遣隊がJSOC本部の下におかれ、特殊偵察任務を全JSOC部隊のために行なう。その他のSOFは9・11以降の作戦実行のテンポの加速に呼応して、その規模を拡大させた。デルタはDEVGRU同様4番目の中隊を創り、また各特殊部隊グループには4番目の大隊が増設された。イギリスではE中隊が編成され、秘密情報局のための隠密の準軍事部隊という位置づけだ。また海軍SBSは、増加する任務に対処するため1個中隊をくわえた。

ISR（［情報、監視、偵察］またはイギリスのISTAR）は、近年のSOFでは決まり文句となっている。通信および電子情報収集においては驚くほどの技術の発展があり、テロとの戦争以前にはなかった能力が生まれている。携帯電話のうかつな会話を数秒傍受するだけで、ヘルファイア・ミサイルでテロリストを狙うことができるし、ISR機がそのとき上空高くにいれば、テロリストが携帯電話で話す必要もない。自分の声にさえ裏切られることもあるのだ。航空機は、テレビ放送レベルの音声付カラー映像を、リアルタイムで地上のSOFに送ることができる。超小型UAVなら、以前には考えられ

なかったようなところまでターゲットに接近し、開いた窓から入ることもできるし、夜間にはほとんど見えない。

任務も変化している。これまで長期にわたり、直接行動に従属するものが一般的だったが、外国国内防衛（および民生）任務が目立ってきた。おそらくはこれが、アフガニスタンのような破綻国家に確かな未来をもたらす唯一の方法だからだ。結局、捕獲または殺害任務を行なったとしても、タリバンがしのびこみ、警告や指示、脅迫の手紙を運んできたときに、村を守れるわけではない。また、政府の資金で建設された新しい学校や診療所が、タリバンや敵対部族に焼きはらわれようとしたときに、村人を守れるわけでもない。それにこの任務は、村人たちが（現在世界でもっとも破綻した国家のひとつにおいて、すくなくとも、ある程度は）信頼できる、地方の警察部隊を育成するわけでもない。アメリカ軍もこれは理解している。アメリカ陸軍特殊部隊が近年新たに立ち上げた第1特殊部隊コマンドは、全特殊部隊グループを監督し、不正規戦と外国国内防衛に力を入れることになっている。ウクライナやイラクでみられたような、いわゆる「ハイブリッド戦争」に対抗するためだ。くわえて、特殊部隊グループの各4番目の大隊は、不正規戦のスペシャリストとされている。

捕獲または殺害任務は、対反乱作戦に必要な活動ではある。交渉の席に着こうとはしない敵は排除して、もっと穏健な組織を交渉相手にする必要があ

基地から離れたパトロール陣地の遮蔽として、HESCOの障壁を利用して銃撃を行なうMARSOCの海兵隊員。2009年、バギス州。（エドマンド・L・ハッチ軍曹撮影、アメリカ海兵隊提供）

るからだ。また捕獲または殺害任務によって、兵士と民間人の、ほんとうに多くの命が救われた。イラクでは、この任務でテロリストをおびえさせるという効果も生じた。テロリストの副官たちが、この任務で指導者が殺害されたときに、指揮を引き継ごうとしないことも多々あった。次に狙われるのは自分かもしれないとわかっていたからだ。

このほかにも大きな変化はあり、つねにバランスをとることはむずかしいのだが、テロリストを犯罪者として逮捕・起訴しようとする試みも増えている。デルタがリビアで成功した捕獲では、ふたつの例が注目された。ターゲットが強襲チームによる銃撃や、上空からのヘルファイアの攻撃で死亡するのではなく、アメリカ連邦法の執行により逮捕されて、さらにグアンタナモや秘密の収容所に葬られず、アメリカの裁判所で裁かれるのだ。これはオバマ政権がもたらした方向転換ではあるが、特殊作戦部隊の投入なしには実現不可能なことなのである。

テロとの戦争は名を変えたかもしれないが、それは続いており、残念なことにこれから先も続くだろう。アメリカの戦闘部隊撤退後は、アフガニスタンの一部は十中八九、以前とはまた別の、内戦に近い状況になるだろう。そうした流れは、外国の部隊が駐留するあいだは、空爆や特定のターゲットを狙うSOFの任務でせき止められる。さらに一方では、プロフェッショナルなアフガン治安部隊の育成も続く。しかし、いったん外国の部隊が去れば、すべてがむだになってしまう。イラクでも、空爆やグリーンベレーによる助言という形でアメリカが介入しているからこそ、イスラム国の驚異的な進攻をくいとめているのだ。近いうちに、過激主義者たちとの戦闘は、イラクが主導していく必要がある。だがそれは、イラク国民が支持する挙国一致政府が行なう場合にのみ可能になるのだ。

特殊作戦部隊はテロとの全面戦争において、これからも急先鋒でありつづけるだろう。彼らは、新たに生まれる脅威につねに適応し、進化して、独自のスキルと訓練でこうした脅威に立ち向かう。テクノロジーも助けにはなるが、結局は、これまでもつねにそうであったように、状況を変えるのは、戦場に立つひとりひとりの特殊部隊オペレーターなのである。

用語解説

AAR	対応記録	
AFO	先行部隊作戦（班）	
AFO-North	北部先行部隊作戦（班）	
AFO-South	南部先行部隊作戦（班）	
AGMS	先進地上機動システム	
ALP/VSO	アフガン地方警察／集落安定化作戦	
AMF	アフガン民兵軍	
ANA	アフガン国軍	
ANCOP	アフガン国家治安警察	
AO	作戦エリア	
AQI	イラクのアルカイダ	
AQAP	アラビア半島のアルカイダ	
AQIM	イスラム・マグレブ諸国のアルカイダ	
ASG	アブ・サヤフ・グループ	
ATV	全地形対応車	
AVP	エアロバイロンメント・ポインター（無人航空機のタイプ）	
AWACS	早期警戒管制システム	
BDA	爆撃損害評価	
BIAP	バグダード国際空港	
CAG	戦闘適応群（デルタ・フォース）	
CENTCOM	アメリカ中央軍	
CIA	中央情報局	
CJCMOTF	合同統合官民作戦任務部隊	
CJSOTF-Afghanistan	アフガニスタン合同統合特殊作戦任務部隊	
CJSOTF-AP	アラビア半島合同統合特殊作戦任務部隊	
CJSOTF-HOA	アフリカの角合同統合特殊作戦任務部隊	
CJTF-M	山岳地合同統合任務部隊	
CPA	連合国暫定施政当局	
CPIS	フランス対外治安総局行動局近接戦闘グループ	
CQB	近接戦闘訓練（CQC、近接戦闘ともいう）	
CSAR	戦闘捜索救難	
CTPT	対テロリスト追跡チーム（CIA）	

用語解説

CTS	テロ対策局（イラク）
DART	墜落機回収チーム
DEVGRU	海軍特殊戦開発群（SEALチーム6）
DIA	国防情報局
DOPE	射撃データ記録
DM	選抜射手
DPV	砂漠パトロール車両
EFP	爆発成形弾
EOD	爆発物処理（アメリカ海軍）
ETAC	末端攻撃統制官（現在はJTAC）
FAC	前進航空統制官
FARP	前方補給地点
FBI	連邦捜査局
FID	外国国内防衛
FLET	敵部隊の最前線
FLIR	赤外線前方監視装置
FOB	前進作戦基地
FORCE RECON	アメリカ海兵隊武装偵察部隊（フォースリーコン）
FRE	旧体制分子（イラク）
FSK	国防特殊コマンドー部隊（ノルウェー）
GIRoA	アフガニスタン・イスラム共和国政府
GMV	地上機動車両
GROM	緊急対応作戦グループ（ポーランド）
GPMG	汎用機関銃
GSG9	第9国境警備隊（ドイツ）
HAHO	高高度降下高高度開傘
HALO	高高度降下低高度開傘
HESCO	ヘスコ。FOBで使用する折りたたみ式の治安用防壁を製作する企業
HJK	イェーガーコマンドー（ノルウェー）
HLZ	ヘリコプター着陸地帯
HMG	重機関銃
HMMWV	高機動多用途装輪車両（ハンヴィー）

HRT	人質救出部隊（FBI）
HVT	高価値目標
ICTF	イラク対テロ部隊
IED	即席爆発装置
IFV	歩兵戦闘車両
IMV	歩兵機動車両
IP	イラク警察
IRF	即時対応部隊
ISA	情報支援活動部隊（アメリカ）
ISAF	国際治安支援部隊
ISF	イラク治安部隊
ISI	パキスタン統合情報局
ISIL	イラク・レバントのイスラム国
IS/ISIS	イスラム国／イラク・シリア・イスラム国
ISOF	イラク特殊作戦部隊
ISR	情報収集・監視・偵察
ISTAR	情報収集・監視・目標捕捉・偵察
JDAM	統合直接攻撃弾
JI	ジェマー・イスラミア
JIATF-CT	対テロ官庁合同統合任務部隊
JIATF-E	東部官庁合同統合任務部隊
JIATF-W	西部官庁合同統合任務部隊
JPEL	統合優先実行リスト
JSG	統合支援グループ（イギリス）
JSOTF-North	北部統合特殊作戦任務部隊
JSOTF-South	南部統合特殊作戦任務部隊
JSOTF-TS	トランス・サハラ統合特殊作戦任務部隊
JSOC	統合特殊作戦コマンド（アメリカ）
JTAC	統合戦術航空統制官
JTF2	第2統合任務部隊（カナダ）
KCT	陸軍コマンドー部隊（オランダ）
KSK	コマンドー特殊部隊（ドイツ）
LITHSOF	リトアニア軍特殊作戦部隊

用語解説

LMTV	軽中型戦術車両
LRPV	長距離パトロール車両
LRRV	長距離偵察車両
MI6	イギリス秘密情報局の一般によく使われる名称（軍情報部第6課）
MARSOC	海兵隊特殊作戦コマンド
MBITR	マルチバンド・インターチーム無線機
MNF-I	イラク多国籍軍
MSS	任務支援地点
NATO	北大西洋条約機構
NBC	核・生物・化学兵器
NGA	国家地球空間情報局（アメリカ）
NGO	非政府組織
NGSFG	州兵特殊部隊グループ
NSA	国家安全保障局
NZ SAS	ニュージーランドSAS
ODA	アルファ作戦分遣隊（アメリカ）
OEF-A	「アフガニスタン不朽の自由」作戦
OEF-P	「フィリピン不朽の自由」作戦
OGA	その他政府機関（CIA）
O-GPK	機関銃手保護装甲銃塔キット
PJ	降下救難員（アメリカ空軍）
PKM/PK	カラシニコフ中機関銃
POW	戦争捕虜
PUCs	戦争抑留者
PUK	クルディスタン愛国同盟
QRF	迅速対応部隊
RAF	イギリス空軍
RIB	リジッド・インフレータブル・ボート
ROE	交戦規則
RPG	ロケット推進擲弾
RPIMA	海兵歩兵パラシュート連隊（フランス）
RRD	レンジャー偵察分遣隊（アメリカ）

RSTB	連隊特殊部隊大隊(アメリカ)
SAD	特殊活動部(CIA)
SAM	地対空ミサイル
SAS	特殊空挺部隊(イギリス)
SASR	特殊空挺連隊(オーストラリア)
SAW	分隊支援火器(軽機関銃)
SBS	特殊舟艇隊(イギリス)
SEALs	海、空、陸チーム、シールズ(アメリカ海軍)
SF	特殊部隊
SFSG	特殊部隊支援グループ(イギリス)
SIS	秘密情報局(イギリス)
SMG	短機関銃(サブマシンガン)
SMP	特殊任務小隊(イラク)
SOAR	(第160)特殊作戦航空連隊
SOCCE-HOA	アフリカの角特殊作戦コマンドおよび統制部
SOCCENT	中央軍特殊作戦コマンド(アメリカ)
SOCOM	特殊作戦軍(アメリカ)
SOF	特殊作戦部隊
SOG	特殊作戦グループ(チェコ)
SOP	標準業務準則
SOT-A	アルファ支援作戦チーム(アメリカ)
SOTF	特殊作戦任務部隊
SRR	特殊偵察連隊(イギリス)
SRV	監視偵察車両
SSE	要配慮個所探索
TOC	戦術作戦センター
UAV	無人航空機(ドローン)
USAF	アメリカ空軍
USMC	アメリカ海兵隊
USN	アメリカ海軍
UW	不正規戦
VBIED	自動車爆弾
VBSS	海上船舶臨検

参考文献

ここにあげるのは、大いに読者の皆様の参考となり、本書の執筆にも不可欠だった図書である。

Antenori, Sergeant First Class, Frank, and Halberstadt, Hans, *Roughneck Nine-One: The Extraordinary Story of a Special Forces A-Team at War* (New York, St Martin's Press, 2006)

Auerswald, David, and Saideman, Stephen, *NATO in Afghanistan: Fighting Together, Fighting Alone* (New Jersey, Princeton University Press, 2014)

Bergen, Peter, *The Longest War: The Enduring Conflict between America and Al-Qaeda* (New York, Free Press, 2011)

Bergen, Peter, Manhunt: *From 9/11 to Abbottabad: The Ten-Year Search for Osama bin Laden* (London, Bodley Head, 2012)

Bernsten, Gary, and Pezzullo, Ralph, *Jawbreaker: The Attack on Bin Laden and Al-Qaeda: A Personal Account by the CIA's Key Field Commander* (New York, Crown, 2005)

Blaber, Colonel Pete, *The Mission, the Men, and Me: Lessons from a Former Delta Force Commander* (New York, Berkley, 2008)

Blehm; Eric, *The Only Thing Worth Dying For: How Eleven Green Berets Fought for a New Afghanistan* (New York, HarperCollins, 2009)

Boot, Max, *War Made New: Technology, Warfare, and the Course of History: 1500 to Today* (New York, Gotham, 2006)

Bradley, Rusty, and Maurer, Kevin, *Lions of Kandahar: The Story of a Fight Against All Odds* (New York, Bantam, 2011)

Briscoe, Charles H.; Kiper, Richard L.; Schroeder, James A.; and Sepp, Kalev I., *Weapon of Choice US Army Special Operation Forces in Afghanistan* (Fort Leavenworth, Combat Studies Press, 2003)

Cantwell, Major General John, *Exit Wounds: One Australian's War on Terror* (Melbourne, Melbourne University Press, 2012)

Couch, Dick, *Down Range: Navy SEALs in the War on Terrorism* (New York, Three Rivers Press, 2006)

Couch, Dick, *The Sheriff of Ramadi: Navy SEALs and the Winning of Western Anbar Province* (Annapolis, Naval Institute Press, 2008)

Couch, Dick, Sua Sponte: *The Forging of a Modern American Ranger* (New York, Berkley Caliber, 2012)

Donaldson, Mark, VC, *The Crossroads: A Story of Life, Death and the SAS* (Sydney, Pan Macmillan, 2013)

Durant, Michael J.; Hartov, Steven; Johnson, Lieutanant Colonel Robert L., *The Night Stalkers: Top Secret Missions of the US Army's Special Operations Aviation Regiment* (New York, Putnam, 2006)

Fury, Dalton, *Kill Bin Laden: A Delta Force Commander's Account of the Hunt for the World's Most Wanted Man* (New York, St Martin's Press, 2008)

Gordon, Michael R., and Trainor, Bernard E., *Cobra II: The Inside Story of the Invasion and Occupation of Iraq* (New York, Pantheon, 2006)

Grau, Lester W., and Billingsley, Dodge, *Operation Anaconda: America's First Major Battle in Afghanistan* (Kansas, University Press of Kansas, 2011)

Lewis, Damien, *Bloody Heroes* (London, Century, 2006)

Lewis, Damien, *Zero Six Bravo: 60 Special Forces. 100,000 Enemy. The Explosive True Story* (London, Quercus, 2013)

Lowry, Richard, New Dawn: *The Battles for Fallujah* (Los Angeles, Savas Beatie, 2009)

Maloney, Sean, *Enduring the Freedom: A Rogue Historian in Afghanistan* (Virginia, Potomac Books, 2006)

Masters, Chris, *Uncommon Soldier: Brave, Compassionate and Tough, the Making of Australia's Modern Diggers* (Sydney, Allen and Unwin, 2012)

Maurer, Kevin, *Gentlemen Bastards: On the Ground in Afghanistan with America's Elite Special Forces* (New York, Berkley Caliber, 2012)

Mazzetti, Mark, *The Way of the Knife: The CIA, A Secret Army, and a War at the Ends of the Earth* (New York, Penguin, 2013)

McChrystal, General Stanley, *My Share of the Task* (New York, Portfolio Penguin, 2013)

Naylor, Sean, *Not a Good Day to Die: The Untold Story of Operation* Anaconda (New York, Berkley, 2005)

North, Colonel Oliver, and Holton, Chuck, *American Heroes in Special* Operations (Tennessee, Broadman and Holman, 2010)

Owen, Mark, *No Easy Day: The Autobiography of a Navy SEAL* (New York, Dutton, 2012)（マーク・オーウェン『アメリカ最強の特殊部隊が「国家の敵」を倒すまで NO EASY DAY』熊谷千寿訳、講談社、2014 年）

Robinson, Linda, *Masters of Chaos: The Secret History of the Special Forces* (New York, Public Affairs, 2004)

Robinson, Linda, *One Hundred Victories: Special Ops and the Future of American Warfare* (New York, Public Affairs, 2013)

Schroen, Gary, *First In: An Insider's Account of How the CIA Spearheaded the War on Terror in Afghanistan* (New York, Presidio, 2005)

Stanton, Doug, *Horse Soldiers: A True Story of Modern War* (New York, Scribner, 2009)（ダグ・スタントン『ホース・ソルジャー——米特殊騎馬隊、アフガンの死闘』伏見威藩訳、早川書房、2010 年）

Urban, Mark, *Task Force Black: The Explosive True Story of the SAS and the Secret War in Iraq* (London, Little Brown, 2010)

West, Bing, *No True Glory: A Frontline Account of the Battle for Fallujah* (New York, Bantam, 2005)（ビング・ウェスト『ファルージャ 栄光なき死闘——アメリカ軍兵士たちの 20 ヵ月』竹熊誠訳、早川書房、2006 年）

Weiss, Mitch, and Maurer, Kevin, *No Way Out: A Story of Valor in the Mountains of Afghanistan* (New York, Berkley Caliber, 2012)

索引

*太字は図版ページ。

【A】

AFO(先行部隊作戦) →先行部隊作戦
AMF(アフガン民兵軍) →アフガン民兵軍
CFSOCC →合同軍特殊作戦部隊司令部
CIA(中央情報局)
 アフリカの 334, 336, 342, 349, 350-1
 対テロセンター 22, 336
 対テロリスト追跡チーム 172, 273, 275
 とイラクの情報 255
 特殊活動部
  アフガニスタンの 20-4, 22-3, 32, 42-4, 43, 49-50, 80-3, 156-8, 168, 169-73
  アフリカの 336, 337, 342, 349, 350-1
  イエメンの 356, 358
  イラクの 103, 105, 108, 149
  とフィリピン 212-3
  ジョーブレーカー・チームも参照
DEVGRU →海軍特殊戦開発群
FBI 258, 351, 355
H-2空軍基地 135
H-3空軍基地 125-7, 135, 145
ICTF(イラク対テロ部隊) →イラク対テロ部隊
ISA →情報支援活動部隊
ISAF →国際治安支援部隊
ISR →情報収集・監視・偵察(ISR)
JSOC →統合特殊作戦コマンド
MSSフェルナンデス 220, 223, 251
NATO 20, 91-2, 349, 350
NGA →国家地球空間情報局
NGSFG →州兵特殊部隊グループ
NSA →国家安全保障局
RAF(イギリス空軍)
 アフガニスタンの 283, 284
 イラクの 101, 138, 139, 220, 245, 263
 とSOCOM(アメリカ特殊作戦軍) 11
 リビアの 350
SEALs →アメリカ海軍SEALs、海軍特殊戦開発群
UAV(無人航空機) →ドローン
VBSS(海上船舶臨検)、作戦と訓練 7, 338-9, 343, 346-7, 350, 352-3, 355

【ア】

アイン・シフニ 115
アウラキ、アンワル、アル 356
「赤い夜明け作戦(2003年) 228-30
赤髭 →ハマハ、オマル・ウルド
「アグリー・ベビー」 109-10
アサド、イマーム 273
アサド空軍基地 134, 136, 136
アジズ、タリク 221
アタ(将軍)、モハメド 43, 44
アッバス、モハメド 221
アナカライ渓谷 296
「アナコンダ」作戦(2002年) 53-76, 57, 60, 86, 89, 91
「アバローネ」作戦(2003年) 227
アーバン、マーク 233, 236
アビアタ(伍長)、ビル、「ウィリー」 89
アフガニスタン
 高価値目標の追跡 273-81, 316-22
 地図 34, 41, 88, 162
 の将来 374
 人質救出任務 278, 284-7, 310-4, 316
 捕獲または殺害 268-328
 歴史 16-20
 「不朽の自由」作戦も参照
アフガニスタン合同統合特殊作戦任務部隊(アフガニスタンCJSOTFA) 175, 179
アフガン警察 296
アフガン国軍 158, 167, 178, 188-90, 305, 321, 323
アフガン・パートナー部隊(クテ・カス) 185
アフガン民兵軍(AMF) 49-50, 54, 56, 168, 172-3

アフリカ　332-55, 335, 359-61, 366-7
アフリカの角合同統合任務部隊（CJTF-HOA）　333, 342
アフリカの角特殊作戦コマンドおよび統制部（SOCCE-HOA）　333
アヘン精製工場の攻撃　77-80
アボタバード　316-22
アメリカ海軍SEALs　5
　アフガニスタンの（2001-02年）　12, 25-9, 45, 51, 53, 59, 62-4
　アフガニスタンの（2002-12年）　173-5, 179, 182, 183, 271, 272-8, 274, 302-3, 305
　イラクの　143-4, 191, 202-10, 206
　概要　29
　訓練　333, 343
　組織　207
　チーム2　25, 59
　チーム3　25, 53, 59, 204
　チーム4　192, 352-3
　チーム5　144, 204
　チーム6　7
　チーム8　25, 47, 59, 108, 142
　チーム10　108, 142, 174-5, 174, 204, 208
　ほかの戦場における　11, 10, 211-4
　海軍特殊戦開発群（DEVGRU、SEALチーム6）も参照
アメリカ海軍空母「キティホーク」　38
アメリカ海軍駆逐艦「コール」　355
アメリカ海兵隊
　アフガニスタンの　30, 47, 178, 179, 180-1, 183, 186-7, 189
　イラクの　149, 196, 198-9, 202-5, 266
　概要　186-7
　訓練　338-9
　フィリピンの　212
アメリカ空軍
　降下救難員　157
　特殊戦術JTAC　327
　とフィリピン　211-4
アメリカ軍特殊部隊グループ
　第1　182, 211
　第3　25-6, 54, 59, 86, 91, 103, 114, 117, 121, 122, 159
　第5　25, 27, 54, 81, 82, 99, 104, 122-33, 127, 128, 133, 191, 203, 204
　第10　103-4, 122, 191
　第19　100
アメリカ陸軍第160特殊作戦航空連隊（SOAR）
　アフガニスタンの　25, 28, 45, 45, 64-73, 168, 174-5, 273, 279, 316, 323
　アフリカの　352-3
　イラクの　100, 105, 108, 144, 147, 219, 220, 230, 231, 247, 251
　概要　106
　シリアの　363
　2001年以前の　7, 8-9
アメリカ陸軍レンジャー（連隊）
　アフガニスタンの（2001-02年）　28, 35-8, 39, 43, 45, 49-50, 65, 66-7, 68-9, 71-4, 74, 106-7
　アフガニスタンの（2002-14年）　161, 168, 169, 185, 189, 270, 272, 275, 276-7, 278-81, 279, 280-1, 301, 309, 310-3, 312, 317, 318, 321, 322-3, 322, 324-5
　イラクの（2003年）　104, 145-7, 145, 149-53
　イラクの（2003-12年）　219, 220, 233, 238-9, 240, 244, 244, 245, 247, 248-50, 251, 255, 257, 260, 264
　概要　68-9
　ほかの戦場における　7, 10, 11
　レンジャー偵察分遣隊　281, 371
アラビア半島合同統合特殊作戦任務部隊（CJSOTF-AP）　190, 191
アラブ・アフガン
　アフガニスタンの　16, 17, 20, 76
　とフィリピン　211
アリ（司令官）、ハズラト　49
アルカイダ
　055旅団　20, 51
　アフリカの　334-7, 342, 351, 355-6,

360-1
　イエメンの　355-60
　イラクの　112, 193, 196, 206, 207-10, 230-67, 361
　今後の行動予測　256
　初期の　17, 20
　とフィリピン　211
　と「不朽の自由」作戦　22, 53-77, 78-91, 270-1, 273-8
アルカイム　241, 244, 265
アルクドゥス　262
アルジェリア　361
アルジェリアの特殊部隊　355
アル・シャバーブ　334, 336, 337, 342, 345, 347-8, 366
アル・ティクリーティ（将軍）、アービド・ハーミド・マフムード　222
アルハレチ、カエド・サリム・シナン　355
アレックス、デニス（偽名）　345-8
アングール・アッダー　275
アンサール・アル・イスラム　110-4, 147, 193, 230
アンサール・アル・スンナ　236
「安寧提供」作戦（1991-96年）　103
イエメン　334, 335, 355-60, 366
イギリス海兵隊　108, 143
イギリスの特殊部隊
　E中隊　349-50, 371
　SAS（特殊空挺部隊）
　　アフガニスタンの　30, 53, 76-7, 78-80, 78, 83, 316
　　アフリカの　316
　　イラクの（2003年）　101, 108, 125-6, 131, 133-5, 139, 147-8
　　イラクの（2003-12年）　219-20, 221, 222, 227, 233-6, 241, 246-8, 246, 248-50, 251, 258-9, 263-5, 266-7
　　概要　75
　　バルカン半島の　10
　SBS（特殊舟艇隊）
　　アフガニスタンの　28, 53, 77, 76, 80-3, 81, 166, 183-4, 282-6, 286
　　アフリカの　359-60

　　イラクの　101, 108-9, 136-9, 138, 227, 245
　　概要　137
　　拡大　371
　SRR（特殊偵察連隊）　219, 282-3, 371
　交戦規則（ROE）　236
　組織　10-11
　特殊部隊支援グループ　218, 220, 250, 285, 286, 286, 288-9
イタリアの特殊部隊　161, 286
イラク
　イスラム国　361-2, 366
　外国国内防衛　192, 206, 207
　外国人戦士の潜入ルート　197
　将来の　374
　地図　102
　2003年以降　190-211
　不正規戦　192
　捕獲または殺害任務　373
　「イラクの自由」作戦、「砂漠の嵐」作戦も参照
イラク軍と警察　193-4, 191, 194, 195, 206, 207, 210, 211, 246, 254, 267
イラク・シリア・イスラム国（ISIS）　267, 361-2, 366
イラク対テロ部隊（ICTF）　191
「イラクの自由」作戦（2003年）　94-153
　計画立案　96-8
　組織 98-9
　タスクフォース　99
　地図　111
「イラクの自由」作戦（2003-12年）　216-267
　イラン人ターゲット　262
　急襲　236-41, 237, 238-9, 252-4
　高価値目標の捕獲　220-32, 252-4, 265, 266-7
　情報　255-8
　戦術　258-9
　地図　235
　人質救出任務　231-2, 237, 240, 246-8
「イラクの息子たち」、主導権　266-7
イラン　36, 210, 356

イラン人のターゲット 262
「イリオス」作戦（2006年）282-3
「ヴァイキング・ハンマー」作戦（2003年）110-4
「ヴィジラント・ハーベスト」作戦（2006年）273-4
ウェルズ（准尉）、ケヴィン 192
ウガンダ 335
ウムカスル 108, 142-4, 140-1
エクステンション17 322-4
エチオピア 335, 342
オーウェン、マーク（偽名）257
「オクターブ・フージョン」作戦（2012年）342-3, 344
「抑えきれぬ怒り」作戦（1983年）11
オーストラリアの特殊部隊
　SASRの概要 287
　アフガニスタンの（2001-02年）30-1, 54, 59, 84-5, 85-6
　アフガニスタンの（2002-14年）4, 164, 185, 185, 282, 287-311, 290, 291, 292, 293, 300, 306, 310, 311
　イラクの 96-7, 101, 101, 109, 126, 126, 134, 135-8, 136, 144, 148
　情報と 371
　とフィリピン 212
　2001年以前 10
　「バブリーズ」145
オズワルド、デイヴィッド 160
オバマ、バラク 316, 318, 336
オペレーターという呼称の由来 18
オマル、ムラー・ムハンマド 18-9, 20, 38, 48, 85
オランダの特殊部隊 59, 162-3, 296
隠密および公然の任務を行なう特殊作戦部隊 18

【カ】
海軍特殊作戦タスクグループ 108, 142-4
海軍特殊戦開発群（DEVGRU）、SEALチーム6
　アフガニスタンの 32, 45, 273, 278, 310-24, 321, 325
　アフリカの 337-45, 337, 347, 348-9

イエメンの 358-9
イラクの 105, 149-52, 219, 221, 245, 257
概要 63
拡大 11
とフィリピン 214
海軍特殊戦部隊 25
階層システム 18
海兵隊偵察部隊（フォースリーコン）11
カイル、クリス 204
カウチ、ディック 179, 207
ガウチャク 307
顔認識 257
カダフィ、ムアンマール 350
カタールの特殊部隊 349, 350
カーディーシーヤ研究所 151
ガディヤ、アブ 265
カナダの特殊部隊
　アフガニスタンの 26, 30, 59, 86-7, 293
　イラクの 248
カヒルカワ、ムラー・カイルラー 87
カブール 46, 163
カムフラージュ →戦闘服とカムフラージュ
カメルーン 335
ガヤン渓谷 172
カライ・ジャンギ 80-3
カルザイ（大統領）、ハーミド 30, 45, 46, 47, 48, 63, 188, 271
カルシ・ハナバード空軍基地（K2）20
カールソン、ウィリアム・「チーフ」172-3
カルバラ 129-31, 262
環境偵察 55
カンダハル 46, 47-8
騎馬 19, 25, 38-9
ギフォード（1等軍曹）、ジョナサン 189-90
強襲戦術 258
9・11 20
キルクーク 121
グアンタナモ湾（収容所）86
クシュハディル渓谷 291
クテ・カス →アフガン・パートナー部隊
クーパー（5等准尉）、デイヴィッド 262
グルカ 283

索引

クルド人 103
　ペシュメルガも参照
「クレセント・ウィンド」作戦（2001年）20-4
グレナダ 17, 11
クロアチアの特殊部隊 350
クンドゥーズ州 47
軍用犬
　アフガニスタンの 270, 271, 295, 297, 300, 302-3, 310, 318
　イラクの 78, 145, 236, 264
ケヴィン、マウラー 179
「ゲッコー」作戦（2001年） 38
ケニア 335, 348, 351
ケンバー、ノーマン 248
航空機
　A-10A（対地攻撃機） 73, 100, 108, 136, 143, 148, 151, 173, 301
　AC-130（固定翼ガンシップ） 24, 36, 38, 60, 62, 64, 83, 114, 143, 149, 222, 250, 265, 279, 311-2, 323, 342, 345, 347, 349, 357, 363
　AV-8ハリアー（攻撃機） 133, 149, 336
　EA-6プラウラー 149
　F/A-18（戦闘攻撃機） 112, 113, 120, 130, 133, 137, 296
　F-14トムキャット（戦闘機） 120, 137
　F-15E（戦闘機） 334, 356
　F-16ファイティング・ファルコン 67, 71, 100, 122, 124, 128, 253-4, 262
　F-117Aナイトホーク 98
　ISR用プロペラ機 257
　MC-130（輸送機） 35, 45, 109, 132, 273, 274
　U-28A（監視機） 334
　イラクに投入した航空機の概要 101
　エアフォース・ワン 192
　ドローン、ヘリコプターも参照
高高度降下低高度開傘（HALO）、パラシュート降下 79
交戦規則（ROE） 236
拘束者の扱い 234, 236, 354-5, 373-4

合同軍特殊作戦部隊司令部 100
合同統合官民作戦任務部隊（CJCMOTF） 24, 32
合同統合特殊作戦任務部隊（CJSOTF） 24-31, 91, 156
国際治安支援部隊（ISAF） 270, 287, 291
コスモ（特殊部隊の軍曹） 113
国家安全保障局（NSA） 255, 256
国家地球空間情報局 255
「コバルト・ブルー」作戦（2003年） 342
コールドウェル（少将）、ビル 253
コレンガル渓谷 311
コロンビア 10
コンゴ民主共和国 335

【サ】

サイドマン、スティーブン 160
サウジアラビアの特殊部隊 349
作戦分遣隊
　FOB102 121
　FOB103 120
　ODA043 115, 116
　ODA044 115, 116
　ODA051 114-5
　ODA055 144-5
　ODA056 144-5
　ODA081 112
　ODA391 115, 116, 120
　ODA392 115, 116
　ODA394 115, 116
　ODA395 115, 116
　ODA521 122, 124-5, 126-7, 129
　ODA522 125
　ODA523 122, 125
　ODA524 47, 48, 122, 125
　ODA525 10, 25, 122-5, 129
　ODA531 122
　ODA534 43-4, 122
　ODA551 129-31
　ODA553 42, 134
　ODA554 131-2
　ODA555 33, 42, 46
　ODA561 52
　ODA563 133

ODA570　47, 48
ODA572　49-50, 52, 132
ODA574　30, 46, 47-8
ODA583　48
ODA585　42
ODA586　43, 44
ODA594　43-4
ODA595　33, 38-40
ODA911　100
ODA912　100
ODA913　100
ODA914　100
ODA915　100
ODA916　100
アフガニスタンの（2001-02年）　19, 25, 26, 31, 32, 33, 35, 38-40, 40, 42-7, 47-8, 52, 90
アフガニスタンの（2002-14年）　156, 158, 159, 165, 166-9, 166, 176-7, 179, 182, 182, 183-4, 183, 294
イラクの　98-104, 108-35, 191-2, 203, 205, 366
概要と訓練　11-2, 26-7
とフィリピン　211-4
サダム、フセイン　195, 228-30, 228
サダム挺身隊
　SBSとの遭遇　137-9, 142
　制服と装備　121
　とWMD施設　152
　とカルバラ　130
　とキルクーク　121
　とスカッド装置　135
　とティクリート　147
　とナーシリーヤ　134-5, 148
　とバスラ　131
　とルトバ　122-5, 127-8
サドル、モクタダ　133
サドル・シティ　263
サナア　358
「砂漠の嵐」作戦（1991年）　6, 7, 10, 11, 36-7, 37
サバヤ、アブ　213
「サーバル」作戦（2013年）　357, 360
サービ（軍用犬）　295, 297
ザルカウィ、アブ・ムサブ　112, 196, 202, 230-2, 234, 241, 253-4, 363
サルガト　112, 114
ザワヒリ、アル　274
ザワル・キリ、洞窟群　52-3, 53, 86
山岳地合同統合任務部隊（CJTF-Mountain）　24, 30
サンギン　282
サンズ、フィリップ　248
ジェマー・イスラミア　6, 211
シエラレオネ　10
シェルザイ、グルアガ　48
ジオ・セル　256
「使徒」　219
ジブチ　332-4, 335
ジャジ山地　51
シャヒコト渓谷　54-73
車両
　AGMSパンデュール装甲車両　258, 259
　DPV（砂漠パトロール車両）　45, 142, 144
　DUMVEE（砂漠用機動車両）　37
　GMV（地上機動車両）　117, 121, 124, 127, 128, 132, 180-1, 186-7, 198, 203, 249
　GMV海軍タイプ　192
　M1078「ウォー・ピッグ」軽中量輸送車両　99, 129, 133
　M-ATV（MRAP全地形対応車）　178, 180-1, 184
　NTV（規格外戦術車両）　104
　SRV（監視偵察車両）　96-7
　カワサキ製ATV　180-1
　ゲレンデヴァーゲン　168
　ストライカーIFV　161
　全地形車両（ATV）　32, 165, 184, 285
　バナールVPS砂漠パトロール車両　361
　ハンヴィー　32, 168, 223, 297
　ピックアップトラック　145, 184, 236
　ピンツガウアー特殊作戦車両　6, 37, 90, 145
　ブッシュマスター　185, 258, 291, 293, 298, 300
　ペレンティー（LRPV）　185, 293
　ペレンティー（LRRV）　96-7, 126, 134
　ポラリスATV（全地形対応車）　55, 182

索引

メナシティ OAV/SRV　284
ランドローヴァー、ピンキー　138-9, 138
シャワリコット渓谷　183, 298-307, 302-3
シャワリコット東部の攻撃作戦　298-307, 302-3
州兵特殊部隊グループ（NGSFG）　156
重要拘束者尋問グループ（HIG）　354
「ジュビリー」作戦（2012年）　313-4, 315
狩猟許可証、ユーモア　46
情報　255-8, 308-9, 370-2
情報支援活動部隊（ISA）　18, 28, 31, 105, 228, 229, 283-5, 355
情報収集・監視・偵察（ISR）　233, 234, 298, 301, 372
ジョーゼフ（医師）、ディリップ　316
ジョーブレーカー・チーム　21-3, 23, 33, 42, 49-51
　装備と設備　24
ジョンストン、ヘレン　313
シリア　265, 361-3
シンプソン、ジョン　120
心理戦の作戦　40, 44
スカリヤ　265, 266
スーデン、ハルミート・シン　248
「スネークアイ」作戦　241
スパン（大尉）、ジョニー・「マイク」　80, 82, 83
「スリッパー」作戦（2001-02年）　85-6
生活パターンの監視　55, 314
セイシェル　355
西部官庁合同統合任務部隊（JIATF-West）　255
西部合同統合特殊作戦任務部隊　→タスクフォース・ダガー（イラク）
セルフ（大尉）、ネイト　66, 71
「セレスティアル・バランス（天の配剤）」作戦（2009年）　334-7, 344
先行部隊作戦（AFO）　31-2, 54-63
戦闘服とカムフラージュ
　ACU迷彩　198, 240
　AOR1、AOR2迷彩　188, 274, 306, 325
　MOPP（任務志向防護態勢）スーツ　130
　ウッドランド迷彩の戦闘服　5, 221
　ゴアテクスのカムフラージュ服　74
　サダム挺身隊　121
　砂漠地帯夜間専用迷彩　90
　3色迷彩の砂漠用カムフラージュ　198, 206, 230
　潜水兵員　337
　タイガー・ストライプ迷彩　278
　「チョコレートチップ」砂漠用迷彩　7
　パラクレイト製ベスト　230
　プレートキャリア　274, 284
　プロテクティブ・コンバット・ユニフォーム　257, 260
　ヘルメット、帽子類　124, 126, 128, 230, 260
　マルチカム迷彩　4, 84-5, 218, 230, 236, 284, 306
装備
　GPS　183
　アサルトパック　4, 240
　暗視装置　185, 252, 260, 270, 312
　カメラ　342
　強襲用ハシゴ　252
　懸垂下降用の手袋　264
　ジョーブレーカー・チーム　24
　閃光弾　281
　手首につけた覚書　257
　排糞用の袋　161
　破壊槌　252
　ハースト社の水圧式ラビット・ツール　280
　ホルスター　221, 230, 251
　無線　240, 276-7
　レーザーマーカー　21, 31
即席爆発装置　164, 166, 203
狙撃手　298-9, 308-9
ソマリア　297, 334, 335, 336, 337-48, 344, 366
ソ連　16-7
　ロシアも参照

【タ】

対テロ官庁合同統合任務部隊（JIATF-CT、タスクフォース・ボウイ）　24, 31, 53-4
第180合同統合任務部隊（CJTF-180）　91,

96
大量破壊兵器、追跡 151-3, 222
ダウド・カーン（将軍） 44, 46-7
タクル・ガル 54, 63-73, 66-7, 72, 74
タスクフォース（任務部隊） →統合特殊作戦コマンドのタスクフォース
タスクフォース6-26 218
タスクフォース7 100-1, 109, 126, 135
タスクフォース11（旧ソード） 272
タスクフォース17 210, 262, 263
タスクフォース20 104-8, 109, 145-8, 150-1, 191, 218, 222
タスクフォース21（のちの121；6-26） 218
タスクフォース42 165
タスクフォース58 30, 85
タスクフォース64（アフガニスタン） 30, 54, 59, 85, 84-5
タスクフォース64（イラク） 109, 126, 126, 135-7
タスクフォース88 218
タスクフォース121（のちの6-26） 218
タスクフォース145（のちの88） 218
タスクフォース・イースト 219
タスクフォース・ヴァイキング 103, 109-14
タスクフォース・ウエスト 219
タスクフォース・Kバー 25-6, 53, 54, 59
タスクフォース・コマンドー 54
タスクフォース・ジャカナ 31
タスクフォース・セントラル 219, 231, 233
タスクフォース・ソード（のちのタスクフォース11） 27-8, 32, 38, 54, 57, 62, 73-6, 91
タスクフォース・ダガー（アフガニスタン） 25, 32, 46, 54
タスクフォース・ダガー（イラク） 99-101, 109
タスクフォース・ノース 219
タスクフォース・ハンマー 56, 61-2
タスクフォース・ブラック（のちのナイト） 219, 221, 222, 236, 247

タスクフォース・ボウイ →対テロ官庁合同統合任務部隊
タスクフォース・ラッカサン 30, 54, 56, 59, 61, 73
タスクフォース・レッド 247, 248, 251
ダドラー、ムラー 283-4
タリバン
　起こり 18-9
　とアフガン内戦 19-20
　と9・11 20
　と「不朽の自由」作戦 22, 39-53, 80-5, 87, 166-9
　（2006-14年） 271, 278-9, 282-7, 291-318, 322-8
タリル 261
タリンコート 291
ダルヤー・スフ渓谷 40, 42
ダルヤー・バルフ渓谷 43-4
タロカン 44
チェコの特殊部隊 159-60
チェチェン人（反乱軍兵士）
　アフガニスタンの 58, 273
　イラクの 202
チェナルトゥ 298-9, 307
「力の誇示」任務 128
地方復興チーム 32
チーム・インディア 58
チーム・ジュリエット 56, 63
チーム・マーコ21 63
チーム・マーコ30 63-73
チーム・マーコ31 58
中央アフリカ共和国 335
中央軍特殊作戦コマンド（SOCCENT） 96
「デイヴ」（CIA局員） 80-1, 82
ティクリート 147-8, 222, 264
ティザク 301
「ディターミン」作戦（2001年） 77
デイリー（少将）、デル 104, 105
ディワーニーヤ 133, 203
デッカー（2等軍曹）、バート 25
デベッカ峠の戦闘 115-20
デール（上級上等兵曹）、マート 210
デルタフォース
　アフガニスタンの 12, 28, 31, 38, 47, 48, 51-2, 58, 168, 325

アフリカの 351, 355
イラクの（2003年）104-5, 144, 145-8
イラクの（2003-12年）196, 199-202, 199, 205, 219, 220, 221, 222, 223, 227-8, 230, 232, 237, 241, 245-55, 257-67
ウルヴァリン 145-8
隠密のSOF（ブラック）18
概要 36-7
拡大 371
「砂漠の嵐」作戦の 6, 7, 10-1, 37, 37
シリアの 363
ほかの戦場における 7, 10
メンバーの呼称 19
デンマークの特殊部隊 59, 87
ドイツの特殊部隊 26-7, 53, 59, 87, 89, 160-1
統合支援グループ（JSG）219
統合特殊作戦コマンド（JSOC）
統合特殊作戦コマンド（の）タスクフォース 202, 203, 218-67
  アフガニスタンの 274
  アフリカの 334, 351, 361
  イエメンの 355, 356, 366
  イラクの 191, 229, 233, 234, 241
  概要 6
  シリアの 362-3
東部官庁合同統合任務部隊（JIATF-East）255
特殊作戦軍（SOCOM）7, 229, 257
特殊戦術戦闘統制官 60
ドスタム（将軍）、アブドゥル・ラシド 34, 39-40, 42, 43-4
ドナルド（中尉）、マーク 173
ドナルドソン（パラシュート兵）、マーク 294, 294
ドラ・ファームの建物群 98
トラボラの洞窟群 46, 48, 49-53, 275
トランス・サハラ統合特殊作戦任務部隊（JSOTF-TS）333
トリポリ 351
トルコ 103
「トレント」作戦（2001年）76-80
ドローン
  アフガニスタンの 72, 287, 311, 314, 324
  アフリカの 334, 335, 345, 347
  イエメンの 355-6, 366-7, 370
  イラクの 234, 241, 245, 256, 257
  パキスタンの 366-7, 370

【ナ】

ナイジェリア 359-60, 366
ナジャフ 131-3, 132
ナーシリーヤ 134-5, 148-9
ニュージーランドの特殊部隊 26, 59
「ネプチューン・スピア」作戦（2011年）316-22, 320
ノーグローブ、リンダ 310-3
「ノーブル・ベンチャー」作戦（2003年）273
ノルウェーの特殊部隊 53, 59, 91, 163, 163

【ハ】

パキスタン 16, 19, 50, 51-2, 256, 273-5, 298, 316-21, 366
バーグ、ニック 196
バグダディ、アブ・オマル・アル 267
バグダード 205, 219, 233, 234, 236, 241, 249, 251, 263
バグダード・ベルト 248-52
バーグダール（軍曹）、ボウ 324
爆弾 40-2
バクバ 237, 249
爆発物処理チーム 53, 58
バグラム 42, 157
バース党党員
  SOFによる旧バース党党員の対処 128-9
  高価値目標の追跡 191
  セーフハウス 222
  と幹線道路 147
  とサダムの捕縛 228
  とナジャフ 132-3
  とナーシリーヤ 134
  とバスラ 131
  とハディサ・ダム 146-7
  とファルージャ 196
  サダム挺身隊も参照

バストーニュ 45
バスラ 131, 245-6, 246
ハッカーニ（武装勢力の最高指導者）281-2
ハッカーニ・ネットワーク 324-8
バッジと記章 75, 159, 183, 191, 201, 209, 221, 251, 368-9
ハディサ 198, 308
ハディサ・ダム 145-7, 145, 146
ハトホル分遣隊 245-6, 246
バトラー（少佐）、デイブ 194
ハマハ、オマル・ウルド（赤髭）361
バラウィ 349
ハラムス、ロイ 237
ハリマン（兵曹長）、スタンレー 60
ハリリ（将軍）、カリーム 43
バルカン半島 10
ハレル（准将）、ゲイリー 31, 98, 100
ハワード（大佐）、ロバート 25, 143
バーントセン、ゲイリー 52
東ティモール 10
ビグリー、ケネス 196
ヒズボラ 263
人質救出合同作業部会 232
人質救出任務 231-2, 237, 246-8, 278, 286-7, 310-6, 359-60, 362-3
ビン・ラディン、ウサマ
　死 316, 318-2
　とアフガニスタン 16, 16-20, 49, 50, 52
　と9・11 20
　とザルカウィ 231
　2007年の追跡 275
　背景 16
ビン・ラディン、カリド 319
ファヒム・カーン（将軍）33, 46
「ファルコナー」作戦（2003年）86
ファルージャ 195-6, 199, 209, 232-3, 249, 362
ファレル、スティーヴン 286-7
フィリップス（船長）、リチャード 10
フィリピン 211-4, 212, 213
フェルナンデス（曹長）、ジョージ・「アンディ」148
フォースリーコン →海兵隊偵察部隊

フォックス、トム 248
フォーリー、ジェームズ 363
ブキャナン、ジェシカ 343
「不朽の自由」作戦（2001-2年）16-92
　開戦 24
　指揮系統 24-5
　タスクフォース 25-32
　地図 34, 41, 88
　特殊部隊の概要 11
　背景 16-20
「不朽の自由」作戦（2002-14年）4, 92, 156-190, 270-328
　「アフガン治安部隊の兵士による多国籍軍兵士の殺害」184
　アフガン地方警察／集落安定化作戦（ALP/VSO）179, 179-82, 188, 328
　外国国内防衛 156, 178, 187
　地図 162
　夜間急襲 188
フサイバ 244
フセイン、ウダイ 98, 222-7, 226
フセイン、クサイ 98, 222-7
フセイン、ムスタファ 227
プライス（1等軍曹）、ダニエル 189-90
「プライムチャンス」作戦（1987-89年、ペルシア湾）6, 8-9, 10
フランクス（大将）、トミー
　とアフガニスタン 24, 35, 51, 56
　とイラク 96, 105
フランスの特殊部隊 87, 160, 340-1, 349-9, 355, 358, 360-1, 361
ブリッグズ（2等軍曹）、ダン 200, 202
ブリラー・カーン 42
ブルキナファソ 335
ブレア、トニー 77
ブレイバー（中佐）、ピート 55, 104-5
ブロマレル 345
ベアード（伍長）、カメロン 307, 310
兵器
　SAW（分隊支援火器）74
　SOF（特殊作戦部隊）概要 200-1
　カービンとライフル
　　AKMアサルト 24
　　AMD65 282
　　HK416 230, 274, 340-1

索引

HK417 218, 288-9
L85A2アサルト 218
M3カールグスタフ無反動砲 295
M4 48, 167, 200
M4A1 157, 176-7, 186-7, 191, 200, 221, 249, 252, 264, 312, 317, 338-9, 340-1, 368-9
M4A5 292, 306
M16A2 10
M40A1 10
M82A1 39, 286
M110 368-9
Mk11/SR-25 39, 182
Mk12 35, 123
Mk14 294, 299
Mk16SCAR 317
Mk17SCAR 279, 317, 337
Mk18CQB-R 271, 302-3
Mk21プレシジョン 309
カラシニコフ式 251
50口径バレット 308
コルト 7
.338ラプア・マグナム弾使用、ブレイザーR93タクティカル2スナイパーライフル 306
赤外線イルミネーター 312
狙撃手 308-9
ディマコC8 76, 81, 200
マクミラン50口径 10
ライフル用ライト 312
レール 312, 317
機関銃と短機関銃
 AA-52 361
 DShK 27, 58
 FNMAG58（M240） 291
 FNMaximi 306
 FNミニミ 358
 M2 99, 117, 178, 187
 M240 99, 117, 124, 132, 213
 M249 187
 Mk46 68-9, 165, 260
 Mk48 325, 337
 MP5 200, 340-1
 MP5SD3 10
 MP7 200
 PKM 129, 195
 RPK 251
 50口径 126
 7.62ミリ 126, 361
 ヘッケラー＆コッホMP5A1 81
 ミニミ・パラトルーパー 76, 218
グレネードランチャー 5, 7, 10, 167, 172, 182, 200, 264
 M79 200
拳銃 24, 200
サイトとポインター
 ACOG 167
 EOTech 48, 191, 281, 299, 338-9
 エイムポイント 7, 74, 124, 264, 282, 299
 スペクター 157, 279, 312, 368-9
 昼夜兼用サーマル照準器 39
 レーザー 167, 249, 282
銃弾 291
ショットガン 264
スモークグレネード 157
戦闘ナイフ 325
対空砲 31, 129
迫撃砲 65
ミニガン 213, 362
レール 312
ロケット（弾） 61, 117, 126, 146, 163, 190
ロケットランチャー 366
ベイルート 332
ペシュメルガ 98, 110, 112-6, 366
ベックウィズ（大佐）、チャーリー 18
ベトナム 290
ペトリー（曹長）、レロイ 279
ペトレアス（大将）、デイヴィッド 179, 267
ヘリコプター
 AH-1Wコブラ 149
 AH-6M攻撃 146, 150-1, 251, 265
 AH-6Mリトルバード 108, 337
 AH-6攻撃 149, 150, 324
 AH-6リトルバード 6, 106, 108, 110, 144, 149, 261-2
 CH-46 149
 CH-47Dチヌーク 169, 189, 305, 322,

323, 325
CH-53 149, 288-9
EC-725カラカル 347
HH-60Gペドロ 92
MH-47Eチヌーク 33, 70, 106, 106-7, 109, 151-2, 174, 278-9, 311, 318, 350, 362, 370-1
MH-53Jペイブロウ 144
MH-6Mリトルバード 151
MH-6リトルバード 226, 232, 231, 233, 326
MH-60Kブラックホーク 147, 149, 150-1
MH-60LDAP 106, 108, 147, 148, 151-2, 190, 232, 363
MH-60Lブラックホーク 113, 337, 352-3
MH-60Mブラックホーク 325, 343
MH-60ブラックホーク 6, 12-3, 106, 265, 278, 301-5, 302-3
Mi-8 23, 32
Mi-17 23, 358
MV-22オスプレイVTOL機 333
OH-58カイオワ 226-7
UH-60ブラックホーク 267, 290, 367
アパッチ 56, 61-2, 73, 128, 130, 173, 283, 284, 296, 301, 304, 305, 323
「サイレントホーク」 318, 363
シーホーク 346-7
ティーガー攻撃 347-8
ヒューズ500 149
ピューマ 263
ヨルダン軍のブラックホーク 346-7
ペルシア湾 →「プライムチャンス」作戦
ベンガジ 351
ボイヴィン（最上級曹長）、ラリー 201-2, 199
北部合同統合特殊作戦任務部隊 →タスクフォース・ヴァイキング
北部同盟 20, 31, 33-4, 39-53
ボコ・ハラム 359-60, 366
ボート 213, 336
ポーランドの特殊部隊 11, 108, 143-4, 140-1, 165, 203

ボルネオ 290
ホレンボー（曹長）、ドン 200-2, 199

【マ】

「マウンテン・ライオン」作戦（2002年） 86
マカライン・ダム 144
マクリスタル（大将）、スタンリー
　とアフガニスタン 156, 175, 179, 270
　とイラク 210, 229, 234, 241, 246, 249, 253-5, 256, 258, 262
マクレイヴン（海軍大将）、ビル 185, 270, 356
マザリシャリフ 34, 39, 39-40
「マースク・アラバマ」（貨物船） 345
マスード、アハマド・シャー 20
マスリ、アブ・アイユーブ・アル 267
マックゴー（軍曹）、ポール・「スクラフ」 82
マティス（大将）、ジェームズ 50
マティン、ムラー・アブドゥル 283, 285-6
マーフィー（大尉）、マイケル 175
マリ 333-4, 335, 357, 360-1, 361, 366
マルシンコ、リチャード 63
マルホランド（大佐）、ジョン 25, 99
「マルボロー」作戦（2005年） 245
マンスール、マラウィ・ナスルラー 55
マンスール、ムラー・シャー 283, 284
ミサイル
　TOW（対戦車誘導） 223, 227
　ジャヴェリン 97, 115, 116, 117
　スカッド 99, 122
　トマホーク 356
　ヘルファイア 354
「ミスティック・タロン」作戦 242
ミセリ（レンジャー特技兵）、アンソニー 74
南スーダン 333, 335
ミューラー、クリストファー 173
ミラー（准将）、スコット 179
ミルワイス病院 87
民間軍事会社ブラックウォーターの社員

194
ムナディ、スルタン 287
モガディシオ 10, 296-7, 345
目標地点ウルヴァリン 45
目標地点メドフォード 232
目標地点ラプター 45
モスル 114-5, 121-2, 223, 236, 267
「モーニング・グローリー」(石油タンカー) 355
モハメド、ハリド・シェイク 20, 231, 273
モーリタニア 335
モンソール、マイケル・A 209, 209

【ヤ】

ユスフィヤ 249-50
ユーフラテス川西部の抜け道(ラットライン) 241, 265
要配慮個所探索 (SSE) 87, 114, 152, 240-1, 257, 319
ヨルダン軍 346-7

【ラ】

「ライノー」作戦 (2001年) 35-8
ライフル →兵器
ラッセル (軍曹)、アンドルー 85
ラティフィヤ 249
ラトレル、マーカス 174
ラハマン、アブド・アル 253, 254

ラヒム、ムラー・アブドゥル 284
ラマディ 206, 208-10, 209, 227, 232, 251, 308
リトアニアの特殊部隊 162
リビア 335, 349-55
「リレントレス・ストライク」作戦 (2001年) 46
リンチ (上等兵)、ジェシカ 148-51
ルトバ 122, 124-5, 127-9
ルーマニアの特殊部隊 163, 350
「レッド・ウィング」作戦 (2005年) 173-5
レモニエ基地 333-4, 346, 356
ロシア 5
　ソ連も参照
ロック (軍曹)、マシュー 291
ロディン (指揮官)、ジア 56
ローニー、ジェームズ 248
ロバーツ (1等兵曹)、ニール・クリストファー・「フィフィ」 65-73
ロバーツ=スミス (伍長)、ベン 299, 304, 305-7
ロビンソン、リンダ 156, 182, 184

【ワ】

ワーレン (技能軍曹)、ケヴィン 172
湾岸戦争 (1991年) → 「砂漠の嵐」作戦

◆著者略歴
リー・ネヴィル（Leigh Neville）
　軍事を専門とするオーストラリアのライター。現代の正規軍部隊およびアフガニスタンとイラクで活動する特殊作戦部隊と、その兵器や車両にかんする多数の著書がある。オスプレイ社から6冊の本を刊行、現在執筆中の作品も複数ある。また、戦争を題材にしたゲームの開発会社やテレビのドキュメンタリー番組制作会社に、軍事関係のアドバイスも行なっている。妻と2匹の愛犬とともにシドニー在住。

◆訳者略歴
坂崎竜（さかさき・りゅう）
　北九州市立大学外国語学部卒。訳書に、クリス・マクナブ『図説SAS・精鋭部隊ミリタリーサバイバル・ハンドブック』(三交社)、クリス・マクナブ『SAS・特殊部隊式図解最強トレーニング・マニュアル』、マーティン・J・ドハティ『SAS・特殊部隊式図解徒手格闘術マニュアル』『SAS・特殊部隊図解実戦狙撃手マニュアル』(以上、原書房) などがある。

SPECIAL FORCES IN THE WAR ON TERROR
by Leigh Neville
Copyright © 2015 Leigh Neville
This translation of Special Forces in the War on Terror
is published by Harashobo by arrangement with
Osprey Publishing, part of Bloomsbury Publishing Plc.
through Japan UNI Agency, Inc., Tokyo

図説
現代の特殊部隊百科

●

2016 年 2 月 10 日　第 1 刷

著者………リー・ネヴィル
訳者………坂崎 竜
装幀………川島進デザイン室
本文組版・印刷………株式会社ディグ
カバー印刷………株式会社明光社
製本………東京美術紙工協業組合

発行者………成瀬雅人
発行所………株式会社原書房
〒160-0022　東京都新宿区新宿1-25-13
電話・代表 03(3354)0685
http://www.harashobo.co.jp
振替・00150-6-151594
ISBN978-4-562-05287-5

©Harashobo 2016, Printed in Japan